A+U

本书获评住房和城乡建设部"十四五"规划教材
住房城乡建设部土建类学科专业"十三五"规划教材
A+U 高等学校建筑学与城乡规划专业教材

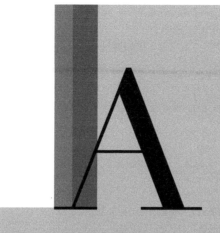

Architecture

and

Urban

太阳能建筑设计

徐 燊 主编

李保峰 主审

第2版

中国建筑工业出版社

图书在版编目（CIP）数据

太阳能建筑设计 / 徐燊主编 .—2 版 .—北京：
中国建筑工业出版社，2021.3（2024.11 重印）
住房城乡建设部土建类学科专业"十三五"规划教材
A+U 高等学校建筑学与城乡规划专业教材
ISBN 978-7-112-25939-7

Ⅰ.①太… Ⅱ.①徐… Ⅲ.①太阳能建筑－建筑设计
－高等学校－教材 Ⅳ.①TU18

中国版本图书馆CIP数据核字（2021）第036540号

为了更好地支持相应课程的教学，我们向采用本书
作为教材的教师提供课件，有需要者可与出版社联系。
建工书院：http://edu.cabplink.com/index
邮箱：jckj@cabp.com.cn   电话：01058337285

责任编辑：王 惠 陈 桦
责任校对：芦欣甜

住房城乡建设部土建类学科专业"十三五"规划教材
A+U 高等学校建筑学与城乡规划专业教材

太阳能建筑设计（第2版）

徐 燊 主编
李保峰 主审
          *
中国建筑工业出版社出版、发行（北京海淀三里河路9号）
各地新华书店、建筑书店经销
北京方舟正佳图文设计有限公司制版
建工社（河北）印刷有限公司印刷
          *
开本：787 毫米 × 1092 毫米 1/16 印张：13   字数：334 千字
2021 年 5 月第二版 2024 年 11 月第三次印刷
定价：39.00 元（赠教师课件）
ISBN 978-7-112-25939-7
        （37116）

再版前言　Second Edition Preface

　　我国建筑总量的持续增加和人民群众改善建筑舒适度需求的不断增长，导致建筑能耗逐年上升。太阳能可以替代化石能源满足建筑物的用能需求，提供供暖、生活热水、电力、照明、空调等方面的能源供给。目前我国太阳能建筑从示范项目走向快速的普及运用，随着建筑节能与绿色建筑发展"十三五"规划中要求全面推进节能绿色理念，太阳能建筑从单体向城市街区等区域单元发展成为必然趋势。推广太阳能建筑的普及，是我国实现建筑节能减排目标的现实需要。

　　日益普及的太阳能建筑对建筑师和工程师的工作提出了新的挑战，他们需要获取该方面的专业知识和实用技能，才能在设计中使得太阳能技术与建筑的集成实现相得益彰，既能满足建筑美学和功能的需要，又能促进太阳能技术在建筑中有效发挥作用。本教材在内容上将太阳能技术与实践运用紧密结合，各项太阳能技术的知识点讲解深入浅出，层层递进，在帮助读者获取基本专业知识和实用技能的同时满足研究型和应用型等不同类型人才培养的需求。为了更好地贴近建筑学专业教学特点，与课程设计相融合，也为了不断更新和发展的太阳能建筑设计理论和工程实践融入相关教学，促进产学研一体化，在教材第一版的基础上进行本次的修订。

　　《太阳能建筑设计》在第 1 章和第 2 章对各项太阳能技术的原理及其相关知识进行通俗易懂的介绍，本次修订注重了与现行的设计标准和规范进行衔接。教材在第 3 章到第 8 章对被动式太阳能、太阳能热水、太阳能光伏等不同技术类型的太阳能建筑分别进行讲解，着重阐述了各项太阳能技术与建筑的集成与融合，通过图文并茂的方式来深入浅出地诠释各种太阳能与建筑集成模式的特点和设计要点，还对太阳能建筑相关的术语进行专门解析，突出相关规范和标准图集在太阳能建筑设计中的引导作用，本次修订对相关理论知识的框架及内容进行了补充和完善，并对太阳能建筑案例进行了调整和更新，引入本课程领域的最新研究成果和工程实践。本次修订新增第9章太阳能建筑设计方法应用与案例分析，对台达杯太阳能设计竞赛和十项全能太阳能竞赛及其优秀案例进行讲解，目的是以建筑设计视角为切入点，为本教材更好地与建筑学核心设计课程的融合提供帮助。

本教材由徐燊（华中科技大学）担任主编，李保峰（华中科技大学）担任主审。教材编委会成员还包括燕达（清华大学），马欣（北方工业大学），胡冗冗（西安建筑科技大学），黄靖（武昌首义学院），鞠晓磊（中国建筑设计研究院有限公司），刘晖（华中科技大学），李新欣（华中科技大学），郭飞（大连理工大学），何文晶（山东建筑大学），周欣（东南大学），廖维（华南理工大学），高力强（石家庄铁道大学），张海滨（重庆大学），朱宁（清华大学），石峰（厦门大学），胡振宇（南京工业大学），何江（广西大学），隋杰礼（烟台大学），李传成（武汉理工大学），欧阳金龙（四川大学），杜晓辉（北京交通大学），陈伟莹（郑州大学），郭丽娟（天津大学），陈五英（南昌大学），孙倩倩（西安科技大学）。陈桦和王惠（中国建筑工业出版社）对本书的编写提供了诸多宝贵的建议和帮助。易秋凡、刘然、张晨、徐畅、谢孟举、江海华、李志信、彭骆和王强等为本书的修订做了很多辅助工作。编委会的各位成员参与了教材修编中的多次研讨、交流和校稿，本教材各章节具体编写人员名单如下：

第1章　徐　燊　马　欣

第2章　徐　燊　燕　达

第3章　徐　燊　马　欣

第4章　徐　燊　胡冗冗

第5章　徐　燊　李新欣

第 6 章　黄　靖　何文晶　郭　飞

第 7 章　黄　靖　周　欣

第 8 章　黄　靖　廖　维

第 9 章　鞠晓磊　高力强　张海滨　石　峰

本书适用于高等学校建筑学专业及相关专业的本科生和研究生的教学用书、也可作为相关设计人员和科研人员参考用书，还可为太阳能企业从业人员和建筑开发商等提供设计参考。本书涉及面广、而编者限于学识，书中难免存在错误和疏漏之处，恳请各位读者予以批评指正。本书出版得到华中科技大学教务处和建筑与城市规划学院的支持，本书也体现了学科前沿的科研成果，并受如下项目资助：国家自然科学基金（编号：51678261，51978296，52081330102），中央高校基本科研业务费（编号：2019kfyXKJC029），北京市自然科学基金（编号：8182017），在此表示感谢！

编者于武汉喻家山

前言

由于经济快速发展和城镇化水平不断提高，中国建筑能耗逐年上升，目前约占全社会总能耗的三分之一。太阳能是取之不尽用之不竭的清洁可再生能源，具有分布不受地域限制、能源品味与建筑能耗相吻合等特点，因而太阳能可以替代化石能源满足建筑物的用能需求，提供采暖，生活热水、电力、照明、空调等方面的能源供给。推广太阳能技术在建筑中的应用，是我国实现建筑节能减排目标的现实需要。

随着各项太阳能技术的不断发展和完善，目前在我国太阳能建筑从示范项目走向快速的普及应用。截至 2010 年底，全国太阳能建筑对建筑师和工程师的工作中提出了新的挑战，我们需要获取该方面的专业知识和实用技能，才能在设计中使得太阳能技术在建筑的集成实现相得益彰，既能满足建筑美学和功能的需求，又能促进太阳能技术在建筑中有效地发挥作用。以上便是本书编写的背景和出发点。

为了把太阳能技术与建筑的集成作为一个整体来考虑，本书在编写中体现了以下几点特点：①对各项太阳能技术的原理及其相关知识进行通俗易懂的介绍；②着重讲解了各项太阳能技术与建筑的集成与融合，通过图文并茂的方式来深入浅出的诠释各种太阳能技术与建筑集成模式的特点和设计要点；③对太阳能建筑相关的术语进行专门解析，突出相关规范和标准图集在太阳能建筑设计中引导作用；④讲解了计算机模拟分析和辅助设计在太阳能建筑优化设计中的应用。

本书由徐燊（华中科技大学）担任主编，黄靖（华中科技大学武昌分校）担任副主编，李保峰（华中科技大学）担任主审，参编人员包括燕达（清华大学），胡冗冗（西安建筑科技大学），马欣（北方工业大学），王静（华南理工大学），程唯（武汉科技大学），张辉（湖北工业大学）。陈桦和王惠（中国建筑工业出版社）对本书的编写提供了许多帮助和建议。此外，姚冲、廖维、韩秉宸、龙舜杰、杨基炜等为本书的编写做了许多辅助工作。本书各章节编写人员如下：

第 1 章　徐　燊　马　欣

第 2 章　徐　燊　燕　达

第 3 章　徐　燊　马　欣

第 4 章　徐　燊　胡冗冗

第 5 章　徐　燊　黄　靖

第 6 章　黄　靖　程　唯

第 7 章　黄　靖　张　辉

第 8 章　黄　靖　王　静

　　本书适用于高等学校建筑学专业及相关专业的本科生和研究生的教学用书，也可作为相关设计人员和科研人员参考用书，还可为太阳能企业从业人员和建筑开发商等提供此方面的设计参考。本书涉及面广，而编者限于学识，书中难免存在错误和疏漏之处，恳请各位读者予以批评指正。本书编写工作得到相关基金的支持（国家自然科学基金，编号 51008136），在此表示感谢！

编者

目 录　　　　　Contents

002　　　第 1 章　　　绪　论

002　　　　　　　　　1.1　太阳能建筑的概述

002　　　　　　　　　1.2　太阳能建筑的发展历程

005　　　　　　　　　1.3　太阳能建筑推广普及的必要性和紧迫性

006　　　　　　　　　1.4　太阳能建筑的相关政策

008　　　　　　　　　1.5　太阳能建筑的规范和图集

009　　　　　　　　　1.6　太阳能建筑的专业术语

012　　　第 2 章　　　太阳能建筑设计的基础知识

012　　　　　　　　　2.1　太阳的基本知识

015　　　　　　　　　2.2　太阳辐射的相关知识

017　　　　　　　　　2.3　太阳能资源分布

018　　　　　　　　　2.4　建筑利用太阳能的方式

021　　　第 3 章　　　被动式太阳房设计

021　　　　　　　　　3.1　被动式太阳房的概述

023　　　　　　　　　3.2　被动式太阳房的基本集热形式与设计

036　　　　　　　　　3.3　被动式太阳房的场地设计、

　　　　　　　　　　　　　　空间布局和材料选用

047　　　　　　　　　3.4　被动式太阳房的热工设计和经济性评价

049　　　　　　　　　3.5　被动式太阳房案例

056　　　第 4 章　　　太阳能热水系统建筑一体化设计

056　　　　　　　　　4.1　太阳能热水系统建筑一体化的概述

059　　　　　　　　　4.2　太阳能热水系统及其设计

071　　　　　　　　　4.3　太阳能热水系统与建筑一体化设计

082　　　　　　　　　4.4　建筑应用太阳能热水系统的节能效益分析

084　　　　　　　　　4.5　太阳能热水建筑一体化的案例

090　　第 5 章　　　光伏建筑设计

090　　　　　　　5.1　光伏建筑的概述

092　　　　　　　5.2　光伏技术与光伏系统

098　　　　　　　5.3　光伏建筑一体化设计

110　　　　　　　5.4　光伏建筑基于全生命周期的评价

111　　　　　　　5.5　光伏建筑的实例

116　　第 6 章　　　太阳能与建筑遮阳设计

116　　　　　　　6.1　建筑遮阳的概述

119　　　　　　　6.2　建筑遮阳的形式与设计

125　　　　　　　6.3　建筑遮阳设计的考虑因素

126　　　　　　　6.4　建筑遮阳的实例

130　　第 7 章　　　太阳能与建筑自然通风设计

130　　　　　　　7.1　自然通风的概述

131　　　　　　　7.2　自然通风的形式

133　　　　　　　7.3　太阳能强化自然通风

142　　　　　　　7.4　建筑通风的实例

146　　第 8 章　　　建筑中其他太阳能技术应用与设计

146　　　　　　　8.1　太阳能主动式采暖技术

150　　　　　　　8.2　太阳能空调制冷技术

152　　　　　　　8.3　太阳能照明技术

154　　　　　　　8.4　太阳灶

156　　　　　　　8.5　其他太阳能技术的应用实例

158　　第 9 章　　　太阳能建筑设计方法应用与案例分析

158　　　　　　　9.1　太阳能建筑设计方法概述

163   9.2   台达杯竞赛优秀案例分析

177   9.3   国际太阳能十项全能竞赛优秀案例分析

186   图片来源

188   参考文献

A+U

第1章 Introduction
绪 论

1.1 太阳能建筑的概述

太阳能建筑，或者说利用太阳能的建筑，它们既不是人们短时间内的发明创造，也不是许多人印象中的"高技派"名词，自从我们的先祖在简陋的穴居或茅棚中开凿出第一个窗户用来照亮建筑时，太阳能与建筑这两个共生且复杂的因素便如影随行，在此后的建筑发展的历程中，人类对于太阳能的理解及其在建筑中的利用方式都在不断地发展与丰富。

直到今天，太阳能建筑的概念依然在演变，就当前的设计与技术条件而言，我们可以将太阳能建筑的概念基本归纳为：利用太阳的能量来提供供暖、热水、电力、自然通风等多种需求的建筑。

对于阳光的利用，中国古代建筑中上至堂皇的宫殿庙宇下至寻常百姓的民宅，大多采用了"坐北朝南"的形式（图 1-1），它使得我们的厅堂获得了良好的光与热，同时降低了冬季寒风的不利影响，是一种最为朴素的建筑利用太阳能的方式。在近现代西方建筑中，透明玻璃的诞生与温室效应的利用使得太阳能采暖这一技术得到了应用和普及（图 1-2）。

近年来，能源危机、环境恶化和气候变化等问题的出现，使发展低碳、绿色建筑的理念成为社会

图 1-1 北京故宫以坐北朝南布置 图 1-2 玻璃太阳房

各界的普遍共识，人们越来越重视对太阳能等可再生能源的开发和利用。在众多可再生能源当中，太阳能资源以其总量大、分布广、利用灵活且与建筑需求最为贴切的特点，成为最有希望在城市中大规模普及的可再生能源。太阳能发电（光伏）、太阳能热水等主动获取太阳能的技术成为了太阳能建筑发展的新突破，随着各种太阳能技术成本的逐步下降，太阳能建筑具备了大规模普及与推广的潜力。

1.2 太阳能建筑的发展历程

太阳能建筑的发展历程可以追溯到古代人们利用太阳辐射加热栖身之所，到 20 世纪初出现的被动式太阳房，再到近些年来快速发展的主动式太阳能建筑，以及不断涌现的综合多项太阳能技术的"低能耗建筑""零能耗建筑"等，太阳能建筑经历了

长期的发展历程。

在早期的太阳能建筑中，人们首先挖掘了在建筑外墙和屋顶上利用太阳能来集热和蓄热的潜力，有意识地通过改善围护结构热工性能来加强建筑采暖效果。最早的太阳能采暖实验于 1881 年在美国马萨诸塞州完成，该实验房有表面涂黑且置于玻璃下的瓦，玻璃则固定在房子向阳的一面，借用热空气上升原理为实验房供暖。随后，在欧美等国流行起来的玻璃花房中（图 1-3），其显著的"温室效应"引起了建筑设计人员的注意，并将这种效应应用于建筑采暖中。人们还尝试将新材料和新工艺用于建筑外墙上，当双层玻璃的隔热保温性能得到验证后，它们便逐渐代替了原来的单层玻璃。1947 年，美国建筑师亚瑟·布朗（Arthur Brown）发现涂成黑色的南向墙体甚至能在夜间持续供热，涂黑墙壁的方式能增强墙体的蓄热效果。这种方式后来广泛运用于被动式太阳房中。

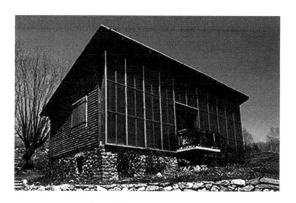

图 1-4　位于奥代罗的第一座集热蓄热墙式太阳房

图 1-3　玻璃花房——"温室效应"的利用

20 世纪 50 年代之前对太阳能应用于采暖的探索，虽有力证明了墙体具有集热蓄热的能力，却并没有形成固定且被广泛采用的构造方式。1953 年法国的特朗勃（Felix Trombe）和米歇尔（Jacques Michel）在比利牛斯山的奥代罗（Odeillo）修建了第一座设有集热蓄热墙的太阳房（图 1-4），此后这种墙体作为集热蓄热构件的固定搭配方式被保留下来，并获得大规模的普及与推广，成为广为人知的特朗勃墙（Trombe Wall）。1950 年代后期，人们将热工原理应用于对太阳能的采暖效果分析计算中。这一时期，美国洛斯·阿拉莫斯国家实验室（Los Alamos National Laboratory）系统归纳了太阳房的热工原理，并陆续整理出详细的热工设计计算方法，为日后被动式太阳房的设计与建造提供了科学数据支撑。

除了太阳能采暖技术外，其他太阳能技术的发展也逐步拓展了人们在建筑中利用太阳能的方式。继科学家发现"光伏效应"之后，美国贝尔实验室在 1954 年研制出了实用型太阳能电池（图 1-5），使光伏发电技术的大规模应用成为可能，此后人们开始把太阳能光伏板安装在建筑上。与之类似，世界上第一个太阳能热水器于 1891 年就已诞生（图 1-6）。起初，集热器较低的集热效率限制了其广泛应用。这一状况在 1955 年以色列科学家提出选择性吸收表面的概念和理论后得以改变。当时成功研制的实用型黑镍等选择性涂层，大幅增强了吸热板的集热效率，并为高效太阳能集热器的发展创造了条件，太阳能热水器开始进入百姓家庭，并逐步安装到建筑的外围护结构上。此外，科技人员还探索将高效太阳能集热技术应用于建筑制冷的方法，并于 1960 年研制出了世界上第一套用平板型集热器供热的吸收式太阳能空调制冷系统。

太阳能利用技术是设计和建造太阳能建筑的技

图1-5 早期光伏太阳　　　图1-6 早期太阳能热水
　　能板宣传画　　　　　　　　产品宣传画

术保障和前提条件，而全球性能源和环境问题迫使全社会进一步认识到普及太阳能技术的迫切性和重要性。1970年代爆发的石油危机，使得众多国家更加重视对太阳能技术的研究和推广，进而促成了国际能源署（International Energy Agency）的成立。该机构着力推广可再生能源技术，致力于太阳能技术在建筑中的集成、创新和示范。在此期间，各国也相继建成了一批太阳能建筑示范工程（图1-7、图1-8）。

图1-7 我国的太阳能建筑　　图1-8 国外的太阳能建筑

建筑师在太阳能建筑的发展中起着至关重要的作用。1996年3月，30多位欧洲的著名建筑师，包括托马斯·赫尔佐格（Thomas Herzog）、诺曼·福斯特（Norman Foster）、伦佐·皮亚诺（Renzo Piano）、理查德·罗杰斯（Richard George Rogers）等，共同签署了《在建筑和城市规划中应用太阳能的欧洲宪章》（European Charter for Solar Energy in Architecture and Urban Planning）。该宪章指出建筑师在确定城市结构、建筑布局以及建筑材料和构件利用等方面往往具有决定性作用，因而会影响到建筑和城市的能源消耗。因此，建筑师应该采取对自然界负责任的

态度，充分利用取之不尽、用之不竭的太阳能，并在此基础上建设未来的人工环境。

20世纪90年代后，太阳能热水系统已在政府的资助和建筑法规的强制性要求下日渐普及，太阳能热水系统集成到建筑中也已成为该领域发展的共识。同时，随着太阳能光伏电池成本的逐步下降，光伏系统在建筑中的应用也得到了长足的发展。欧美发达国家将太阳能光热及光电利用作为长期支持项目，如美国的"百万太阳能屋顶计划"、日本的"太阳能房屋计划"以及德国的"十万太阳能屋顶计划"等。经过几十年的发展，目前全球太阳能光热技术、太阳能光伏发电技术已经形成一定规模。据国际能源署（IEA）统计，截至2013年全球太阳能集热器的总容量为330GW，相当于4.71亿平方米集热面积的集热量。2004年全球的光伏系统安装容量开始突破1GW，并在此后进入快速发展阶段，根据欧洲光伏产业联盟（EPIA）的预计，全球光伏安装容量将在2017年达到48GW。

我国十分重视太阳能建筑的应用与推广。目前，太阳能热水的应用已被多个省市列入建筑强制性规范，截至2012年我国太阳能热水器的生产量和保有量分别达到6390万 m^2 和25770万 m^2，约占世界总量的80%和60%。同时，光伏建筑也在国家出台的诸多光伏补助政策的支持下快速发展，在许多大型公共建筑如火车站、展览馆、图书馆、办公楼等建筑中利用光伏发电的成功案例日渐增多。此外，太阳能相关产业也得到迅猛发展，我国已经成为目前世界最大的光热产品生产国和消费国，以及最大的光伏产品生产国。太阳能光热和光伏产业的快速发展，给太阳能建筑带来了新的契机。

如今在建筑业界出现了"低能耗建筑""零能耗建筑""绿色建筑""可持续建筑"等一系列响亮的名词，虽然这些名词各有侧重，但都将太阳能技术在建筑中的应用作为技术实现途径之一（图1-9、图1-10）。由此可见，太阳能技术是建筑节

能的必选项而非可选项。这正如诺曼·福斯特所说"太阳能建筑不是为了时尚，而是为了生存"。

图 1-9　格拉纳达光伏建筑一体化（BIPV）

图 1-10　上海生态办公示范楼（绿色建筑）

1.3　太阳能建筑推广普及的必要性和紧迫性

1.3.1　促进建筑节能和保障能源安全的现实需求

长期以来，世界能源主要依靠石油和煤炭等矿物燃料。但是矿物燃料储量有限，煤、石油、天然气等非再生能源的储量正在迅速下降，能源危机已成为困扰全球的主要问题之一。根据 2000 年统计数据，我国的建筑能耗已经占到当年全社会终端能源消耗的 27.8%，接近发达国家的水平。随着国民经济的发展和人们对建筑舒适性需求的提高，建筑能耗的总量和其占社会总能耗的比例仍将继续增长。我国目前城镇民用建筑运行耗电量占我国总发电量的 25% 左右，北方地区城镇供暖消耗的燃煤量占我国非发电用煤量的 15% ~ 20%。

我国具有较为丰富的太阳能资源，年日照时数超过 2200 小时的地区约占国土面积的 2/3 以上。对于太阳能技术的应用前景的预测结果为：在正常发展和生态驱动发展两种模式下，到 2050 年我国太阳能利用在总能源供给中将分别达到 4.7% 和 10%。太阳能建筑将在实现建筑节能、调整建筑能耗结构、保障能源安全等现实需求方面发挥积极作用。

1.3.2　缓解温室气体排放和保护环境的现实压力

气候变暖是当今全球性的环境问题，其主要原因是大气中温室气体浓度的不断增加。温室气体包括二氧化碳（CO_2）、甲烷（CH_4）和氧化亚氮（N_2O）等。根据政府间气候变化专门委员会（Intergovernmental Panel on Climate Change，简称 IPCC）第 2 次评估报告给出的全球增温潜势计算结果，1994 年中国温室气体总排放量约为 $3.65 \times 10^9 t$ 的 CO_2 当量，其中 CO_2、CH_4 和 N_2O 分别占 73.1%，19.7% 和 7.2%。中国由于所处发展阶段，能源消耗和温室气体排放表现出正增长，1990 年至 2003 年间，中国 CO_2 排放量增加了 17 亿 t，增幅超过 73%。2009 年在丹麦哥本哈根全球气候变化大会上中国政府宣布将控制温室气体排放的行动目标，力争到 2020 年单位国内生产总值 CO_2 排放比 2005 年下降 40% ~ 45%。为实现我国的减排目标，在新建和既有建筑中扩大太阳能的应用将会大幅减少粉尘和 CO_2 等气体的排放，有效缓解温室气体减排和环境保护方面的压力。

1.3.3 城市化进程中实现绿色建筑的有效措施

我国正处在城市化快速发展的阶段，1978 年我国城市化率为 17.92%，到 2011 年末，我国城市化水平达到 51.27%。伴随着城市化而来的是建筑业的迅猛发展，中国的城市建设出现了前所未有的热潮。中国城镇建筑面积在 2000 年为 77 亿 m^2，到 2004 年增长到近 150 亿 m^2，到 2007 年又增加到 182 亿 m^2。目前我国每年竣工的房屋建筑面积约 18 亿 ~ 20 亿 m^2，预计到 2020 年底我国房屋建筑面积将近 300 亿 m^2。

在我国城市化快速发展进程中，大力发展节地、节能、节水、节材和保护环境的绿色建筑已经成为全社会的共识。2013 年初国务院办公厅发布了由国家发展改革委、住房城乡建设部制定的《绿色建筑行动方案》以进一步促进绿色建筑的普及和发展。太阳能技术是实现绿色建筑的有效措施之一，为此该方案提出的重点任务包括推进太阳能建筑规模化应用，积极推进被动式太阳能采暖，普及太阳能热水利用，要求太阳能资源适宜地区应在 2015 年前出台太阳能光热建筑一体化的强制性推广政策及技术标准，同时开展太阳能建筑应用地区示范，推动太阳能建筑应用集中连片推广。

1.3.4 农村地区实现绿色农房的有效手段

目前，我国仍有 4 亿左右的农村居民，依靠直接燃烧秸秆、薪柴来提供生活用能。全国还有约 2 万个村，800 多万农户、3000 万人口没有电力供应。同时，在经济发展水平较高的农村地区，农村生产、生活用能中商品能源的比例不断上升，对化石能源需求加大。因此，将现代太阳能理念和技术与传统的建造技术相结合，是农村地区建设绿色农房的有效手段。比如在北京市平谷区新农村新民居建设中，充分利用了太阳能来提供采暖和生活热水用能，15m^2 的太阳能热水集热器和 12m^2 太阳热风集热器能在一个冬季提供 18900MJ 的热量，对建筑能耗的贡献率为 49%，同时太阳能的利用还显著提高了农民的生活质量，改善了室内的热舒适度。

1.4 太阳能建筑的相关政策

太阳能建筑的快速发展和普及离不开国家政策的支持和引导，激励措施和扶持政策有助于减少太阳能建筑的初期运营成本，降低项目投资风险，使太阳能建筑在节能和环保方面的优势得以发挥。国外一些国家较早地颁布了支持太阳能建筑发展的相关政策与法令，如美国的《太阳能供暖降温房屋的建筑条例》与《美国复苏与再投资法案》、日本的《关于促进新能源利用的特别措施法》、德国的《可再生能源法》、西班牙的《城市太阳能法令》与《国家建筑技术法令》等。不同国家根据本国的太阳能开发利用的程度、市场需求的大小以及市场发展阶段，针对性地制定了不同的政策，来发挥政府的导向作用，保证太阳能建筑市场长期健康发展。

太阳能建筑的相关政策主要体现在三个技术领域：被动式太阳能、太阳能热水与太阳能光伏。

被动式太阳能 被动式技术在建筑节能方面的潜力，吸引许多国家将其纳入各自的建筑节能法规和政策，并通过引导性或强制性条款促进建筑中优先采用被动式技术。一些国家的政策结合被动式技术带来的节能效益来评判建筑的能效等级，并给予不同程度的政策优惠，有效地提高了采用被动式技术的太阳能建筑的市场竞争力。在德国，政府出台激励措施鼓励建筑节能和可再生能源利用，特别是对两者结合的被动式节能建筑的激励政策措施力度更大，各联邦州一般都提供从贷款到现金资助的一揽子措施。根据一般的投资回收期为 20 年，满足被动式房屋建筑标准的应用者可以获得政府提供的贷款优惠政策。同时，政府还对为房屋申请被动式改造的家庭提供部分资金补助，占改造总费用的 20% ~ 30%。此外，按照政府规划进行改造的被动式房屋不仅可获得相应可持续建筑认证，还能额外得到一定的资金奖励。德国的政策有力地扩大了被动式技术在住宅中的应用市场，在每年新建的约 16000 栋建筑中，约 17% 是结合了被动式技术的节能建筑。

我国的建筑节能政策也将被动式技术作为实现建筑节能的主要技术途径之一。2008 年由国务院颁发的《民用建筑节能条例》，要求政府引导金融机构对采用了被动式技术在内的民用建筑节能示范工程等项目提供支持，并规定民用建筑节能项目依法享受税收优惠。

太阳能热水　为扩大太阳能热水市场、带动光热产业的发展，各国政府纷纷制定太阳能热水技术在建筑中应用的鼓励政策，其大致分为三类：强制政策、税收激励政策和补贴政策。

以色列、西班牙、葡萄牙政府采用立法强制政策在全国范围内推广太阳能热水技术的应用。以色列多年来执行的强制政策，使其 90% 以上的家庭安装了太阳能热水器。西班牙则经历了从城市法令到国家法令的过程，2006 年颁布的《国家建筑技术法令》，要求符合规定的建筑必须强制安装太阳能热水器，且热水供应系统的最低太阳能保证率为 30% ~ 70%。据西班牙的官方统计数据，在太阳能强制安装政策出台后，太阳能热水器价格只占房屋售价的 0.74%，由于对房价的影响不大，市场接受程度较高。

欧洲大多数国家以及日本和美国在推进太阳能热水应用方面采取的是税收激励政策和补贴政策，欧洲一些国家的政府补贴一般为热水系统造价的 20% ~ 50%，德国最高补贴可达系统造价的 60%。日本采用的是低息贷款的政策，支持家庭采用太阳能供暖和供热水系统。美国的能源法案不仅为太阳能热水产业的发展指引方向，还详细规定了国家财政补贴、税收优惠的参考标准。

我国太阳能热水的相关政策经历了一个发展和完善的过程，从起初的专项资金补贴政策发展到目前诸多地方强制性安装政策。然而，我国在太阳能热水建筑市场发展初期并未形成对太阳能热水器行业定期补贴的机制，仅在 2000 年和 2005 年对 7 家太阳能热水器生产企业的技术改造和项目发展提供了补贴。然而自 2006 年我国颁布了《可再生能源建筑应用专项资金管理暂行办法》后，太阳能热水器在建筑中的应用获得了稳定资金的支持，有力地刺激了太阳能热水行业快速增长。随着我国《可再生能源法》的颁布，各地政府纷纷出台政策以鼓励太阳能热水产业的开发利用，一些省市出台了地方性法规政策，要求当地 12 层以下的新建建筑必须安装太阳能热水系统。强制性的安装政策有力提高了我国太阳能热水器的普及率，不少地方政府进而将强制安装太阳能热水器的建筑范围扩大为新建、改建、扩建的 18 层及以下住宅（含商住楼）、宾馆、酒店、医院病房大楼、老年人公寓、学生宿舍、托幼建筑、健身洗浴中心、游泳馆（池）等热水需求较大的建筑。

太阳能光伏　各国政府的支持与引导政策是光伏建筑发展和推广的重要保证。世界上光伏建筑发展较为成功的国家，其政府都较早地制定了光伏产业的发展计划和扶持政策。其中较为典型的是建安补贴和上网电价补贴两种政策。

日本政府实行的是以政府补贴建安成本为主的政策。该政策激活了其国内的光伏建筑市场，并使得日本成为全球太阳能光伏产业大国。日本的光伏政策经历了由高额补贴、取消补贴到恢复补贴的变化过程。在 1994 ~ 2009 年之间，日本政府首先采取了高额补贴政策，重点在于快速启动光伏建筑市场，而后逐年降低补贴额度，并一直保持着光伏建筑市场的供给需求。2006 年取消了对光伏建筑的一切补贴后，日本光伏建筑市场随后出现较大萎缩，甚至回落到 2003 年的水平。面对市场需求下滑，政府又于 2009 年重新启动面向住宅的光伏建筑补贴政策，光伏新增安装量随之大幅增长。对光伏建筑给予建安成本补贴的政策，是日本光伏建筑市场健康、稳定发展的重要保障。

德国通过立法规定上网电价补贴来刺激光伏建筑发展。在 1994～1999 年期间，由于光伏建筑中的光伏发电成本较为昂贵，德国光伏建筑主要以示范性工程为主，尚未获得大规模普及。1999 年后，德国推行了"十万屋顶计划"，同时向投资者提供 100% 的初期贷款，并将上网电价提高为之前的 3 倍。这一政策有效地促使了德国的光伏建筑在几年内获得迅速发展。2004 年后，德国的光伏市场份额在全球范围内超过日本跃居第一。同年，德国政府调整了《可再生能源法》，重新规定上网电价，修正后的光伏上网电价将逐年递减 5% 并持续 20 年。德国施行的法定上网电价政策，有力地保障了投资者的权益，刺激了光伏行业的发展，并使德国成为世界上公认的推广光伏建筑最为成功的国家。

我国目前实行的光伏建筑扶持政策是建安成本补贴政策。我国首先开始实施的是"太阳能屋顶计划"，该计划在初期以示范工程的形式开展，启动了国内光伏建筑的应用市场。2009 年 3 月国家财政部会同住房和城乡建设部印发了《关于加快推进太阳能光电建筑应用的实施意见》及《太阳能光电建筑应用财政补助资金管理暂行办法》，根据我国光伏产业现有水平决定对部分光伏建筑给予资金补贴，来提高民众对光伏建筑的信心。2009 年的系列政策起到了激活市场供需的作用，为释放光伏产业在建筑中更多的应用潜力打下基础。2012 年发布的《关于组织实施 2012 年度太阳能光电建筑应用示范的通知》，是政府引导相关行业加快光伏建筑市场步伐、提升光伏建筑应用水平的又一举措。新政策在向绿色生态城区、一体化程度高的项目倾

斜的同时，对与建筑高度紧密结合的一体化项目提供的补贴高于仅与建筑一般结合的项目，并对示范项目的并网、光伏组件质量和项目建设周期提出了一定的要求。该政策体现出我国对一体化程度高的光电建筑的支持，调动了各地推进光伏建筑一体化的积极性。

1.5　太阳能建筑的规范和图集

目前我国已经陆续出版了一系列太阳能建筑的建造标准、设计规范、技术指南和工程图集，内容涉及太阳能热水、太阳能供热采暖、太阳能制冷空调、太阳能光伏发电等方面，以指导企业生产、规范太阳能建筑设计、促进太阳能产业的健康持续发展。

1.5.1　太阳能建筑的规范

2005 年 12 月 5 日，由中国建筑设计研究院会同建筑行业和太阳能行业的设计、科研与太阳能热水器生产企业编制的《民用建筑太阳能热水系统应用技术规范》GB 50364—2005，经中华人民共和国建设部和国家质量监督检验检疫总局联合发布，已于 2006 年 1 月 1 日实施。这是我国第一部太阳能与建筑结合的国家标准，也是《中华人民共和国可再生能源法》中要求制定的太阳能利用系统与建筑结合的技术规范。标准的实施为建筑上利用太阳能热水系统并使太阳能热水系统与建筑结合提供了技术保障。类似地，在光伏系统方面，《民用建筑太阳能光伏系统应用技术规范》JGJ 203—2010 已于 2010 年颁布实施；在被动式建筑方面，《被动式太阳能建筑技术规范》JGJ/T 267—2012 于 2012 年执行。另《民用建筑太阳能热水系统应用技术规范》GB 50364—2018 中，对基本规定、建筑设计以及太阳能热水系统设计方面做出部分修

改，已于 2018 年 12 月 1 日起批准实行。

截止到 2013 年，我国发布的太阳能建筑相关规范及行业标准如下：

《民用建筑太阳能热水系统应用技术标准》GB 50364—2018

《民用建筑太阳能热水系统评价标准》GB/T 50604—2010

《太阳能热水系统性能评定规范》GB/T 20095—2006

《太阳能供热采暖工程技术规范》GB 50495—2009

《被动式太阳能建筑技术规范》JGJ/T 267—2012

《民用建筑太阳能光伏系统应用技术规范》JGJ 203—2010

《民用建筑太阳能空调工程技术规范》GB 50787—2012

《光伏建筑一体化系统运行与维护规范》JGJ/T 264—2012

《建筑光伏系统应用技术标准》GB/T 51368—2019

《建筑用光伏构件通用技术要求》JG/T 492—2016

1.5.2 太阳能建筑的图集

为方便建筑设计人员和太阳能行业人员正确理解、掌握和使用《民用建筑太阳能热水系统应用技术规范》，中国建筑标准设计研究院编制并出版了国家建筑标准设计图集《太阳能热水器选用与安装》06J908—6。从技术角度解决了太阳能热水器在建筑上安装的建筑构造，确保太阳能热水系统在建筑上应用的安全，以及与建筑协调统一，使太阳能热水系统纳入建筑标准化轨道。

截止到 2013 年，我国发布与太阳能建筑相关的标准设计图集如下：

《太阳能热水器选用与安装》06J908—6

《太阳能集中热水系统选用与安装》06SS128

《太阳能集热系统设计与安装》06K503

《建筑太阳能光伏系统设计与安装》10J908—5

1.6 太阳能建筑的专业术语

由于太阳能建筑涉及诸多工程技术，现将太阳能建筑相关的专业术语归纳整理如下：

被动式太阳能建筑相关专业术语

被动式太阳能建筑 passive solar building

不借助机械装置，冬季直接利用太阳能进行采暖、夏季采用遮阳散热的房屋。

直接受益式 direct gain

太阳辐射直接通过玻璃或其他透光材料进入需采暖的房间的采暖方式。

集热蓄热墙式 thermal storage wall

利用建筑南向垂直的集热蓄热墙面吸收穿过玻璃或其他透光材料的太阳辐射热，然后通过传导、辐射及对流方式将热量送到室内的采暖方式。

附加阳光间 attached sunspace

在建筑的南侧采用玻璃等透光材料建造的能够封闭的空间，空间内的温度会因温室效应而升高。该空间既可以对建筑的房间提供热量，又可以作为一个缓冲区，减少房间的热损失。

蓄热屋顶 thermal storage roof

利用设置在建筑屋面上的集热蓄热材料，白天吸热、晚上通过顶棚向室内放热的屋顶。

对流环路式 convective loop

在被动式太阳能建筑南墙设置太阳能空气集热蓄热墙或空气集热器，利用在墙体上设置的上下通风口进行对流循环的采暖方式。

集热部件 thermal storage component

被动式太阳能建筑的直接受益窗、集热蓄热墙或附加阳光间等用来完成被动式太阳能采暖的集热功能设施或构件。

太阳能贡献率 energy saving fraction

太阳能建筑的供热负荷中，太阳能得热所占的百分率。

蓄热体 thermal mass

能够吸收和储存热量的密实材料。

太阳能热水系统建筑一体化相关专业术语

太阳能热水系统 solar water heating system

将太阳能转化成热能以加热水的装置。通常包括太阳能集热器、贮水箱、泵、连接管道、支架、控制系统和必要时配合使用的辅助能源。

太阳能集热器 solar collector

吸收太阳辐射并将产生的热能传递到传热工质的装置。

贮热水箱 heat storage tank

太阳能热水系统中储存热水的装置，简称贮水箱。

真空管太阳能集热器 evacuated tube solar collector

采用透明管（通常为玻璃管）并在管壁和吸热体之间有真空空间的太阳集热器。

平板型太阳能集热器 flat plate solar collector

吸热体表面基本为平板形状的非聚光型太阳能集热器。

太阳能集热器的总面积 gross collector area

整个真空太阳集热器的最大投影面积，不包括那些固定和连接传热工质管道的组成部分。

太阳能保证率 solar fraction

系统中由太阳能部分提供的热量除以系统总负荷。

太阳辐照量 solar irradiation

接收到太阳辐射能的面密度。单位为 MJ/m^2 或 kJ/m^2。

自然循环系统 natural circulation system

仅利用传热工质内部的密度变化来实现集热器与贮水箱之间或集热器与换热器之间进行循环的太阳能热水系统。

强制循环系统 forced circulation system

利用泵迫使传热工质通过集热器（或换热器）进行循环的太阳能热水系统。

直流式系统 series-connected system

传热工质一次流过集热器加热后，进入贮水箱或用热水处的非循环太阳热水系统。

太阳能光伏建筑相关专业术语

太阳能光伏系统 solar photovoltaic（PV）system

利用太阳能电池的光伏效应将太阳能辐射能直接转换成电能的发电系统。简称光伏系统。

光伏建筑一体化 building integrated photovoltaic（BIPV）

在建筑上安装光伏系统，并通过专门设计，实现光伏系统与建筑的良好结合。

光伏构件 PV components

工厂模块化预制的，具备光伏发电功能的建筑材料或建筑构件，包括建材型光伏构件和普通型光伏构件。

建材型光伏构件 PV modules as building components

太阳能电池与建筑材料复合在一起，成为不可分割的建筑材料或建筑构件。

普通型光伏构件 conventional PV components

与光伏组件组合在一起，维护更换光伏组件时不影响建筑功能的建筑构件，或直接作为建筑构件的光伏组件。

光伏电池 PV cell

将太阳能辐射能直接转换成电能的一种器件。

光伏组件 PV module

具有封装及内部联结的、能单独提供直流电流输出的、最小不可分割的太阳电池组合装置。

光伏方阵 PV array

由若干个光伏组件或光伏构件在机械和电气上

按一定方式组装在一起，并且有固定的支撑结构而构成的直流发电单元。

独立光伏系统 stand-alone PV system

不与公共电网联结的光伏系统。

并网光伏系统 grid-connected system

与公共电网联结的光伏系统。

并网逆变器 grid-connected inverter

将来自太阳电池方阵的直流电流变换为符合电网要求的交流电流的装置。

孤岛效应 islanding effect

电网失压时，并网光伏系统仍保持对失压电网中的某一部分线路继续供电的状态。

太阳电池的伏安特性曲线 I-V characteristic curve of solar cell

受光照的太阳电池，在一定的辐照度和温度以及不同的外电路负载下，流出的电流 I 和电池端电压 V 的关系曲线。

太阳能建筑的其他相关术语

建筑遮阳 solar shading of buildings

采用建筑构件或安置设施以遮挡或调节进入室内的太阳辐射的措施。

固定遮阳装置 fixed solar shading device

固定在建筑物上，不能调节尺寸、形状或遮光状态的遮阳装置。

活动遮阳装置 active solar shading device

固定在建筑物上，能够调节尺寸、形状或遮光状态的遮阳装置。

外遮阳装置 external solar shading device

安设在建筑物室外侧的遮阳装置。

内遮阳装置 internal solar shading device

安设在建筑物室内侧的遮阳装置。

中间遮阳装置 middle solar shading device

位于两层透明围护结构之间的遮阳装置。

太阳能总透射比 total solar energy transmittance

通过窗户传入室内的太阳辐射与入射太阳辐射的比值。

遮阳系数 shading coefficient（SC）

在给定条件下，玻璃、外窗或玻璃幕墙的太阳能总透射比，与相同条件下相同面积的标准玻璃（3mm 厚透明玻璃）的太阳能总透射比的比值。

外遮阳系数 outside solar shading coefficient of window（SD）

建筑物透明外围护结构相同，有外遮阳时进入室内的太阳辐射热量与无外遮阳时进入室内太阳辐射热量的比值。

外窗的综合遮阳系数 overall shading coefficient of window（SCw）

考虑窗本身和窗口的建筑外遮阳装置综合遮阳效果的一个系数，其值为窗本身的遮阳系数（SC）与窗口的建筑外遮阳系数（SD）的乘积。

第2章 Basic Knowledge of Solar Building Design
太阳能建筑设计的基础知识

2.1 太阳的基本知识

2.1.1 太阳简介

　　太阳是地球所属太阳系的中心天体,它的质量占太阳系总质量的99.86%。太阳给地球带来光和热,地球表面温度得以保持在一定范围内,这是人类和绝大部分生物生存的前提条件。没有太阳光,地面温度将会很快降低到接近绝对零度。同时,太阳也直接或间接地提供了万物维系生存所必需的能量。

　　太阳是一个主要由氢和氦组成炽热的气体火球,半径为 6.96×10^5 km(是地球半径的110倍),质量约为 1.99×10^{27} t(是地球质量的33万倍),平均密度约为地球的1/4。太阳表面的有效温度为5762K,而内部中心区域的温度则高达几千万摄氏度。太阳的能量主要来源于氢聚变成氦的热核反应,每秒有 6.57×10^{11} kg 的氢聚合成 6.53×10^{11} kg 的氦,连续产生 3.9×10^{23} kW 能量。这些能量以电磁波的形式,以 3×10^5 km/s 的速度穿越太空射向四面八方。地球只接收到太阳总辐射的二十二亿分之一,即有 1.77×10^{14} kW 的太阳辐射达到地球大气层上边缘,由于穿越大气层产生衰减,最终约有 8.5×10^{13} kW 到达地球表面,而这个数量相当于全世界发电量的几十万倍。太阳每年投射到地球的辐射能为 6×10^{17} kWh,相当于74万亿吨标准煤燃烧所释放的能量,图2-1形象地给出了每年到达地球的太阳能与地球上已探明的各种能源的储量以及全球能源年消耗量的对比。按目前太阳的质量缩减速率计算,太阳辐射还可维持600亿年,从这个意义上讲,太阳能确实是"取之不尽,用之不竭"的能源。

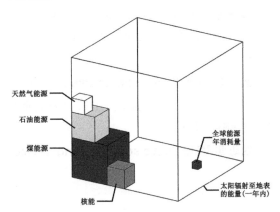

图2-1　全球能源年消耗量与年地表太阳辐射能的对比图

2.1.2 地球绕太阳的运行规律

　　在"两小儿辩日"中有述:"日初出沧沧凉凉,及其日中如探汤,此不为近者热而远者凉乎?"古人很早就发现太阳与生活环境及气候环境的形成息息相关。气候"Climate"一词在古希腊语中解释为倾斜、斜度，表示各地气候冷暖与太阳光倾斜程度有关。实际上，正是由于太阳与地球的关系，形成了地球上不同气候区按纬度分布的特点。而太阳运行位置在一天及一年中的变化，使得不同地区建筑与环境的关系也在随时间发生变化。

太阳在天空中的运动轨迹呈现出季节性的变化。每一天日出日落的时间都在变化：夏季日出时间早，日落时间晚，正午时分烈日当空，阴影很浅，直射光一般无法射入室内；相反，冬季日出时间晚，日落时间早，正午时分太阳光角度很低，可以轻松照入室内数米深。因此合理利用太阳能资源，首先需要了解太阳和地球运行的一些基本知识。

地球绕地轴自转的同时绕太阳公转，地球公转的轨道平面称为黄道面。由于地轴是倾斜的，与黄道面成66°33′的交角，而且在公转运行中，这个交角和地轴的倾斜方向始终保持不变，这使得太阳光线的直射范围在南北纬23°27′之间做周期性变化（图2-2）。赤纬角是太阳光线与地球赤道面的夹角，用 δ 表示。它随着地球在公转轨道上的位置即日期的不同而变化。赤纬角从赤道面算起，向北为正，向南为负。

地球在公转轨道上的几个典型位置分别为：春分，夏至，秋分，冬至。春分时（约在3月21日），太阳光与地球赤道面平行，赤纬角 $\delta=0°$ ，阳光直射赤道，正好切过两极，南北半球的昼夜均等长。春分以后，赤纬角逐渐增加，到夏至时，赤纬角 $\delta=+23°27′$ ，达到最大值，太阳光线直射地球北纬23°27′，即北回归线。随后，赤纬角又逐渐减小，秋分日 $\delta=0°$ 。当阳光继续南移，到冬至日，阳光直射南纬23°27′，赤纬角 $\delta=-23°27′$ ，此时情况恰好与夏至日相反。冬至日以后，阳光又逐渐北移至赤道，周而复始。

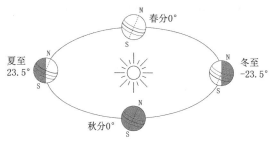

图2-2 地球公转与赤纬角的变化

一年中某一天的赤纬角 δ ，我们可以通过库珀（Copper）方程得到：

$$\delta=23.45\sin[360×(284+n)/365] \quad (°)$$
$$(2-1)$$

式中 δ ——一年中第 n 天的赤纬，春分和秋分日时 $\delta=0°$ ，冬至日 $\delta=-23°27′$ ，夏至日 $\delta=23°27′$ ；

n ——一年中从1月1日算起的天数。

时角 ω 可表示一天里不同时刻的太阳位置。地球自转一周为360°，相应的时间是24h，每1h对应角度变化15°。我们规定正午12时的时角 $\omega=0°$ ，每隔一小时递增或递减15°，上午为负值，下午为正值。

2.1.3 太阳高度角和方位角

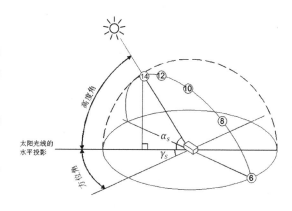

图2-3 太阳高度角和太阳方位角的示意图

对于地球表面上的观测者来说，太阳的空间位置可用太阳高度角和太阳方位角来确定。太阳高度角 α_s 是地球表面上某点和太阳的连线与地平面之间的交角，太阳方位角 γ_s 是太阳至地面上某给定点连线在地面上投影与正南方向（当地子午线）之间的夹角（图2-3），太阳偏东时为负，偏西时为正。太阳高度角和太阳方位角的计算公式是：

$$\sin\alpha_s = \sin\varphi \cdot \sin\delta + \mathrm{con}\varphi \cdot \mathrm{con}\delta \cdot \mathrm{con}\omega \quad (2\text{-}2)$$
$$\cos\gamma_s = (\sin\alpha_s \cdot \sin\varphi - \sin\delta)/(\mathrm{con}\alpha_s \cdot \mathrm{con}\varphi) \quad (2\text{-}3)$$

式中　α_s——太阳高度角，度；

γ_s——太阳方位角，度；

φ——当地地理纬度，度；

δ——赤纬，度；

ω——时角，度。

正午时刻的太阳方位角为 $0°$，由上面的公式可以推导出正午的太阳高度角为：

$$\alpha_s = 90° - |\varphi - \delta| \quad (2\text{-}4)$$

即当 $\varphi > \delta$ 时 $\alpha_s = 90° - (\varphi - \delta)$；当 $\varphi < \delta$ 时，$\alpha_s = 90° - (\delta - \varphi)$。

正午太阳高度角对于太阳能建筑设计来说有着重要的意义，它通常是我们计算遮阳构件或太阳能板（包括太阳能集热板和太阳能光伏板）的重要参考。以北京地区（北纬 $40°$）为例，根据公式得夏至日正午太阳高度角为 $83°33'$；冬至日正午太阳高度角为 $36°28'$；在春分与秋分，太阳高度角为 $59°55'$。对于太阳能热水利用而言，由于冬季热水需求大，因此太阳能集热板的倾角宜以当地冬至日正午太阳高度角为参考；对于太阳能光伏发电利用而言，夏天用电需求大，太阳能光伏板则宜以当地夏至日正午太阳高度角作为参考。若全年集热需求较为均衡，则可以选择春秋分正午太阳高度角为设计参考值（图2-4）。

为了方便地获取某地全年太阳在天空中的具体位置，可以绘制一套含有高度角、方位角、地理纬度、日期等信息的水平太阳轨迹图（图2-5）。太阳轨迹图将天穹上的太阳运动轨迹作水平投影线绘制而

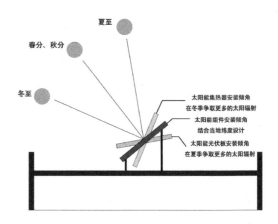

图2-4　正午太阳高度角与太阳能板的倾角设计

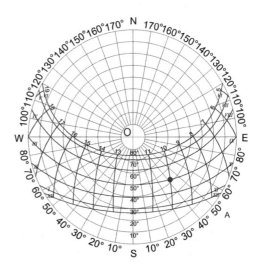

图2-5　北京地区水平日轨图

成，图中以 O 点为圆心的同心圆线圈代表了不同的太阳高度角，这些同心圆的半径越大所表示的高度角则越小；以 O 点为端点出发的各条放射线代表了不同的方位角，比如 OA 代表了 $50°$ 方位角；以罗马字母 I-XII 标注的曲线表示的是一年中每个月固定日期的太阳运动轨迹，此图显示的是每月21号的太阳轨迹。为方便快速定位某一时刻的太阳高度角、方位角，曲线 I-XII 又被以小时为单位的纵向曲线划分开来。例如，当寻找北京9月21号上午10点的太阳高度角和方位角时，在图中找到9月21号的太阳轨迹曲线 IX 和上午10点的交点，它表示了太阳

在该时刻的位置，在图中已圈出，然后从同心圆中确定高度角大约为 40°，从放射线中找到方位角约为南偏东 42°。

2.2 太阳辐射的相关知识

2.2.1 太阳常数

地球以椭圆轨道绕太阳公转，太阳和地球间的距离在不断变化，使得地球大气层上界的太阳辐射强度相应变化。但实际上，由于日地距离非常大，公转中日地距离的变化量相对较小，由此引起的太阳辐射强度的相对变化不超过 ±3.4%。这意味着地球大气层外的太阳辐射强度几乎是一个常数，因此人们使用"太阳常数"来描述大气层上界的太阳辐射强度。太阳常数（I_{sc}）的定义为：在平均日地距离时，地球大气层上界垂直于太阳光线的表面在单位面积上单位时间内所接收到的太阳辐射能，1981 年世界气象组织（WMO）公布太阳常数的参考值是 $1368W/m^2$。

2.2.2 大气质量

太阳辐射透过大气层时，通过的路程越长，则大气对太阳辐射的吸收、反射和散射量越多，即太阳辐射的衰减程度也越厉害，到达地面的辐射通量便越小。为了表示大气对太阳辐射衰减作用的大小，一般采用"大气质量"（符号 AM）这一概念。大气质量 AM 的定义是：太阳辐射通过大气层的无量纲路程，是太阳光通过大气的路径与太阳在天顶方向时路径的比值。在标准大气压（101325Pa）和气温 0℃时，海平面上太阳光线垂直入射的路径为 1，即无量纲路程为 $AM=1$。如图 2-6，A 为地球海平面上一点，O 与 O' 为大气上界的点，太阳在天

顶位置 S 时，太阳辐射穿过大气层达到 A 点的路径为 OA，此时大气质量为 1。当太阳位于 S' 点时，其穿过大气层到达 A 点的路径为 $O'A$，$O'A$ 与 OA 之比即大气质量。大气质量的计算公示如下：

$$AM=O'A/OA=\sec\theta_z=1/\sin\alpha_s \qquad (2-5)$$

式中 α_s——太阳高度角，度；

θ_z——太阳天顶角，度。

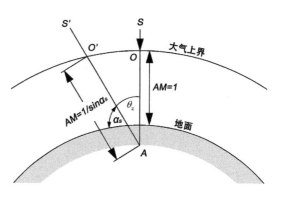

图 2-6 大气质量示意图

2.2.3 太阳总辐射、直射辐射和散射辐射

太阳光在穿过大气层到达地表的过程中，30% 被大气层反射回宇宙，21% 被大气层吸收，剩下的 49% 最终传递到地表。到达地表的太阳辐射分为直射辐射和散射辐射。太阳直射辐射是指未改变照射方向，以平行光形式到达地球表面的太阳辐射。太阳直射辐射形成具有一定的方向，在被照射物体背后出现明显的阴影。太阳散射辐射是太阳辐射遇到大气中的气体分子、尘埃等产生散射，以漫射形式到达地球表面的辐射。太阳散射辐射在地面形成的照度较小，没有一定的方向性，不能形成阴影。

直射与散射辐射之和是太阳光的总辐射。在没有直射阳光的情况下（如阴天）并不意味着没有阳光和辐射，散射辐射也是不可忽略的太阳能资源。直射辐射与散射辐射的比例会随着天气阴晴的变化

而改变。一般而言，在晴天条件下，散射辐射占总辐射的比例为 10% ~ 15%，随着云量的增加这一比例不断上升，在全阴天的条件下，其比例达 100%。图 2-7 显示的是北京地区各月的平均辐射情况。由图可见，在夏季，散射辐射占总辐射的比例接近甚至超过直射辐射；在冬季，直射辐射则占大部分。一般而言，气候多雨地区的散射辐射比例较高，气候干燥地区则较低。

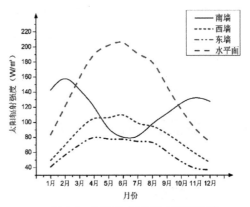

图 2-8   北京地区全年各月太阳辐射强度

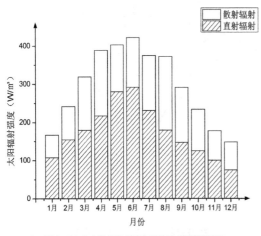

图 2-7   北京地区各月直射辐射与散射辐射值

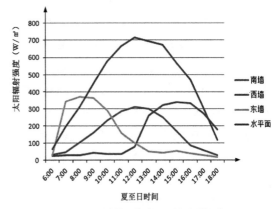

图 2-9   北京地区全时段天太阳辐射强度

2.2.4   不同建筑朝向获得太阳辐射的差异

从建筑利用太阳能的视角考虑，不同朝向上获得太阳辐射的情况存在着显著差异。以北京地区为例，图 2-8 显示了建筑各朝向在一年中各月份平均获得的辐射强度值，其中建筑屋顶（水平面）在夏季接收到的太阳辐射最大，其值远远超过建筑垂直面的太阳辐射强度，即此时水平面接收的太阳辐射最多。建筑南向墙面（垂直面）相对于其他朝向的墙面而言，其在冬季接收到的太阳辐射最多而在夏季获得的辐射又比东、西朝向的少。

图 2-9 则显示了一天中太阳辐射大小的变化。屋顶（水平面）上接收的太阳辐射显著高于建筑其

他垂直面，并在正午获得最大辐射强度。建筑东、西墙面的太阳辐射强度分别在上午 9 点左右以及下午 3 点左右达到最大值，南向墙面的最大值则在正午前后出现。

建筑垂直面上太阳辐射资源的利用应该受到重视，许多人也许会误认为只有屋面（水平面）才可以收集利用太阳能，但实际上墙面（垂直面）的辐射资源总量也十分可观，在冬季太阳高度角较低的时候，垂直面的辐射强度甚至要高于水平面。对于纬度较高的地区，太阳高度角常年较低，应该特别增加垂直墙面太阳能的利用，作为屋面太阳能利用的补充。纬度较低的地区在屋面太阳能资源不足的情况下也可以考虑增加墙面上太阳能的利用。

2.3　太阳能资源分布

太阳能资源并不是均匀分布在地球上的，它会随地点和时间而发生变化。太阳辐射的强度决定了太阳能资源的丰沛程度。对此，我们可以用从日照时数、辐射总量，辐射强度这三方面来衡量某一地区太阳能资源状况。

日照时数是指某一特定时间内在垂直于太阳光线的平面上辐射强度超过或等于 $120W/m^2$ 的时间长度。以北京为例，平均年日照时数为 2780 小时。辐射总量指某一特定时段内水平面上太阳辐射强度的累积值。常用的有太阳辐射日总量、月总量、年总量。同样以北京为例，不考虑场地遮挡等因素，北京地区全年的辐射资源为 $4300MJ/m^2$，又或 $1195kWh/m^2$。辐射强度指单位时间内垂直投射到单位面积上的太阳辐射能量，单位是瓦每平方米 (W/m^2)。

不同地区的太阳能资源差异很大，这主要是由地理经纬度和当地气候来决定。在全世界范围内，太阳能资源丰富程度最高地区为：印度、巴基斯坦、中东、北非、澳大利亚和新西兰；太阳能资源丰富程度中高地区为：美国、中美和南美南部；太阳能资源丰富程度中等地区为：西南欧洲、巴西、东南亚、大洋洲、中国和中非；太阳能资源丰富程度中低地区为：东欧和日本；太阳能资源丰富程度最低地区为：加拿大和西北欧洲。

我国按太阳能资源丰富程度可划分为四个区域，详见表 2-1。

我国的太阳能资源分区及分区特征　　　　　　　　表 2-1

资源区划及代号	太阳辐照量 MJ/（m²·a）	主要地区	月平均气温≥10℃、日照时数≥6h 的天数
资源丰富区（Ⅰ）	≥6700	新疆南部、甘肃西北一角	275 左右
		新疆南部、西藏北部、青海西部	275～325
		甘肃西部、内蒙古巴彦淖尔市西部、青海一部分	275～325
		青海南部	250～300
		青海西南部	250～275
		西藏大部分	250～300
		内蒙古乌兰察布市、巴彦淖尔市及鄂尔多斯市一部分	＞300
资源较丰富区（Ⅱ）	5400～6700	新疆北部	275 左右
		内蒙古呼伦贝尔市	225～275
		内蒙古锡林郭勒盟、乌兰察布市、河北北部一隅	＞275
		山西北部、河北北部、辽宁部分	250～275
		北京、天津、山西西北部	250～275
		内蒙古鄂尔多斯市大部分	275～300
		陕北及甘肃东部一部分	225～275
		青海东部、甘肃南部、四川西郊	200～300
		四川南部、云南北部一部分	200～250
		西藏东部、四川西部和云南北部一部分	＜250
		福建、广东沿海一带	175～200
		海南	225 左右

续表

资源区划及代号	太阳辐照量 MJ／（m²·a）	主要地区	月平均气温 ≥10℃、日照 时数≥6h 的天 数
资源一般区（Ⅲ）	4200～5400	山西南部、河南大部分及安徽、山东、江苏部分	200～250
		黑龙江、吉林大部分	225～275
		吉林、辽宁、长白山地区	＜225
		湖南、安徽、江苏南部、浙江、江西、福建、广东北部、湖南东部和广西大部分	150～200
		湖南西部、广西北部一部分	125～150
		陕西南部	125～175
		湖北、河南西部	150～175
		四川西部	125～175
资源贫乏区（Ⅳ）	＜4200	云南西南一部分	175～200
		云南东南一部分	175 左右
		贵州西部、云南东南一隅	150～175
		广西西部	150～175
		四川、贵州大部分	＜125
		成都平原	＜100

2.4 建筑利用太阳能的方式

建筑中利用太阳能的方式有不同的分类方法：根据利用太阳能过程中是否需要机械动力，一般分为"被动式"和"主动式"两种。根据太阳能在建筑中的用途可以分为太阳能热利用、发电利用、照明利用、通风利用等。

"被动式"太阳能技术与"主动式"太阳能技术：被动式（Passive）技术是指以非机械设备干预手段利用太阳能及其相关特性，具体指在建筑规划设计中通过对建筑朝向及空间的合理布置、遮阳及自然通风的设计，并采用建筑围护结构的保温隔热技术等的手段来降低建筑能耗需求，改善室内舒适度。被动式的英文原意为诱导、被动、顺从，有顺其自然、

让自然做功的意思，其最大特点是无需消耗额外能源，一般情况下也无需控制系统。主动式（Active）技术是指以机械设备干预手段利用太阳能及其相关特性，具体指在建筑中采用光热转换、光电转换等设备来获取并转换太阳能，以供建筑使用。主动式技术通常都需要补充额外的能源，并通过控制系统调节各种辅助设备来调节室内环境，以满足人体舒适度要求。

被动式技术暗含在建筑自身的设计中（图2-10）。在利用被动式技术的理念下，建筑设计人员负责确定建筑选址、利用场地环境；设计建筑朝向、面积、体型；明确建筑在环境中的暴露程度、开敞空间的方位、高程、比例及其倾角等；完善建筑构造设计，掌握建筑平面和剖面中热量的变化与分布，并借用围护结构来调节建筑表皮对光和热的控制。

通过与建筑自身设计紧密结合的被动式技术，能够在设计前期尽量减少建筑冬季失热、控制夏季室内过热、提高采光效率、加强自然通风效果，从而大幅减轻建筑对传统能源的消耗。因此被动式技术常作为建筑节能减排和实现舒适性的前提保证。

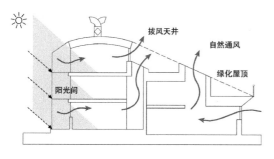

图 2-10　被动式太阳能技术示意

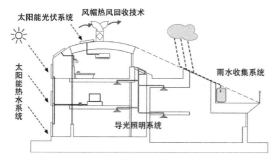

图 2-11　主动式太阳能技术示意

太阳能主动式技术是在被动式技术的基础上，通过需要能源驱动的各种设备，更加充分地挖掘环境中的潜力，改善环境中不利因素带来的影响，并解决太阳能利用过程中的不稳定性问题（图 2-11）。在建筑中常用的主动式太阳能技术有太阳能热水技术、太阳能主动采暖技术、太阳能光伏发电技术、太阳能制冷空调技术等。主动式技术能够满足建筑使用过程中对能源多方位的需求，并力求室内环境达到稳定的理想状态。

目前太阳能建筑的设计，从技术路径角度上，常常是遵循被动优先原则，并提倡将被动式技术与主动式技术结合、将太阳能光热技术与光伏技术相结合、将太阳能技术与其他广义上的太阳能技术相结合。从设计方法上提倡的是太阳能技术与建筑一体化设计。

根据太阳能在建筑中用途的不同，其利用方式具体可分为太阳能热利用、发电利用、照明利用、通风利用等。这些方式能够满足建筑在运行过程中对供暖、用电、供热水、照明、通风换气等方面的要求。

热利用是指将太阳辐射转化为热能进行利用。我们可以利用辐射直接加热室内空气，节省采暖成本，即被动式太阳房；或借助集热、储存、控制设备获取太阳热量，并重新配送至室内进行采暖，即太阳能主动式采暖；也可以利用其他介质比如水，将太阳能转化成热能利用，即太阳能热水；又或者利用其他冷媒如溴化锂实现空调与太阳能的结合，以代替传统压缩机空调，即太阳能空调。热利用是太阳能利用方式中运用最广的一种方式（图 2-12）。

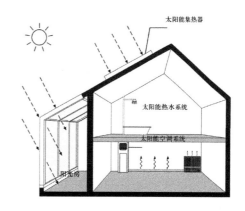

图 2-12　太阳能热利用

发电利用就是将太阳能转化为电能进行利用。一般而言该过程有两种实现途径，一种是将太阳能转化为热能，利用热媒（如水蒸气）进行机械式涡轮发电，比如太阳能热发电技术；另一种则是通过光电效应，即直接利用某些材料的光电特性将太阳能转化为电能（图 2-13）。就目前而言，前者太阳能的转化率较高，但一次投资成本巨大且占地大，一般只用于大规模的太阳能发电站；后者太阳能转化率较低，但系统相对简单小巧，适用于与建筑集成。

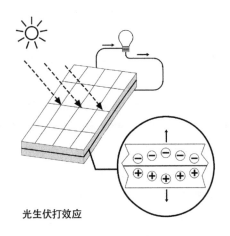

光生伏打效应

图2-13　太阳能发电利用

照明利用是将阳光导入室内作照明之用，以降低照明能耗。当建筑开窗设置受到限制的时候，可以利用反光板或其他构造实现阳光的引导，或者利用导光管或导光纤维实现将光线以任意路径传送的导光照明。

通风利用是指通过阳光照射形成室内外或室内各部分之间的温度差，进而形成微气压差，利用这种特性，我们可以在一定程度上组织室内的空气流动及热量交换（图2-14）。

此外，太阳能的光化学利用也可为建筑服务，例如通过光化学反应来制造氢气、甲醇等电池燃料，为建筑设备提供动力来源；或通过植物光合作用制造氧气，净化室内空气。2010年上海世博会的"沪上生态家"，已经实现了利用流动微藻的光合作用来净化建筑内的空气，以此来改善室内的空气质量。

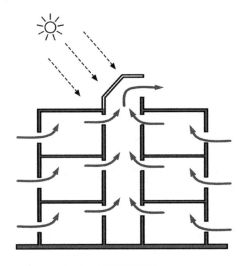

图2-14　太阳能通风利用

第3章 被动式太阳房设计
Design of Passive Solar House

3.1 被动式太阳房的概述

太阳房一词最早出现在美国，1920年芝加哥某报社将一家装有大面积玻璃的房子称为"太阳房"。这种房子能获得充足的阳光，室内非常温暖，人们由此创造出"太阳房"这一词汇。人们对太阳能建筑的认识，也是从被动式太阳房开始。随着技术的进步与发展，现今的太阳能建筑往往是集成利用被动式太阳能技术和主动式太阳能技术的建筑。本章主要讲述"被动地"接受阳光以满足建筑物采暖需求的被动式太阳房，建筑中应用主动式的太阳能技术的相关内容将在后续章节中介绍。

3.1.1 被动式太阳房的涵义

被动式太阳房是不借用任何机械动力，不需要专门的蓄热器、热交换器、水泵（或风机）等设备，而是完全用自然的方式（辐射、传导、自然对流）利用太阳能为室内采暖的房屋。

被动式太阳房通过建筑朝向的合理选择和周围环境的合理布置，内部空间和外部形体的巧妙处理，以及建筑材料和结构、构造的恰当选择，以实现冬季能集取、蓄存并使用太阳能的目的，从而解决或部分解决建筑物的采暖需求。被动式太阳房不增加

或仅少量增加建造成本，因而是一种经济、实用且无需复杂操作的太阳能利用技术，在诞生之后便得到了广泛的应用，尤其是在较为寒冷的气候区取得了较好的应用效果。

3.1.2 被动式太阳房的发展历程

人类在长期生活实践中，积累了利用太阳能的丰富经验。在古代，人类为了满足冬季取暖需求，常将穴居向阳而筑（图3-1）并逐渐摸索出砖石等厚重建材在日落后仍可持续为室内供热的规律，这种原始利用太阳能的方式就是被动式。

早在古希腊古罗马时期，人们就能够总结出适应当地气候的建造经验。古希腊哲学家亚里士多德就曾提出房屋 "北面窗户要小，南边窗户要大，并且要有水平伸出的檐，冬季暖和，夏天可以遮阳"。马可·维特鲁威（Marcus Vitruvius Pollio）通过巧妙的柱廊设计，来控制不同高度角的阳光对室内的影响。当时人们虽然尚未充分掌握太阳运行的规律，但在不同地区，人们创造了带有地域特色的建筑形式来充分利用太阳能，其建造经验为后人提供了宝贵的借鉴。中国传统民居中蕴含的一系列地域性营造技术，其构建方式就与现代被动式太阳房的原理有许多相似之处。如我国北方的传统民居通常坐北朝南，南面开大窗、北面开小窗、东西不设窗，通

过控制墙面开窗来控制太阳辐射对室内的影响，起到调节室内热环境的作用。另外，为加强建筑的保温效果，北方民居常采用厚墙、厚屋顶等做法。我国西北地区的黄土高原上至今保持着窑洞这种传统居住形式（图3-2），通过靠崖、覆土、挖天井等方式营造了冬暖夏凉的居所。

际会议上探讨了建筑物的高度、间距、日照、朝向之间的关系，首次用科学方法计算出高层塔式建筑、行列式建筑以及周边式建筑在满足同样日照条件下的可建面积比数。

在美国继 "太阳房" 一词出现于报纸上后，1933 年芝加哥世博会上展示了由建筑师威廉·科克（William Keck）和乔治·科克（George Keck）设计建造的被动式太阳房（图3-3）。在此基础上，科克兄弟于 1940 年在伊利诺伊州设计建造了一幢太阳能住宅。这是美国第一栋投入使用的被动式太阳房。对于被动式太阳房具有重大意义的进展是特朗勃墙的出现。特朗勃墙由法国奥代罗太阳能研究所所长菲利克斯·特朗勃博士提出，并通过与建筑师米歇尔合作，于 1956 年研究成功并取得法国专利。特朗勃墙使被动式太阳房的发展迈向了新的台阶（图3-4）。

图 3-1　向南而建的半圆形村落

图 3-2　我国传统民居窑洞

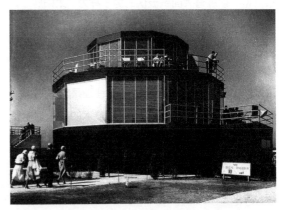

图 3-3　1933 年芝加哥世博会上的 "被动式太阳房"

随着传统经验的不断积累，人们逐渐掌握进而归纳出了利用太阳能进行营造活动的原理，并结合建筑的新功能、新形式逐步系统地总结出被动式太阳房的设计方法。20 世纪初的现代主义建筑师充分尊重阳光、气候等因素对建筑的影响，在实践中越发注重对太阳能的利用。赖特（Frank Lloyd Wright）根据太阳照射规律，在建筑不同朝向的立面中设计出不同的挑檐，不仅丰富了建筑形体，同时能达到改善室内舒适度的目的。格罗皮乌斯（Walter Gropius）在布鲁塞尔现代建筑第三次国

图 3-4　设有特朗勃墙的太阳能住宅

20 世纪 70 年代世界性石油危机爆发后，太阳能的利用越发受到人们关注。1974 年首届国际被动式太阳能大会召开。会议倡导各国开展对太阳能供热问题的探索。此后各类被动式太阳能设计手册、被动式太阳房建筑图集相继出版，大量成功的工程案例和样板示范房的出现更是加速推进了被动式太阳房技术的"平民化"进程。被动式住宅成为政府鼓励建设的项目，欧洲和美国都纷纷建立起被动式房屋的研究机构。这些机构推动了适应本国气候特色的被动式太阳房设计标准的制定，以实现被动式太阳房的快速设计与快速建造。同时，被动式太阳房设计相关的计算机模拟技术飞速发展，借助该技术被动式太阳房的热工性能得到了进一步改善。进入 21 世纪，国外对被动式太阳房的研究更加成熟，标准化制造的集热蓄热构件进一步得到市场化普及，它们不仅增强了建筑围护结构的保温隔热性能，也提高了被动式太阳房的经济性和节能效益。

1977 年到 1980 年间，我国开始对被动式太阳房进行自主研究与实践。1977 年，我国第一栋试验性太阳房在甘肃省民勤县重兴中学建成。1979 年，作为现在中国可再生能源学会前身的中国太阳能学会成立，该组织在被动式太阳房早期的探索阶段发挥了重要的推动作用。进入 20 世纪 80 年代，我国北方地区陆续建成了一批具有地域特色的被动式太阳房示范工程。同时，被动式太阳房技术在基础理论研究、模拟实验、热工参数分析、设计优化、透光及保温蓄热材料开发等方面得到了快速的发展。这些理论成果和实践经验形成了具有中国特色的被动式太阳房技术，囊括理论、设计、施工、试验及评价方法等各个方面，并汇编于《被动式太阳能采暖乡镇住宅通用设计试用图集》《被动式太阳房热工设计手册》《被动式太阳房施工操作要求和验收标准》等相关出版物中，以服务被动式太阳房工程的实际建设。

3.2 被动式太阳房的基本集热形式与设计

被动式太阳房的形式多种多样，通常可以根据其集热形式的不同分为五类：直接受益式、集热蓄热墙式、附加阳光间式、蓄热屋顶式和对流环路式。下面将详细介绍被动式太阳房的这五种基本集热形式及其设计（表 3-1）。

被动式太阳房五种基本集热形式 表 3-1

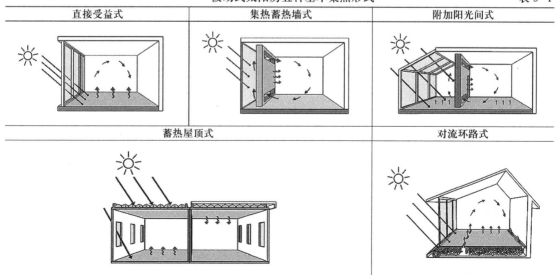

3.2.1 直接受益式

1）集热及热利用过程

直接受益式是使太阳光通过透光材料直接进入室内的采暖形式，是建筑物利用太阳能采暖最普通和最简单的方法（图3-5）。白天，太阳辐射通过南向的大面积玻璃进入室内，照射到地面和墙体上，

太阳辐射被地面或墙体内的蓄热材料吸收转化为热量。这些热量一部分以对流的方式加热室内空气，一部分以辐射方式与其他围护结构内表面进行热交换，还有一部分将被墙体或地面中的蓄热材料储存起来在夜间为室内继续供暖。夜间，在放下保温窗帘或关闭保温窗扇后，储存在地板和墙体内的热量逐渐释放，使室温能维持在一定水平。

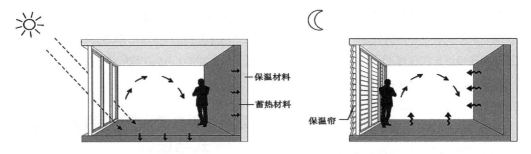

图3-5 直接受益式太阳房白天和夜间的热利用过程

2）特点和适用范围

直接受益式的特点是：构造简单，施工、管理及维修方便；南向大面积玻璃窗使得室内光照条件好；与建筑功能配合紧密，便于建筑立面处理，有利于建筑一体化设计。然而直接受益式的南向大窗在晴天时会导致室内升温快，白天室温较高，且温度波动幅度较大，室内热稳定性不好。

根据直接受益式白天迅速升温的特点，宜将其用于冬季需要采暖且晴天多的地区，如我国华北内陆、西北地区等。从建筑功能上来看，适宜于主要在白天使用的房间，如办公室、学校教室等。

3）直接受益窗设计

在直接受益式太阳房中，设计的关键是直接受益窗。直接受益窗是太阳房获取太阳能的主要途径，但它既是得热部件又是失热部件，在太阳能透过玻璃进入室内的同时也会带来向室外散发的热损失。因此，在窗的设计中应注意：根据热工要求恰当地确定窗口面积，南向集热窗的窗墙面积比宜为

50%；慎重地确定玻璃层数和做法；减少窗洞范围内的遮挡；合理确定窗格划分、开扇的开关方式与开启方向；在窗的构造上既要保证窗的密封性，又要减少窗框、窗扇自身的遮挡；采用必要的构造措施解决夜间保温问题。

直接受益窗的形式有侧窗、高侧窗和天窗三种（表3-2）。在相同面积的情况下，天窗获得的太阳辐射量最多；但同时，由于热空气分布在房间顶部，通过天窗对外辐射散失的热量也最多。一般的天窗玻璃、保温板很难保证天窗全天热收支盈余，因此直接受益式多选用侧窗、高侧窗两种形式。

直接受益式窗的形式 表3-2

侧窗	高侧窗	天窗
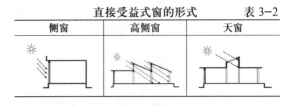		

即使在太阳房中采用侧窗或高侧窗，仍然要采取相应的保温措施。冬季通过窗户的太阳得热量能否大于透过窗户向室外散发的失热量，主要与当地

气象条件，房间采暖设计温度以及窗的保温状况有关。改善直接受益窗的保温状况，可以采用两种方法：一是增加窗的玻璃层数，二是在窗上增加活动夜间保温装置，如保温窗帘、保温窗板等。增加玻璃层数，可以加大窗的热阻，减少热损失。当无夜间保温时，增加玻璃层数对提高房屋热性能起较大作用，但有了夜间保温后，其作用就相应减小。直接受益窗玻璃层数的推荐值可以参照表3-3。

不同温度条件下直接受益窗玻璃层数推荐值 表3-3

冬季室外平均温度	玻璃层数	
（℃）	夜间没有保温	夜间保温
0～5	2	1
−5～0	2或3	1或2
−5以下	3层以上	2

直接受益窗同时也要满足室内采光需求。在直接受益式太阳房中，南立面窗墙比一般应大于或等于0.3，优化窗地比约为0.16。但为了获取更多的太阳辐射，此比例还需增大。但是窗户面积过大，会引起太阳房室温波动过大，还会带来更大的热损失。因此，应选择适当的窗户面积。在被动式太阳房的实际设计中，若直接受益式所集取的热量不够，可根据实际情况，将不开窗户的其余南向墙面设计成其他被动式采暖方式。窗地比和窗墙比的推荐值可以参照表3-4、表3-5。

不同温度条件下直接受益式太阳房窗地比的推荐值 表3-4

冬季室外平均气温（℃）	窗地比
−8～−9	0.27～0.42（窗有保温措施）
−5～−7	0.24～0.38（窗有保温措施）
−2～−4	0.21～0.33
0～−1	0.19～0.29
2～0	0.16～0.25

处于不同热工分区居住建筑不同朝向的窗墙面积比 表3-5

气候分区	北向外窗	东、西向外窗	南向外窗
严寒、寒冷地区	0.25	0.30	0.50
夏热冬冷地区	0.45	0.30（无外遮阳措施） 0.50（有外遮阳措施且太阳辐射透过率20%）	0.50
夏热冬暖地区	0.45	0.30（必须遮阳）	0.50

4）蓄热体设计

在直接受益式太阳房中，蓄热体通常布置于房屋的墙面、屋顶或地板中，这些房屋构件可以由普通建筑材料构成，也可以采用专门的蓄热材料填充，比如石头或花岗岩。蓄热体相关的材料特性和设计将在3.3.3节中详细阐述。下面介绍直接受益式太阳房蓄热体设计的三方面内容：蓄热体的布置、蓄热体的面积、蓄热体的厚度。

蓄热体的布置：为了提高蓄热构件的热效率，应将蓄热体布置在阳光能够直接照射的区域，比如室内地面、侧墙、公共墙体等。根据室内使用需求，可以将蓄热体的材料灵活变换成砖石、混凝土、水墙或者潜热蓄热材料等。为了避免蓄热体表面因覆盖而影响其蓄热性能，在需要采暖的室内不宜采用装饰物和地毯等覆盖蓄热体。蓄热体在室内的布置可参照图3-6。

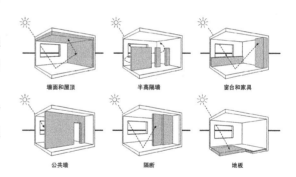

墙面和屋顶　　　　半高隔墙　　　　窗台和家具

公共墙　　　　隔断　　　　地板

图3-6 蓄热体在采暖房间中的布置

蓄热体面积应该尽可能的大，大面积的蓄热体可以使室内加热的过程更加均匀，对维持夜间室温更为有利。在直接受益式太阳房中，包括地板在内的蓄热体表面积最好能占室内总表面积的1/2以上。

蓄热体的厚度一方面需要满足直接受益式太阳房对蓄热的需求，另一方面需要考虑蓄热体所在的屋顶、地面或墙面的尺寸与结构承载力。以砖石作为围护结构、砖或混凝土作为地面的直接受益式太阳房中，常用的蓄热体厚度是：墙体等于或大于24cm，地面等于或大于5cm。由于冬季晴天太阳直射辐射落到地面的时间相对墙面更长，较墙体所起的蓄热作用也更大，所以适当地增加地面的厚度比较有利，通常做法可以增加厚度至 10cm。此外，地面颜色对提高房间对太阳能的吸收起重要作用，深色有利于太阳辐射的吸收。因此宜将太阳辐射可达到的地面、墙面等表面涂成深色。

5）保温措施

集热、蓄热和保温是被动式太阳房设计中的三个要素，保温措施可以减少由集热构件中传热系数较大的玻璃窗或玻璃盖板带来的热损失，且有利于蓄热材料中的热量蓄存到夜间使用，从而使太阳房达到令人满意的采暖效果和节能效率。

在直接受益式太阳房中，南向墙面大面积的玻璃若不加任何保温措施，很容易导致白天室温上升过快而夜间室温过低，严重影响到室内使用的舒适度，因此直接受益式太阳房要注意建筑保温措施。

对于南向大面积的窗户，提高其保温性能一是要改善其气密性，减少热损失；二是增加玻璃窗的层数，如安装具有空气间层的保温玻璃；三是在南向玻璃窗外面设置夜间活动保温构件（图 3-7）。

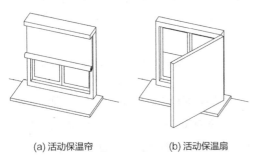

(a) 活动保温帘　　　　(b) 活动保温扇

图 3-7　活动保温构件

采暖房间还需要加强其整体的保温性能，除南向玻璃外，其他围护结构若缺乏保温措施，同样会导致白天收集的热量在夜间迅速散失掉。常用的保温做法是在墙内增加一层 60～120mm 厚的保温材料，一般为膨胀珍珠岩、矿棉、聚苯乙烯泡沫塑料板等，为了使墙中储存的热量保留在房间里面，一

般把保温材料设置在实体砖墙的外侧，在其外侧再设置保护墙。

屋顶、地面以及墙面中保温材料的设置方式略有不同，其中屋顶和地面的做法与普通建筑的保温措施类似：屋顶一般采用板状保温材料（如聚苯乙烯泡沫板）或散状保温材料（如珍珠岩），厚度根据当地的纬度和气候条件决定；地面一般在夯实素土后，增铺一层油毡纸，进行防潮处理，然后再铺设 150mm 厚的炉碴和一层砖，起蓄热保温作用。

图 3-8 显示了分别采用低性能和高性能保温材料的直接受益式太阳房其室内温度变化情况。采用低性能保温材料的房间，即曲线 B，其昼夜温差大，并出现了白天下午过热（日间热量不断蓄积），午夜之后过冷（夜间热量不断流失）的现象。总体而言，室内环境大部分时间处于舒适的范围之外。采用高性能保温材料的房间，即曲线 C，其室内温度变化幅度明显缩小，全天温度几乎都位于舒适的范围内，下午不会出现过热，夜晚不会过冷。

3.2.2　集热蓄热墙式

1）集热及热利用过程

1956 年，法国学者菲利克斯·特朗勃等提出了集热蓄热墙的设计方式，即在直接受益式太阳窗后面筑起一道重型结构墙。结构墙的外表面涂有高吸收率的涂层，以增加太阳辐射吸收率，其顶部和底部分别开有通风孔，设有可控制空气的流动的活动门，以根据不同时间段和需要控制对流换热的模式。

集热蓄热墙式太阳房的集热及热利用过程是：太阳辐射透过玻璃外罩照射到集热蓄热墙上，集热蓄热墙所吸收的热量通过三个途径加热室内：一部分热量加热玻璃外罩和墙体之间的空气，使空气温度升高密度降低，与室内空气形成热压，进而通过蓄热墙的孔洞实现对流换热加热室内空气；一部分

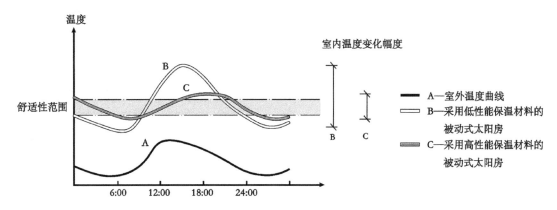

图 3-8　不同保温性能的墙体材料对室内温度产生的影响

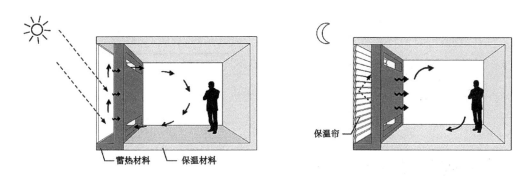

图 3-9　集热蓄热墙式太阳房白天与夜间热利用过程

热量通过集热蓄热墙体向内部辐射热量，加热室内空气；第三部分热量被蓄热体储存起来，在夜晚以辐射和对流的方式继续向室内供热（图 3-9）。

2）特点和适用范围

集热蓄热墙式太阳房的优势在于既能使南向玻璃外罩充分吸收太阳辐射，又能使室内保留一定的墙面，以便于室内布置，适应不同房间的使用要求。在墙体顶部设置的排气口可根据季节和室内外环境，适时地通风换气，调节室内温度；用砖石材料构成的集热蓄热墙，墙体在白天蓄热而在夜间向室内辐射热量，使室内昼夜温差波动幅度变小，克服了直接受益式太阳房温度波动幅度较大的缺陷，因此热舒适性较好，适用于全天或主要为夜间使用的房间，如卧室等。但集热蓄热墙的构造要比直接受益式复杂，成本较高，清理及维修也较为困难。此外，由

于蓄热体一般都是不透光的实墙，会阻挡室内观景视线，也会降低建筑的日间采光能力。

3）集热蓄热墙设计

为了保证集热蓄热墙的采暖效果，在进行墙体设计时，应首先从建筑的使用功能、建筑结构特点和立面造型需要出发，在保证足够集热面积的前提下，协调好立面上墙体和窗户在面积和分布上的关系，确定两者的组合形式。第二，合理选择集热、蓄热及保温材料，并确定各材料的厚度及做法。如墙体的组成材料应具有较大的热容量和导热系数。同时墙体外表面涂层材料的选择对阳光吸收率、发射率也有影响，普通与选择性涂层对阳光吸收率及发射率的比较见表 3-6。透光外罩的透光材料、层数、空气间层厚度以及保温装置需要结合当地气候条件进行搭配组合，并保证外罩边框、透光材料和保温

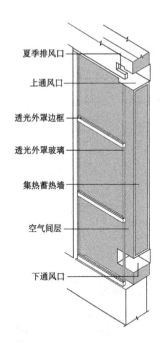

图 3-10　集热蓄热墙的构造方式

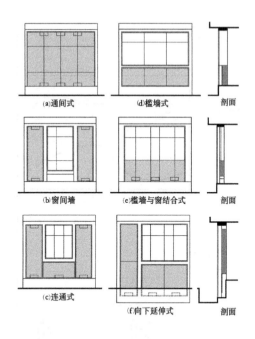

图 3-11　集热蓄热墙的立面组合方式

装置的外露边框构造能够坚固耐用且密封性好。第三，通风口的设计要考虑其面积、形状与位置的设置，以保证气流通畅。同时在对流风口上设置可自动或者便于手动关闭的保温风门，并宜设置风门止回阀。集热蓄热墙上还需要考虑排气口的设置，以防止夏季室内过热。第四，集热蓄热墙的细部构造设计，应在保证装置严密、操作灵活与日常管理维修方便的前提下，尽量使构造简单、施工方便、造价经济。集热蓄热墙的构造组成如图 3-10 所示，其立面的组合方式如图 3-11 所示。

外表面普通与选择性涂层对阳光吸收率及发射率的比较　表 3-6

集热墙墙体外表涂层	吸收率	发射率
黑色	95%	20%
深蓝色	85%	33%
墨绿色脂肪漆	93%	42%
选择性吸收涂层	88% ～ 96%	11% ～ 17%

集热蓄热墙越厚，蓄热量越大，温度波幅通过墙体的衰减及延时效果越显著，墙体所蓄存的热量在夜晚释放得越慢。这些热量除继续向室内供热外，相当一部分将散失掉。也就是说蓄存的热量越多，相对来说损失的也越多，因此，过厚的蓄热墙会阻碍热量传入室内，其集热效率反而降低；墙体薄则反之，薄墙白天集热效率增高，然而由于蓄热量小，热传递延时短，导致室温的波动大，夜间温度骤降。采用集热蓄热墙时，空气间层宽度宜取其垂直高度的 1/30 ～ 1/20。集热蓄热墙空气间层宽度宜为 80 ～ 100mm。集热蓄热墙推荐采用的厚度参照表 3-7。

集热蓄热墙推荐厚度　表 3-7

墙体材料	推荐厚度（mm）
土坯墙	200 ～ 300
黏土砖墙	240 ～ 360
混凝土墙	300 ～ 400
水墙	150 以上

集热蓄热墙可以是实体蓄热墙，也可以是花格墙式或水墙式。花格墙式集热蓄热墙和实体蓄热墙的主要区别是前者墙体上遍布有通风孔，如图 3-12

所示。白天，保温板打开，后挡板关闭，使花格墙处于集热蓄热状态；夜间保温板关闭，后挡板打开，将白天花格墙所集蓄的热量释放到房间。

水墙式集热蓄热墙，顾名思义就是利用水作为蓄热介质的墙体，也称之为"水墙"（图 3-13）。水的比热容高达 4200 J/kg·℃，是普通砖材的 5 倍，混凝土的 4 倍，蓄热能力十分突出。但由于比热容高，水墙升温幅度小，若吸热不足，其加热室内的效果反而不如实体墙。因此，水墙必须设置在具有充足光照的地方。同时，用于建造"水墙"容器的材料一般为密封的塑料或金属，而金属的导热能力更强，蓄热效果更佳。

4）集热蓄热墙通风口设计

集热蓄热墙按照墙上有无通风口可分为两类。有通风口的集热蓄热墙其集热效率比无通风口的高。

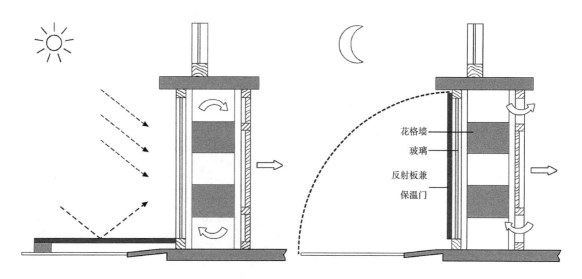

图 3-12　花格墙式集热蓄热墙白天与夜间热利用过程

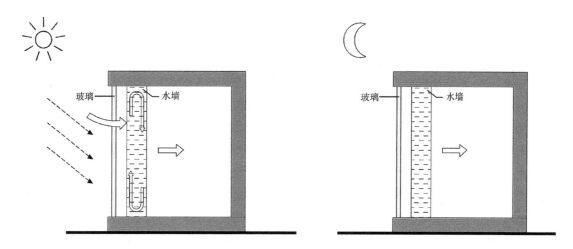

图 3-13　水墙式集热蓄热墙白天与夜间热利用过程

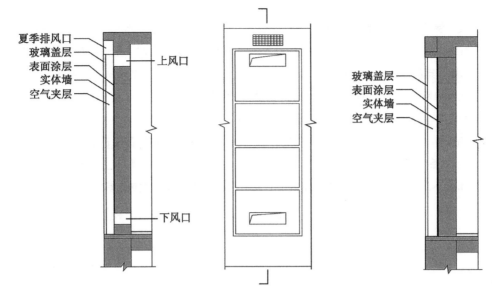

夏季排风口
玻璃盖层
表面涂层
实体墙
空气夹层
上风口
下风口

玻璃盖层
表面涂层
实体墙
空气夹层

图 3-14　集热蓄热墙通风口的设置

从全天向室内供热的情况看，有通风口时供热量的最大值出现在白天太阳辐射最大的时候；无风口时，其最大值滞后于太阳辐射最大值出现的时间，而滞后的时间与墙体的厚度有关。因此是否设置通风口需结合当地的气象条件及太阳能的集热措施综合考虑（图3-14）。

通风口大小与墙体传热效率以及室内温度波动情况密切相关：通风口越大，集热传热效率则越高，热量损失越少，但温度波动幅度越大；通风口越小，集热传热效率越低，热量损失越大，但温度越恒定。对于较温暖地区或太阳辐射资源较好、气温昼夜差较大的地区，通过直接受益式窗，白天有日照时室内已有足够的热量，采用无风口集热蓄热墙既可避免白天房间过热，又可提高夜间室温，减小室温的波动。而对于寒冷地区，利用有风口的集热蓄热墙，其集热效率高，额外补热量少，节能效果好。

根据经验值，集热蓄热墙的对流风口面积一般取集热蓄热墙面积的 1% ~ 3%，集热蓄热墙风口可略大些，对流风口面积等于空气间层截面积。风口形状一般为矩形，宜做出扁宽形（图3-15）。对于较宽的集热蓄热墙可将风口分成若干，在宽度方向均匀布置。在高度方向上，上下风口的垂直间距应尽量拉大。

图 3-15　集热蓄热墙通风口施工前后

5）保温措施

集热蓄热墙式太阳房需要设置保温装置以防止夜间室温过低，其设置方式与直接受益式类似，即对于集热蓄热墙的玻璃外罩部分，可以选择增加玻璃的层数或者外加夜间保温装置的做法来达到保温效果。根据工程经验，单层玻璃加夜间保温板的集热蓄热墙，其集热效率与双层玻璃相差很小，但加设的保温板会在使用上造成不便，且保温板难以实现理想的密封要求。因此，从经济性和使用角度考虑，推荐采用双层玻璃的做法。

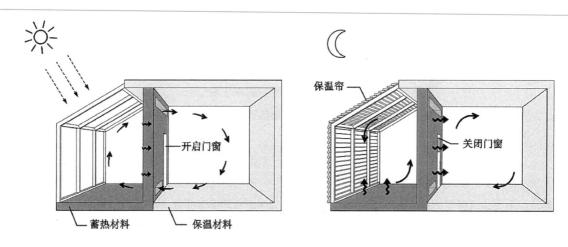

图 3-16　附加阳光间式太阳房白天与夜间热利用过程

3.2.3　附加阳光间式

1）集热及热利用过程

附加阳光间式太阳房是在建筑的南侧采用玻璃等透光材料建造的能够封闭的空间，并用蓄热墙（也称公共墙）将房间与阳光间隔开，墙上开有门窗。白天，阳光间的空气和公共墙被加热，直接通过传导和辐射的方式加热室内。同时，可以打开公共墙上的门窗，让阳光间的热空气流入房间内，进一步增强加热效果。夜间，把公共墙上的门窗关上，阳光间便成为一个热缓冲区，减缓房间内热量的散失，对室内起到保温的作用（图3-16）。

2）特点和适应范围

附加阳光间式太阳房具有多种优点：与集热蓄热墙式太阳房相比，附加阳光间增加地面作为集热蓄热体，且阳光间内室温上升快；与直接受益式相比，采暖房间的温度波动及眩光程度均较小。附加阳光间可以结合建筑功能空间一并设置，如南廊、入口门厅、休息厅、封闭阳台等，并作为采暖房间与室外环境之间的热缓冲区，减小采暖房间因冷风渗透造成的热损失。此外，阳光间本身可作为白天休息活动室或温室花房等使用，容易和整个建筑设计融为一体。阳光间与相邻内层房间之间公共墙的设置比较灵活，既可以设成砖石墙，也可以设成落地门窗或带槛墙的门窗，适应性较强。在采用附加阳光间式太阳房时，需要防止阳光间下午易出现过热现象，可通过加强阳光间与室内的空气对流，将热空气及时传送到内层房间。另一方面，附加阳光间的在夜间热损失大，导致阳光间昼夜温差波幅大，需要增加玻璃层数或增设其他活动保温装置。

3）阳光间设计

附加阳光间与主体建筑的结合方式有多种（图3-17），第一种做法是将阳光间布置在南向墙面中央，形成"合抱式"。这种类似住宅凸阳台的布置形式不但能使阳光间的东西两侧具有良好的保温性能，而且可以防止夏季西晒引起的室温过高。第二种做法是将建筑的整个南向墙面作为阳光间，形成"暖廊式"。这种阳光间在采暖性能与传热原理上更类似于集热蓄热墙式太阳房，只是在其基础上加大了空气间层的宽度。第三种是将玻璃外罩同主体建筑的南向墙面平齐的"嵌入式"。这种形式的阳光间主要接受来自南向的阳光，东西向采用实墙的做法可减小热损失面积。

(a) 合抱式   (b) 暖廊式   (c) 嵌入式

图 3-17　附加阳光间与主体建筑之间的位置关系

　　附加阳光间的玻璃外罩与室内隔墙的间距设置，需要同时考虑建筑使用功能以及附加阳光间的热工性。较浅的阳光间具有失热面积较小的优势，而较大进深的阳光间便于与建筑的使用功能相结合。在寒冷的冬季，阳光间的东西朝向采用透光材料时，该朝向的失热通常大于得热，反之在夏季则会造成室内过热。同时，透光面在屋顶时容易积尘且不易清理，会因此影响阳光间的集热效率。

4）公共墙设计

　　附加阳光间和相邻房间之间的公共墙是两者热交换的屏障，其上的门窗开孔率不宜小于公共墙总面积的 12%，一般在 25% ~ 50% 范围内取值，既能保证热量有效地进入室内，又有适当的蓄热效果，减小室内温度波动。公共墙除门窗外宜采用具有较强保温和蓄热性能的重质材料，如砖砌体，其厚度一般可取 120 ~ 370mm，在此范围内的墙厚变化对阳光间热效率影响不大，颜色宜采用吸收系数大而发射率小的颜色，以减少日射反射损失和长波辐射热损失。公共墙的设计形式如图 3-18 所示。

5）保温措施

　　附加阳光间的保温也可以通过增加玻璃的层数或增设夜间保温装置来实现，而这两种保温措施的选择不仅需要考虑到当地冬季采暖度日值和辐照量的大小，还要考虑夜间保温装置的经济性。通常，在采暖度日值小、辐照量大的地区宜采用单层玻璃加夜间保温装置；在采暖度日值大、辐照量小的地区宜采用双层玻璃并加夜间保温装置；在采暖度日值大、且辐照量也大的地区宜采用一层或两层玻璃加夜间保温装置。双层玻璃与阳光间其余围护结构相交处，还需保证其良好的气密性。

3.2.4　蓄热屋顶式

1）集热及热利用过程

　　蓄热屋顶是指利用设置在建筑屋面上的集热蓄

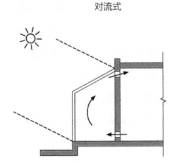　　　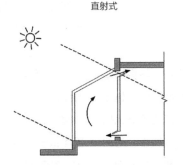　　　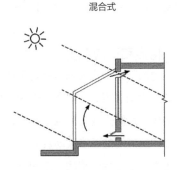

对流式　　　　　　　　　直射式　　　　　　　　　混合式

(a) 阳光间与内室之间的公共墙体的作用与集热蓄热墙相同，应开设上下通风口，以组织内外空间的热气流循环

(b) 落地窗作用同直接受益窗，设部分开启扇，以组织内外空间的热气流循环，也可设门连通内外空间

(c) 公共墙上可开窗和设槛墙，使内室既可得到阳光直射，又有槛墙的蓄热效益。窗开扇墙设孔以组织热气流循环

图 3-18　公共墙形式的示意图

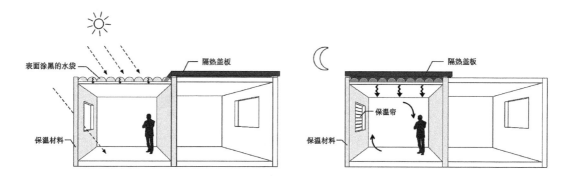

图 3-19　蓄热屋顶式太阳房白天与夜间热利用过程

热材料，白天吸收热量，晚上通过顶棚向室内放热的屋顶（图 3-19）。从向室内供热的特征上看，这种形式的被动式太阳房类似于不开通风口的集热蓄热墙式被动式太阳房。其蓄热物质放置在屋顶上，通常是具有吸热和蓄热功能的贮水塑料袋或潜热蓄热材料，其上设可以开闭的隔热盖板，冬夏兼顾。

在冬季，白天打开隔热盖板，将蓄热物质暴露在阳光下，吸收热量；夜晚盖上盖板保温，使白天吸收了太阳能的蓄热物质释放热量，并以辐射和对流的形式传到室内；在夏季，白天盖上隔热盖板，阻止太阳能通过屋顶向室内传递热量，夜晚移去盖板，利用天空辐射、长波辐射和对流换热等自然传热过程降低屋顶池内蓄热物质的温度，从而达到降温的目的。

2）特点和适应范围

蓄热屋顶适用于冬季不太寒冷且纬度较低的地区，尤其是在冬季采暖负荷不高而夏季又需要降温的情况下。但这种采暖方式需要屋顶具有较强的承载能力，而且隔热盖板的操作也比较麻烦，因此在实际应用中较少出现。在高纬度地区，由于冬季太阳高度角太低，水平面上集热效率有限，而且严寒地区冬季水易结冻，因此蓄热屋顶利用得更少。蓄热屋顶式太阳房在设计时，屋顶隔热盖板的热阻要大，蓄水容器密闭性要好。若使用相变材料，热效率可提高。利用屋顶来集热蓄热的优势在于它的布

置不受方位的限制，而且将屋顶作为室内散热面，能使室温均匀，也不影响室内的布置。

3）保温措施

在保温措施方面，蓄热屋顶隔热盖板宜采用轻质、防水、耐候性强的保温构件，盖板的开启应根据温度、蓄热介质的温度和室外太阳辐射照度进行灵活控制。隔热盖板下方放置蓄热体的空间净高宜为 200 ~ 300mm，蓄热屋顶应有良好的保温性能。

3.2.5　对流环路式

对流环路式由太阳能集热器和蓄热物质构成，其中蓄热体通常采用的是水或卵石。这种采暖方式借助了"热虹吸流"的原理：太阳能集热器中产生的热空气经由风道被提升到蓄热装置中或直接为房间供暖；与此同时，较冷的空气从蓄热装置下沉并经由回风管流入集热器中，以待再次加热后作供暖之用（图 3-20）。保证对流环路式采暖效果的关键是依据热空气上升原理，将集热器安装在蓄热装置的下方。而蓄热装置中的水或岩石由于自重较大，将其置于高处的做法应单独加以考虑，理想情况是建筑南向立面拥有一块倾斜的坡地。虽然对流环路式的集热量和蓄热量大，能获得较好的室内热舒适性，但它对建筑场地有一定要求，且构造较为复杂，造价较高。

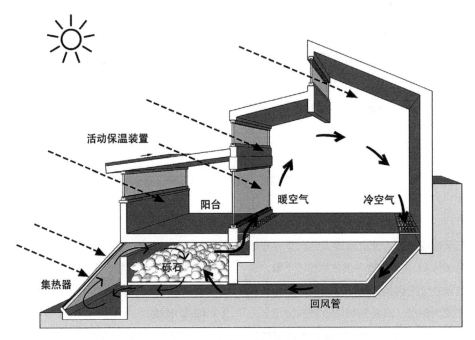

活动保温装置

阳台　　暖空气　　冷空气

砾石

集热器

回风管

图 3-20　对流环路式太阳房热利用过程示意图

3.2.6　集热形式的选择

　　被动式太阳房的每种集热形式都有各自的优缺点，表 3-8 将几种集热形式的优缺点进行了比较，便于在设计不同类型的太阳房时结合实际情况加以选择：

　　在选择被动式太阳房的集热形式时，气象因素、建筑类型、使用者的要求、抗震要求、经济性等都是主要考虑因素。有时候单独使用一种即能达到良好的供暖效果，有时候需要多种形式协同作用来满足不同季节不同时段的室内热舒适性要求。最好的方法是综合考虑上述因素以满足不同的使用要求。

1）气象因素

　　不同的气象条件会直接影响到每一种集热形式的工作状态，充分考虑气象因素能够更好地发挥不同集热形式的优点，避免其不利因素。如直接受益

式易受气象变化的影响而导致室温波动较大，因此它比较适用于那些在采暖期连续阴天较少出现且持续时间短的地区，尤其适用于在采暖期最冷日室外最低气温相对较高的地区；如能配合使用保温帘则可较好地发挥其集热效率高的优势。在采暖期中连续阴天出现相对较多的地区，宜选用热稳定性较好的集热蓄热墙式，因为当连续阴天出现时，它比直接受益式损失的热量更少。

　　我国幅员辽阔，各地气候差异很大，针对各地不同的气候条件，常采用南向垂直面太阳辐射照度与室内外温差的比值，即辐射温差比，作为被动式太阳能采暖气候分区的一级分区指标，南向垂直面太阳辐射照度（W/m²）作为被动式太阳能采暖气候分区的二级指标，划分出不同的被动式太阳建筑设计气候区。采用南向垂直面太阳辐照度作为气候分区的主要参数是因为被动式太阳能采暖建筑的集热构件一般采用南向垂直布置的方式。表 3-9 是根据

被动式太阳房集热形式的对比   表 3-8

系统	优点	缺点
直接受益式	(a) 构造简单，施工、管理及维修方便，成本最低； (b) 可灵活控制开窗形式，综合利用自然采光和采暖，适用于主要为白天使用的房间	(a) 室内温度波动大、光照过强，可能引起眩光和室内物件褪色； (b) 蓄热楼板、墙体等蓄热体不能铺地毯等装饰物； (c) 如果不采取预防措施局部时间段可能发生室内过热现象
集热蓄热墙式	(a) 成本适中； (b) 温度波动小，夜间可持续放热，热舒适度较高，适用于全天或主要为夜间使用的房间	(a) 成本比直接受益式高； (b) 玻璃窗较少，不便于观景和采光； (c) 阴天条件下集热效率较低
附加阳光间式	(a) 清理、维修方便； (b) 非阳光间室内舒适性好，温度波动小； (c) 非阳光间可以作为起居空间，阳光间可作温室使用，空间利用率高	(a) 材料用量大，造价高； (b) 阳光间温度波动较大，昼夜温差大
蓄热屋顶式	(a) 集热和蓄热量大，且蓄热体位置合理，能获得较好的室内热环境； (b) 较适用于冬季供暖、夏季需要降温的湿热地区	(a) 构造复杂，维修较为困难； (b) 造价很高
对流环路式	(a) 恒温效果最好； (b) 集热和蓄热量大，且蓄热体位置合理，能获得较好的室内热环境	(a) 地板构造复杂，造价较高； (b) 需要浪费一部分室内空间和净高

被动式太阳能采暖气候分区   表 3-9

被动太阳能采暖气候分区		南向辐射温差比 ITR W／(m²·℃)	南向垂直面太阳辐照度 I (W/m²)	典型城市
最佳气候区	A 区 (SHI_a)	ITR ≥ 8	I ≥ 160	拉萨，日喀则，稻城，小金，理塘，德容，昌都，巴塘
	B 区 (SHI_b)	ITR ≥ 8	160 > I ≥ 60	昆明，大理，西昌，会理，木里，林芝，马尔康，九龙，道孚，德格
适宜气候区	A 区 (SHII_a)	6 ≤ ITR < 8	I ≥ 120	西宁，银川，格尔木，哈密，民勤，敦煌，甘孜，松潘，阿坝，若尔盖
	B 区 (SHII_b)	6 ≤ ITR < 8	120 > I ≥ 60	康定，阳泉，昭觉，昭通
	C 区 (SHII_c)	4 ≤ ITR < 6	I ≥ 60	北京，天津，石家庄，太原，呼和浩特，长春，上海，济南，西安，兰州，青岛，郑州，张家口，吐鲁番，安康，伊宁，民和，大同，锦州，保定，承德，唐山，大连，洛阳，日照，徐州，宝鸡，开封，玉树，齐齐哈尔
一般气候区 (SHII)		3 ≤ ITR < 4	I ≥ 60	乌鲁木齐，沈阳，吉林，武汉，长沙，南京，杭州，合肥，南昌，延安，商丘，邢台，淄博，泰安，海拉尔，克拉玛依，鹤岗，天水，安阳，通化
不宜气候区 (SHIV)		ITR ≤ 3	—	成都，重庆，贵阳，绵阳，遂宁，南充，达县，泸州，南阳，遵义，岳阳，信阳，吉首，常德
		—	I < 60	

不同的累年 1 月平均气温、水平面或南向垂直墙面 1 月太阳平均辐照度，将被动式太阳能采暖划分为四个气候区。

被动式太阳房的集热形式应根据被动式太阳能采暖气候分区（表 3-10）进行选择，也可以采取多种方式优化组合。

被动式太阳房推荐采用的集热形式　　　　　　　　表 3-10

被动式太阳房采暖气候分区		推荐选用的单项或组合式
最佳气候区	最佳气候 A 区	直接受益式、集热蓄热墙式、附加阳光间式、蓄热屋顶式、对流环路式
	最佳气候 B 区	集热蓄热墙式、附加阳光间式、蓄热屋顶式、对流环路式
适宜气候区	适宜气候 A 区	直接受益式、集热蓄热墙式、附加阳光间式、蓄热屋顶式
	适宜气候 B 区	直接受益式、集热蓄热墙式、附加阳光间式、蓄热屋顶式
	适宜气候 C 区	集热蓄热墙式、附加阳光间式、蓄热屋顶式
可利用气候区		集热蓄热墙式、附加阳光间式、蓄热屋顶式
一般气候区		直接受益式、附加阳光间式

2）建筑功能与类型

集热形式的选择并不只是集热越多就越合适，还要考虑其所集热量向室内提供时是否与使用房间的用热情况相吻合。对于主要在白天使用的房间，如起居室、办公室、教室等，应以保证白天的用热环境为主，采用直接受益式或附加阳光间式，就能比较好地满足要求。在一般情况下，宜以直接受益式为主，辅以其他集热形式，如在气象条件较差的地区可适当增加集热蓄热墙式。当采用直接受益式太阳房时，必须加设有效的保温装置。

对于卧室一类主要在夜间使用的房间，可考虑选用集热蓄热墙式；为满足采光要求，选用一定量的直接受益窗是必不可少的。当直接受益窗采用散射透过材料或反射百叶帘来提高室内四壁的蓄热量时，可适当加大直接受益窗的面积，并配合使用保温装置，以使系统具有更高的集热效率。

3）抗震要求

直接受益式太阳房在南墙面上的开窗洞口通常很大，这不利于地震区的砖混结构建筑加强抗震性能，减小开窗则难以达到较好的采暖要求。而集热蓄热墙的墙体部分既可以作为集热蓄热构件，同时又是抗震所需的结构体，具有一定的承载能力。因此，

在地震区建太阳房应充分利用抗震结构墙体来设置集热蓄热墙等集热形式，以便同时满足集热和抗震要求。

4) 经济性

由于在建筑中利用太阳能可能会增加首次投资费用，因此在选用集热形式时必须考虑经济可能性，既要考虑眼前的经济能力，也要考虑将来的经济回报。

3.3　被动式太阳房的场地设计、空间布局和材料选用

3.3.1　被动式太阳房的场地设计

良好的选址规划布局是被动式太阳房设计成功的基础，不同地区的太阳能资源丰富程度、地理位置和气候条件互不相同，在利用太阳能时所采用的设计策略也应有所不同。作为建筑设计人员，全面掌握建筑所在地的气候特点，最大化利用太阳能的优势，才能在设计初期尽量降低建筑的潜在能耗。被动式太阳房的场地设计要考虑的因素如下：

1）地形的有效利用

对于任何建筑来说，都存在着建筑与地形相互适应的问题，对于被动式太阳房的设计也不例外，发挥地形中所蕴含的潜力是太阳房设计的基础。

地形往往会影响其他环境要素。场地内的日照时间和太阳辐射状况、风向和风速、温度分布、植被配置等，都会因地形不同而情况各异。图 3-21 表示的是一个典型的小山包地形，我们可以将其大致分为 5 个区域，即东南西北四坡与山顶。若要在这块地形上选址建造房屋，则南向山坡阳光最为充足，适合严寒地区的建筑；北向山坡常年无日照，适合夏季炎热地区避暑之用；东西两坡的主要区别在于日照时间段不同，考虑到日间室内热量累积和西晒问题，东向山坡适合气候相对温和的地区，西向山坡适合相对寒冷的地区；山顶虽然阳光充足，但风势较大，较适合湿热地区的建筑，一般不做太阳房建设之用，若此地气候相对寒冷需要建设太阳房，则需要特别加强防风保温措施。综合考虑这些因素有助于设计人员更好地挖掘地形中的有利因素，同时能预先提供被动式太阳房中各项技术应用时所需的设计空间。

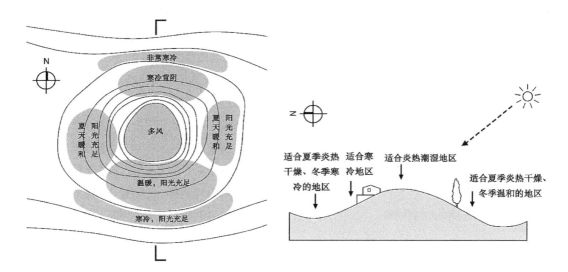

图 3-21 山地地形与建筑选址之间的关系

2）场地的冬季防风策略

为了保证被动式太阳房的采暖效果，需要在初期设计的时候尽量减小冬季寒风对室内热环境的影响（图 3-22）。在前期规划设计阶段，通过在冬季上风向处（一般为北向）合理组织地形和周边建筑物、构筑物及常绿植物，可以为建筑竖立起一道风屏障，避免冷风的直接侵袭，有效减少建筑在冬季的热损失。

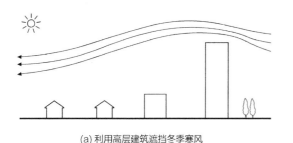

(a) 利用高层建筑遮挡冬季寒风   (b) 把灌木栽种在大树与房屋之间，阻挡冬季寒风·

图 3-22 场地防风策略

在场地允许的情况下，还可设置适当高度、密度与间距的防风林，也能取得很好的挡风效果。此外，还可以整理局部地形，比如在北向堆砌一定高度的土坡或挡风坡，来减少冬季寒风对室内温度的影响（图3-23）。也可通过优化建筑布局，结合道路和景观设计，实现控制冬季局部最大风速以减少冷风渗透的目的。考虑了冬季防风策略的被动式太阳房，不仅能为户外活动提供舒适的空间，同时也能减少建筑由冷风渗透引起的热损失。

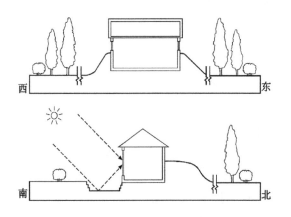

图3-23　气候寒冷地区利用地形的防风策略

3）建筑物的方位和朝向

被动式太阳房是否具有足够的太阳辐射接收面积是实现采暖要求的关键之一。通常来说，由于方位的差异，太阳房各个朝向所接收到的太阳辐射量不同。若设朝向为正南的垂直面在冬季所能接受到的辐射为100%，那么其他朝向的垂直面所接受到的太阳辐射量的百分数如图3-24所示。从图中可以看出，当集热面与正南夹角超过30°时，其接收到的太阳辐射量就会急剧减少。因此，为了使太阳房的集热构件尽可能多地接收到太阳辐射，应使建筑的主要朝向在偏离正南30°夹角以内。最佳朝向是正南向，以及南偏东或偏西15°的范围内。超过这一范围，不但会影响冬季被动式太阳房的采暖效果，而且会造成其他季节室内过热现象。

在确定被动式太阳房的方位时，除了符合太阳房的方位偏离正南向30°以内的要求外，还要考虑气象因素的影响，结合当地气象特点对被动式太阳房的朝向做些许调整。比如某一地区冬季常有晨雾出现，那么该建筑以南偏西为好；反之，若下午常

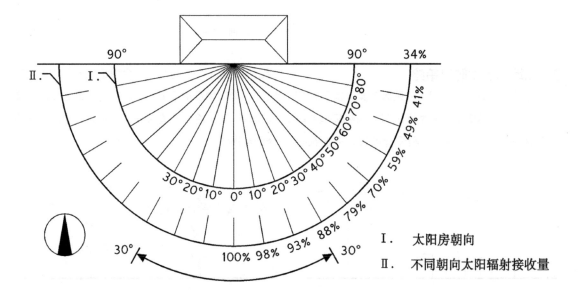

图3-24　建筑不同朝向与太阳辐射接收量之间的关系

常出现多云阴天，则南偏东为佳。当建筑受到场地限制无法避开遮挡时，也应将遮挡作为确定朝向的一个考虑因素，可以通过适当调整集热构件的朝向来避开或减少遮挡。但遮挡的面积也不能过大，处于上午 9 点至下午 3 点之间的遮挡应小于 10%，否则对集热效率的影响太大，不利于太阳能的利用。

4）建筑的日照间距

被动式太阳房只有在白天接收到足够时长的日照，才能保证太阳房的集热效果。受季节及建筑间距的影响，太阳能的利用价值会有所不同，因此需要根据建筑所在地区的日照时数来确定合理的日照间距。

常规建筑一般按冬至日正午的太阳高度角确定日照间距，但这样并不能充分利用太阳能。通常情况下，冬季 9 时至 15 时之间的 6 小时太阳辐射量占全天太阳辐射总量的 90% 左右，若前后各缩短半个小时，则降为 75% 左右。因此，9 至 15 时之间不应有较大遮挡，太阳房的日照间距应按照保证冬至日正午前后共 5h 的日照取值。

确定被动式太阳房日照间距的简略计算方法如下（图 3-25）：

当正南方遮挡建筑的东西向形体较长时，保证正午前后总计 t 小时的日照间距可按照下式简略计算：

$$L_t = H \cdot \tan\varphi - \left(\frac{\sin\delta}{\sin \cdot \varphi\sin\delta + \cos\varphi \cdot \cos\delta \cdot \cos15t/2} \right)$$

（3-1）

当 t=5h（即 9：30-14：30）时：

$$L_t = H \cdot \left(\tan\varphi - \frac{\sin\delta}{\sin \cdot \varphi\sin\delta + \cos\varphi \cdot \cos\delta \cdot \cos37.5°} \right)$$

（3-2）

其中：L_t——保证 t 小时日照的间距，m；

H——太阳房南方遮挡建筑的遮挡高度，m；

φ——太阳房所在地区的地理纬度，度；

δ——冬至日太阳赤纬角，-23°27'。

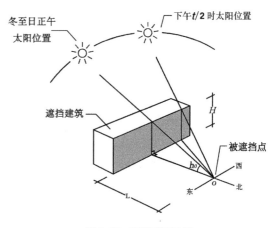

图 3-25 日照间距的计算

H 为太阳房南方遮挡建筑的遮挡高度，应自太阳房南集热面的底边算起，具体而言可分为三种情况：集热面底边在首层室内地面标高处，即采用竖向集热蓄热墙或附加阳光间时，如图 3-26（a）；集热面底边在首层室内地面标高以上，即采用直接受益式时，如图 3-26（b）；集热面底边在首层室内地面标高以下，即采用采光沟加大集热面时，如图 3-26（c）。

除了来自其他建筑的遮挡外，还有来自环境中的树木以及构筑物的遮挡。这些物体如果在集热面上形成阴影，同样将严重影响到被动式太阳房的采暖效率（图 3-27）。因此在前期规划设计时，为确保建筑南向没有固定遮挡物，可将景观、停车场、室外活动空间等较为空旷的空间布置于建筑南向，尽量减少可能形成的阴影。

3.3.2 被动式太阳房的空间布局

被动式太阳房的空间布局也是影响其采暖和节能效果的重要因素，通过对建筑体形、平面和剖面的巧妙设计，可使建筑自身获得更多的南向得热，

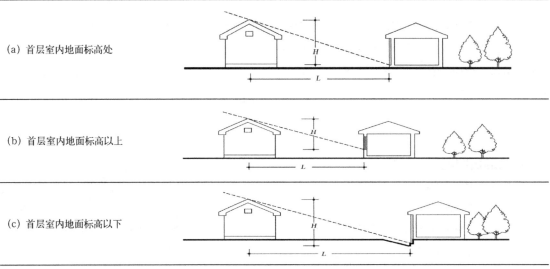

(a) 首层室内地面标高处

(b) 首层室内地面标高以上

(c) 首层室内地面标高以下

图 3-26　确定遮挡高度 H 的三种情况

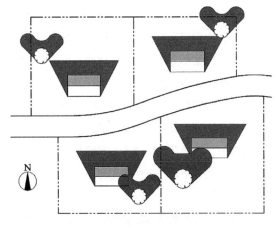

图 3-27　树木可能会遮挡建筑南向有效集热面积

或使建筑水平方向和垂直方向上的隔热能力得到加强，以充分利用被动式技术。

1）建筑体形

对建筑而言，体形的设计不仅会影响到建筑的外观，同时会影响建筑与室外大气接触时的得热失热情况，进而影响到建筑室内热环境。被动式太阳房通常将南墙面作为集热面，东、西、北墙则成为失热面。按照尽量加大得热面和减少失热面的原则，建筑平面应选择东西轴长，南北轴短的形式。在设计时，建议太阳房平面短边与长边的长度之比取

1：1.5～1：4为宜，并根据实际设计需要取值。

2）功能布局

在被动式太阳房中，通常将房间自然形成的北冷南暖的温度分区作为布局依据，将主要使用房间即人们长时间停留、温度要求较高的空间，如起居室、餐厅、书房及卧室等布置在利用太阳能较直接的南侧暖区，并且避免布置于建筑的边跨；反之，一些次要空间，如厕所、厨房、储藏间、走道、楼梯、车库等布置在北侧较冷的区域。在这种布局方式下，北侧的房间一方面能够利用主要房间流失的热量达到加温的目的，同时还可作为主要房间的保温屏障，以保证南侧主要房间室内的热稳定性。可见，建筑设计中遵循这种"温度分区"原则能够将采集到的有限热量进行合理组织与分配，改善室内舒适度，更符合建筑使用要求。

3）北侧处理

由于北侧的次要房间面积都不大，所以对层高要求相对较低，可以用降低其层高的方法使纯失热面的北墙面积减小，如图 3-28（a）。北侧房间对自然采光的要求相对较低，也可以通过减小其开窗

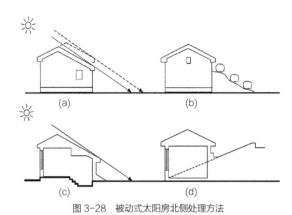

图 3-28　被动式太阳房北侧处理方法

方法使采暖不利的房间获得更多的太阳能得热，其核心思路就是最大化利用南墙面的面积。比如，在平面布局中，可以采用错落排列的方法，争取南向开窗，同时考虑南北向空气对流。在建筑剖面设计中，可以利用室内错层、屋顶天窗、升高北向房间的高度等方法，使阳光更多地照射到北向的房间或进深大的南向房间。

在建筑平面中，出入口是建筑与外部环境进行热交换的主要场所之一。建筑的出入口在开闭时，必然伴随着室内外空气的交换，换气就会产生热损失。因此在保证功能流线通畅的同时，要将换气量控制到最小程度，把热损失降到最低。作为活动部分的门，即使在关闭状态下，也会有缝隙，所以还需要尽量防止漏风造成的热损失。在建筑设计时，应当首先避免出入口面向当地冬季主导风向，可以使用各式门斗来阻挡冬季冷风进入建筑。例如位于建筑南向的门斗可做成凹式、凸式或端角式（图3-29a ~ c）。位于东向或西向的门斗，一般处理成凸式门斗，并将外门布置在南向（图3-29d ~ e）。北向门斗也可做成凹式、凸式或端角式，且尽可能将外门改为东向（图3-29f）。在条件允许的情况下，在冬季主导风向一侧设置挡风墙或种植常绿树木也能起到屏障的作用。

面积来降低冬季冷风渗透。其次，将北侧房间地面局部卧入土中（图 3-28c），可取得减小北墙面积和消减北侧阴影区的效果，这种做法适用于地下水位低的干燥地区。此外，太阳房的设计还可引入覆土保温的概念，如在北墙外侧堆土台（图 3-28b），或利用向阳坡地地形，将北墙嵌入土坡（图 3-28d）。覆土保温的做法除有利于北墙的保温外，还可借此大部分或全部地消除北侧阴影区。

4）建筑的平面与剖面

当建筑不能以东西向为长轴，或者建筑的进深很大时，可以通过调整建筑平面布局和剖面形式的

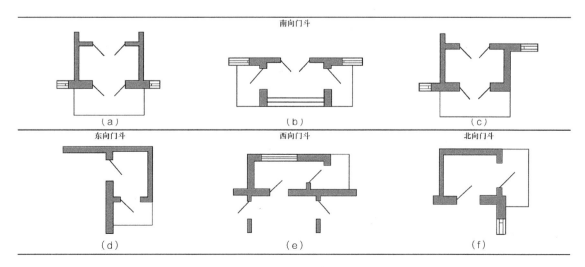

图 3-29　出入口设置门斗与挡风措施

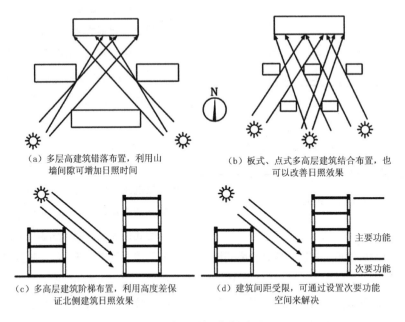

（a）多层高建筑错落布置，利用山
墙间隙可增加日照时间

（b）板式、点式多高层建筑结合布置，也
可以改善日照效果

（c）多高层建筑阶梯布置，利用高度差保
证北侧建筑日照效果

（d）建筑间距受限，可通过设置次要功能
空间来解决

图 3-30　建筑组团处理方法示意图

剖面空间的设计也存在着"温度分区"。由于热压原因，一般上层空间温度会比底层高，这对建筑的功能布局也会造成一定影响。此外，根据减少失热面和争取得热面的原则，对于墙体，可采用降低北向房间层高以及在东、西、北墙外侧堵土的方式，来减少失热墙体的面积；而对于屋顶，常配合北侧房间降低的方案采用南坡小北坡大的斜屋顶，屋顶的热工设计要选用大于外墙热阻值的构造。

5）建筑的组团布置

通过规划设计可以取得更好的日照效果，错位布置多排多列多高层建筑，可利用山墙间的空隙争取更多的日照，见图 3-30（a）；点式和板式多高层建筑结合布置，可以改善北侧建筑的日照条件，同时提高容积率，见图 3-30（b）；通过优化组成组建筑的垂直高度以及主次功能空间如停车空间、商业空间等对采光需求较低功能的空间，改善日照效果，同时减小冬季寒风对建筑的影响，见图 3-30（c、d）。

3.3.3　被动式太阳房的材料选用

1）透光材料

在被动式太阳房的各种集热形式中，玻璃等透光材料是集热构件的主要组成部分，然而也是导致太阳房失热的原因之一。冬季玻璃门窗的热损失甚至要大于外墙和屋顶。因此合理发挥透光材料的物理性能，既是保证太阳房获得足够太阳辐射量的关键之一，也是控制冬季太阳房室内得热和失热平衡的重要措施。

被动式太阳房中常用的透光材料是普通玻璃，它具有刚度大、耐温较高、透过率高等性能。普通玻璃的尺寸规则、不受紫外光、潮湿和大气中化学活动性物质的侵蚀，并且具有易清洁和不易磨伤等优点。然而作为太阳房的透光材料，普通玻璃也会带来一些问题：容易因撞击和热应力而破碎，不易加工成各种曲面形状，因而限制了它的大面积使用。除此之外，通常国内生产的普通玻璃中含铁量较高，其平均光透过率只有70%～75%，其中对可见光的透过率较高，大于80%，而对紫外区域和近红外区域的光线则有较大的吸收，不利于集热器收集更多的热量。

近年来随着新技术、新工艺的出现，涌现了一些新型材料和构造方式，如吸热玻璃和中空玻璃等。它们的出现有助于降低集热构件（玻璃窗）的热损失、提高集热效率。其中较为常见的是采用中空玻璃作为集热窗的材料，中空玻璃一般可分为双层和多层，由相同尺寸的两片或多片普通玻璃、压花玻璃或钢化玻璃组成。玻璃与玻璃之间往往留有一定距离（一般为6～12mm），填充干燥空气作为隔热层。这种玻璃相对于单层普通玻璃来说具有优良的保温性能，可获得较好的得热效果。为进一步增强玻璃得热的效果，工程上常用吸热玻璃，即在普通玻璃的基础上加入某些具有吸热性能的着色剂。这种玻璃一般呈蓝色、灰色或古铜色，既能吸热又能透光。根据玻璃的厚度不同，其对太阳辐射的吸收量介于20%～60%之间。另外，由于吸热玻璃可以吸收部分可见光，因此也具有一定的防眩光作用。

其他新型玻璃材料诸如热反射玻璃、致变色玻璃、复合玻璃等的面世与普及都在很大程度上丰富了太阳房材料的选择，改善了太阳房的热工性能。它们各自特点如表3-11所示：

不同类型玻璃的特点与选择

表3-11

名称	特点	热工
吸热玻璃	对红外线有高度的吸收特性，吸热效率同玻璃外侧空气的速度相关。但玻璃自身可能变得很热，以至于在夜间成为一个长波辐射源，若将吸热玻璃作为双层玻璃的外侧，影响会有所减小	隔热
热反射玻璃	可反射大量辐射热，但透过率相对降低，不及吸热玻璃的隔热效果，对邻近建筑物有光污染和热辐射	隔热
致变色玻璃	光致变色玻璃在太阳能控制方面具有实际意义，由于成本的问题通常将其制成薄膜或涂层用于建筑窗玻璃	隔热
	热致变色玻璃的相变温度只有降到人的舒适范围（如20℃）才具有实际意义；薄膜涂层只有提高在可见光范围内的透过，才有实用价值	
	电致变色玻璃的材料决定电致变色窗的性能，其在节能方面的应用需要考虑响应时间和驱动电致变色的电能消耗	
复合玻璃	吸热中空玻璃或热反射中空玻璃既能使太阳辐射热的进入得到适当控制，又有较好的保温性能	保温隔热
	低辐射（Low-E）中空玻璃具有良好的保温性能，适合于以采暖为主的寒冷地区使用	
	低辐射-热反射中空玻璃，既能很好地反射太阳的辐射热，又有极低的传热系数	
	气凝胶玻璃具有良好的隔热保温性能和较高的透过率，且能够耐高温、隔声减震	

2）蓄热材料

蓄热体应选择具有较高的比热容和导热系数的材料，较高的比热容意味着在体积相同的情况下材料能积蓄更多热量，而较高的导热系数则意味着热量在材料体内传递的速度更快，以此提高热量交换效率。

被动式太阳房通过蓄热体的蓄热和放热，来减小室外太阳辐射变化对室内热舒适度产生的影响。蓄热体能够在白天和夜间维持室内温度，这种"缓冲"效果一方面是因为蓄热材料作为房间内外热交换的屏障能够减小温度波动的幅度，以平缓午后与夜间过大的室温波动；另一方面是因为蓄热材料特殊的延时放热效应能够在室内温度下降后缓慢释放白天储存于材料内部的热量,再次维持室温处于舒适的范围内。图 3-31 为在炎热时节蓄热材料对被动式太阳房室内温度变化的影响:在利用蓄热材料后,室内温度全天波动的幅度减小。首先,室内的最高温度(波峰)低于室外的最高温度,室内的最低温度(波谷)高于室外的最低温度,蓄热材料起到了"削峰填谷"的作用;其次,室内最低温度出现要往后延,室内最高温度出现的时间也晚于室外,显示出了温度波动的延时性。

蓄热材料按类型可以分为显热蓄热材料和潜热蓄热材料两大类(图 3-32)。显热蓄热材料是指物质在温度上升或下降时吸收或放出热量,在此过程中物质本身不发生任何其他变化。显热类蓄热材料通常有液体和固体两大类,即水、热媒等液体及卵石、砂、土、混凝土、砖等固体。显热材料的蓄热量主要依赖于蓄热材料的质量及其比热容的大小。在常用的显热蓄热材料中水的比热容最大,在被动式太阳房中常用水墙作为蓄热体。一般的建筑材料均可作为显热蓄热材料,这些材料具有来源丰富、成本低、易于获取、热稳定性好等特点,但是也存在着一些不足,如蓄热密度低和温度波动幅度大等。表 3-12 是建筑中常用显热蓄热材料的热工性能参数。

一般而言,建筑材料的比热容和蓄热系数越高其蓄热性能就越好,反之,其蓄热性能就越差。轻质材料的热稳定性较差,因此,太阳房不宜采用轻质材料做隔断墙,以免造成室内昼夜温度波动过大。

潜热蓄热材料(又称为相变材料或熔解热蓄热材料)是利用某些化学物质发生相变时能吸收或放

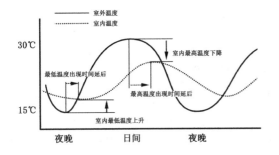

图 3-31　蓄热材料对室内温度的影响

显热材料(石材蓄热)

常见相变(潜热)材料

图 3-32　显热与潜热材料

常见显热蓄热材料的热工性能参数   表 3-12

材料名称	干密度 ρ_0 kg/m³	导热系数 λ W/(m·K)	蓄热系数 S（周期 24h）W/(m²·℃)	比热 C_p kJ/(kg·℃)
钢筋混凝土	2500	1.74	17.20	0.92
加气混凝土	700	0.22	3.59	1.05
水泥砂浆	1800	0.93	11.37	1.05
保温砂浆	800	0.29	4.44	1.05
轻砂浆砌筑黏土砖砌体	1700	0.76	9.86	1.05
水泥膨胀珍珠岩	800	0.26	4.16	1.17
胶合板	600	0.17	4.36	2.51
平板玻璃	2500	0.76	10.69	0.84
建筑钢材	7850	58.2	126.1	0.46
聚乙烯泡沫塑料	100	0.047	0.69	1.38
麻刀	150	0.070	1.34	2.10

显热蓄热材料和潜热蓄热材料热工性能比较   表 3-13

热特性参数		密度（kg/m³）	比热（kJ/kg·K）	潜热（kJ/kg）	潜热密度（kJ/m³）	储存 10³kJ 热量所需质量（kg）	储存 10³kJ 热量所需体积（m³）
显热材料	岩石	2240	1.0	—	—	67	30
	水	1000	4.2	—	—	16	16
潜热材料	有机相变材料	800	2.0	190	152	5.3	6.6
	无机相变材料	1600	2.0	230	368	4.35	2.7

出大量热量这一性质来实现蓄热功能。相变材料一般有两种：一种是"固体——液体"两相间变化，即物质由固态熔解成液态时吸收热量，物质由液态凝结成固态时释放热量。另一种是"液体——气体"两相间变化，即物质由液态蒸发成气态时吸收热量，物质由气态冷凝成液态时放出热量。在实际工程应用中一般是采用第一种形式，因为第二种形式在物质蒸发过程中体积变化过大，对容器的要求很高。潜热蓄热体最大的优点是蓄热量大，蓄存一定能量的物质质量较少，体积较小（表 3-13），其缺点是对容器要求高，必须全封闭，造价高，且某些材料具有腐蚀性。

显热蓄热材料与潜热蓄热材料的整体特性对比及建议设置位置情况见表 3-14。

蓄热材料对比　　　　　　　　　　　　　　　　表 3-14

材料	显热蓄热材料	潜热蓄热材料储能模块
特点	1. 价格经济； 2. 技术成熟，工艺较为简单； 3. 蓄热能力较差，体积过大	1. 质量轻，体积小，节约室内空间； 2. 蓄热能力强，储能量大； 3. 造价较高，耐久性一般； 4. 易于安装，可标准化生产； 5. 适于维持室温的稳定
设置位置	地面、墙面等阳光直接照射区	楼地面、窗下墙或与中央空调结合设置于顶棚内部区域

相变材料的分类，主要包括无机相变材料、有机相变材料和复合相变材料三大类。其中无机类相变材料主要有结晶水合盐类、熔融盐类、金属和合金类等；有机类相变材料主要包括石蜡、醋酸和其他有机物。复合相变蓄热材料主要是有机和无机相变材料的混合物，它因克服了无机和有机相变材料存在的不足而被广泛地应用于建筑围护结构中。采用复合相变材料的围护结构储存的热量能够达到 170J/g 或更高，而普通建筑材料当温度变化 1℃ 时储存等量热量所需的质量是相变材料的 190 倍。因此复合相变材料的热容量优于普通建材，这种特性有利于建筑室内的热稳定性和被动式采暖的平稳性。

在选择用于建筑围护结构中的相变材料时，应该注意以下问题：尽量选择熔化潜热高的材料，使其在相变中能贮藏或释放更多的热量；选择相变过程可逆性好、膨胀收缩性小、过冷过热现象少的材料；根据室内温度设计需求，选择合适的相变温度，满足需要控制的特定温度；尽量选择导热系数大、密度大、比热容大的相变材料。

3）保温材料

保温材料的合理使用可以维持被动式太阳房的室内温度，尤其对夜间的室内舒适度起关键作用。一般而言，保温材料均是轻质、疏松、多孔与泡沫、纤维状材料，按其化学成分可分为有机和无机材料；按照其内部形状来分，可分为纤维状材料、多孔与泡沫状材料、松散状材料等；从分子结构来分可分为晶体材料、微晶体材料和玻璃材料（表 3-15）。

常用的保温材料及其特点　　　　　　　　　　　　表 3-15

常用保温材料		特点
纤维状材料	玻璃棉、超细玻璃棉、中级纤维玻璃棉、岩棉、矿棉以及石棉	质量轻、导热系数低、吸声好、耐高温
多孔与泡沫状材料	聚苯乙烯泡沫塑料、聚氨酯泡沫塑料、聚乙烯泡沫塑料、泡沫石棉以及泡沫玻璃	热损失小、无腐蚀、质量轻、易加工、使用方便
松散状材料	珍珠岩粉、蛭石粉、棉籽、无规物如麦秆及麦壳、粉煤灰膨珠粉等	堆密度小、导热系数低、隔热性能好、吸声强、吸湿性小、无味、无毒、不燃、耐腐蚀

决定保温材料热性能优劣的主要因素是材料的导热系数。导热系数越小，则通过材料传递的热量越少，保温性能越好。市场上各种保温材料的导热系数差异很大，大约在（0.05～1.10）W/（m·K）范围内。保温材料的导热系数取决于材料的化学成分、分子结构、容重等，同时也取决于材料传热时的温度和含水量等。

当材料的化学成分、容重、温度及含水量等条件完全相同时，多孔及泡沫材料的导热系数随着本身单位体积中气孔数量的多少而不同，气孔数量越多，导热系数越小。松散状材料的导热系数随着单位体积中颗粒数量的增多而减小。纤维状材料的导热系数随着纤维截面的减小而减小。一般情况下材料的容重越轻，则导热系数越小。但对于纤维材料则不然，当容重小于最佳容重时，导热系数随着容重减轻反而增大。与此同时，一些保温材料的导热系数还随着温度和含水率的变化而变化。当材料的化学成分、容重及结构等完全相同时，多孔及泡沫材料的导热系数随着温度升高而增大，随着湿度的减小而减小（表3-16）。

常用保温材料及其性能参数   表3-16

名称		容重（kg/m³）	导热系数（W/（m·K））	使用温度（℃）
纤维状保温材料	普通玻璃棉	80～100	0.052	≤300
	岩棉板	80～120	0.035～0.041	400
		150～200	0.041～0.047	400
	粒状棉	100～150	<0.041	<600
泡沫状保温材料	软质聚氨酯泡沫	38～45	0.017～0.023	−50～80
	硬质聚氨酯泡沫	40～60	0.017～0.029	−60～130
	聚乙烯泡沫	120～140	0.042	−20～80

3.4 被动式太阳房的热工设计和经济性评价

3.4.1 被动式太阳房的热工设计

被动式太阳房的热工设计，根据具体条件和要求不同，可分为精确法和概算法两种。本小节将对这两种算法进行简要介绍，详细内容须参见有关设计手册。

精确法是基于房间热平衡建立起来的太阳房动态数学模型，逐时模拟太阳房热工性能。数学模型用来分析影响太阳房热工性能的因素，预测其长期节能效应。目前的精确法可以建立在多种计算机软件上，更加科学可靠。

概算法是根据已知条件，通过查图表和简单计算求得所需值。这种方法的优点是简洁易行。缺点是不够精确，有少量误差；且当条件不符合制定图表的有关规定时，则不能利用这些图表。常用的概算法可以得到太阳房的节能率 SSF、热负荷系数 BLC、负荷集热比 LCR 以及采暖期内所需的辅助热量 Q_r、集热面积 A 等。

负荷集热比（LCR）法是最常用的概算法之一。负荷集热比是太阳房热负荷系数 BLC 与太阳房集热面积 A 两个数值之比。LCR 是影响太阳能供热总特性的一个重要的可调参数，它影响在一定室外气象条件下的室内温度变化和太阳房的节能率。不同地区的 LCR 与 SSF 的关系是不同的，它取决于太阳入射量和采暖期度日值。此方法使用的图表主要是 SSF 与 LCR 的函数关系曲线图或表。计算步骤如下：

（1）计算 BLC（太阳房热负荷系数）；

（2）计算 LCR（负荷集热比）；

（3）利用 SSF（太阳房的节能率）与 LCR 的函数关系曲线图或表，由 LCR 查出 SSF 值；

（4）由公式计算出采暖期内所需辅助热量 Q_f 的值；

各值的计算公式如下：

$$BLC=(\Sigma KF+GC_P)\times 24 \qquad （3-3）$$

$$LCR=BLC/A \qquad （3-4）$$

$$Q_f =(1-SSF)\cdot DD_y \cdot BLC \qquad （3-5）$$

式中 $G=V\cdot n\cdot \gamma$ ——每小时室内换气量，kg/h；

n——房间换气次数；

γ——室外气温条件下的空气容量，kg/m³；

K，F——外围护结构（不包括集热面）的传热系数和传热面积；

C_P——比热容，kJ/（kg·℃）；

V——房间体积，m³；

DD_y——某一地区的采暖期度日值；

DD_y 等于采暖期天数内每一个室外日平均温度低于室内设计温度的差值的总和，可查表获得。

3.4.2　被动式太阳房的热性能评价指标

1）太阳能保证率

太阳能保证率（太阳能贡献率）SHF，是指太阳房内为维持一定设计基准温度（指根据人的舒适性指标和实际可达到的采暖水平而设定的室内最低温度）所需的热量（供热负荷）中，由太阳能获热量所占的百分率。计算公式如下：

$$SHF =\frac{太阳房总净太阳能得热量}{太阳房维持设计基准温度时的总耗热量}\times 100\%$$

$$（3-6）$$

2）太阳房节能率

太阳房节能率（SSF）是现在学术界公认且普遍使用的一项指标，它指太阳房与对比房在达到同等设计基准温度的条件下相比，太阳房总节能量与对比房采暖热负荷总能量之间的百分比。对比房是在实际评价中为对比而选取的一栋与太阳房在建筑面积、建筑布局上相当的非太阳能采暖的常规房屋。因此在实际评价中均会设置一个对比房，控制其与太阳房在相同设计基准温度的条件下，并实测（或计算）两者所耗辅助能量后，即可得出太阳房的节能率：

$$SSF =1-\frac{太阳房辅助热量}{对比房的热负荷}=\frac{太阳房总节能量}{对比房的热负荷}\times 100\%$$

$$（3-7）$$

从评价角度，特别是对已建太阳房进行节能评价，SHF 和 SSF 的作用基本相同，均可作为多方案比较的评价指标。但从指导设计的角度出发，SSF 比 SHF 使用更为方便。

3）太阳房热舒适度

根据国际标准 ISO7730，热舒适被定义为，人对周围热环境所做的主观满意度评价。由于人的个体差异，一种满足所有人舒适要求的热环境是不可能存在的。因此，任何室内气候必须尽可能地满足大部分人群的舒适要求。根据 ISO7730 的规定，有以下三种方式来描述人对周围热环境的热舒适度（或热不舒适度）：

PMV（Predicted Mean Vote）预计平均热感觉指数；

PPD（Predicted Percentage of Dissatisfied）预计不满意者的百分数；

DR（Draught Rating）气流风险，指出了气流的紊流强度对于气流感知的重要性。

其中 PMV 和 PPD 用来表述整个人体的热舒适度（或热不舒适度），而 DR 则用来表述人体的某些特定区域的热舒适度（或热不舒适度）。大量研究成果表明，影响人体热感觉一共有以下6个因素：其中环境参数有4个，包括干球温度、空气相对湿度、风速、平均辐射温度；个体参数有两个，包括人体活动强度、衣着热阻。对于上述6个参数可使用测量仪表获得。测量仪表对最低及期望值要求全部做出了明确的规定。

3.4.3 被动式太阳房的经济性评价

通常用来作为太阳房经济性评价的指标包括：寿命期内的资金节省 SAV 和回收年限 n，前者指在保证维持相同的热舒适性和设计基准温度的条件下，太阳房的增投资（采取太阳能采暖措施比普通房增加的投资）在寿命期内比普通房的采暖运行费的资金节省量。后者指太阳房的增投资，以每年节省采暖运行费产生的经济效益偿还年限。两者的计算方法如下：

1）被动式太阳房寿命期内的资金节省 SAV

（1）资金节省

$$SAV = PI \cdot (LE \cdot CF - A \cdot DJ) - A \quad (3\text{-}8)$$

式中 PI——折现系数，常用取值为 4%；

LE——太阳房相对普通房的年节能量，kJ/ 年；

CF——常规能源价格，元 /kJ，可取标准煤；

A——总增投资，元；

DJ——维修费用系数，即每年用于系统维修的费用占总投资的百分率。

（2）折现系数

$$PI = \frac{1}{d-e}\left[1-\left(\frac{1+e}{1+d}\right)^{N_e}\right] \quad (3\text{-}9)$$

式中 d——年市场折现率，此处为银行贷款利率，常用取值为 5%；

e——年燃料价格上涨率，常用取值为 0；

N_e——经济分析年限，此处为寿命期年限，常用取值为 20 年。

（3）太阳房年节能量

$$LE = Q_{UQ} - Q_U \quad (3\text{-}10)$$

式中 Q_{UQ}——当地典型普通房年辅助能量，kJ/ 年；

Q_U——被动式太阳房年辅助能量，kJ/ 年，即为了使房间空气温度不低于舒适温度的下限而消耗的辅助热量的能量。

当室温高于舒适度的上限时，利用自然通风降温，而不消耗任何常规能源。

（4）辅助能耗

$$Q_U = L \cdot (1 - SHF) \quad (3\text{-}11)$$

式中 L——被动式太阳房的热负荷，kJ/ 年。

（5）常规能源价格

$$CF = CF' / (q \cdot EFF) \quad (3\text{-}12)$$

式中 CF'——常规燃料价格，元 /kg，可取标准煤；

q——标准煤发热量，kJ/kg 标准煤，常用取值为 29260kJ/kg 标准煤；

EFF——火炉效率，%，常用取值为 50%。

（6）总增投资

总增投资 A＝（太阳房的围护结构保温费用 + 集热构件费用 + 南向普通砖墙费用）- 普通住房南向及门窗费用。

$$(3\text{-}13)$$

2）被动式太阳房投资回收年限 n

$$n = \frac{\ln[1 - PI \cdot (d-e)]}{\ln\left(\frac{1+e}{1+d}\right)} \quad (3\text{-}14)$$

式中 PI——折现系数；

d——银行贷款利率，%；

e——年燃料价格上涨率，%。

回收年限 n，即使资金节省计算公式中的 $SAV=0$ 时的 N_e 值，也即当 $PI=A/(LE \cdot CF - A \cdot DJ)$ 时，由折现系数计算公式求出的 N_e 值。

3.5 被动式太阳房案例

3.5.1 丹麦科灵市的住宅

丹麦科灵市（Kolding，Denmark）的住宅由

59 座联排住宅（图 3-33、图 3-34）和一座公共建筑组成。为了最大限度地利用太阳能，所有住宅的朝向都为南偏西 15°，这是该地区建筑的最佳朝向。住宅南向的玻璃能让阳光直射进入室内，在起居室中人们可以像在室外一样感受到温暖的阳光，住宅朝北的外墙采用多层构造，具备良好的保温效果。

该住宅南向采用了集热蓄热墙的形式，将大小约 6 ~ 8.4m² 的太阳能墙与立面玻璃窗进行一体化设计。在这些条状的双层玻璃窗背后是一个黑色的、有空腔和保温层的预制钢板。当钢板受到太阳辐射照射时，它的温度升高并加热空腔内的空气。这套系统作为辅助供暖设施，弥补了社区中央供暖系统

的不足，也节约了采暖能耗。

为满足住宅室内在冬季、夏季、白天及夜间的不同使用需求，南向的集热蓄热墙被分为两个部分：较低的墙体对进入室内的新鲜空气进行预热，而较高的墙体将获得的热量储存于相邻两户住宅间 290mm 厚的混凝土公共墙里。在供暖期间，若太阳能墙的温度超过 30℃，人们可以通过风扇加强热对流的效果。在夜间，蓄热墙的余热会继续给住宅供暖。集热蓄热墙的顶部设有活动的通风盖，在夏天不需要供暖的时候，这些通风盖可以打开，让热空气排出室外，防止墙体和室内过热，具体构造详见图 3-35。

图 3-33　丹麦科灵市住宅

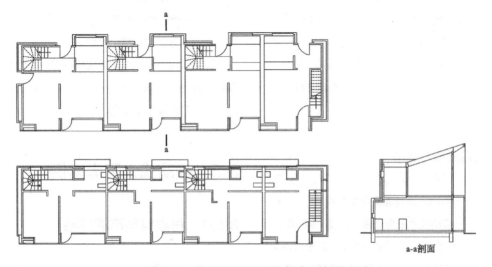

图 3-34　丹麦科灵市住宅平面图（左）及剖面图（右）

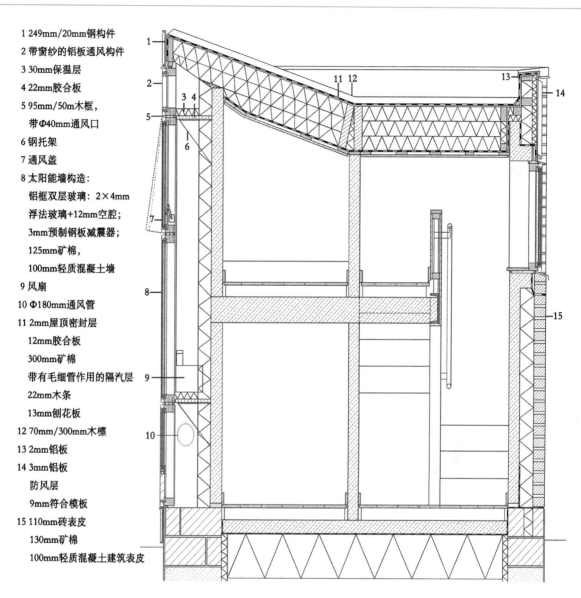

1 249mm/20mm钢构件
2 带窗纱的铝板通风构件
3 30mm保温层
4 22mm胶合板
5 95mm/50m木框，
  带Φ40mm通风口
6 钢托架
7 通风盖
8 太阳能墙构造：
  铝框双层玻璃：2×4mm
  浮法玻璃+12mm空腔；
  3mm预制钢板减震器；
  125mm矿棉，
  100mm轻质混凝土墙
9 风扇
10 Φ180mm通风管
11 2mm屋顶密封层
  12mm胶合板
  300mm矿棉
  带有毛细管作用的隔汽层
  22mm木条
  13mm刨花板
12 70mm/300mm木檩
13 2mm铝板
14 3mm铝板
  防风层
  9mm符合模板
15 110mm砖表皮
  130mm矿棉
  100mm轻质混凝土建筑表皮

图 3-35 集热蓄热墙的做法示意

建成后，建筑师在居民中进行了一项调查。调查结果表明，从使用者的角度来看，该集热蓄热墙系统是有效的，用户对该系统很满意。从经济性出发，该住宅项目中的太阳能墙系统的成本要比传统构造形式的墙体（即标准的玻璃立面）的成本高7%，蓄热墙的成本要比普通的砖墙成本高45%，然而整体太阳能系统的节能效益（115 ~ 125kWh/m²）足以弥补它所增加的建设成本。

3.5.2 新疆克拉玛依被动式农宅

克拉玛依地区属于典型的大陆性气候，冬季寒冷，冬夏温差大，最为严寒的1月平均气温只有 -16.3℃，极端最低温度甚至达 -40℃。为了改善冬季的居住环境，该农宅采用了被动式太阳房的设计，主要采用直接受益式窗与集热蓄热墙式相结合的采暖方式，为室内提供舒适而温暖的环境。

在规划设计阶段，考虑到场地空间较为宽敞充裕，建筑选取了正南为主要朝向，并在西面和北面预留做掩土处理的空间，并将掩体土坡向外推出 2m 左右。在建筑设计时，为了尽量减少由建筑表面向室外散热，设计人员采用了紧凑规则的矩形作为平面形式，在立面上减少建筑物本身凹凸变化对太阳辐射的遮挡。结合农宅使用功能的布置要求，该建筑进行了合理的室内温度分区（图3-36）。把对室温要求较高的房间，如卧室、起居室等布置于接受冬季日照较多的位置，以满足较大的采暖需求；把对室内温度要求不高的辅助房间，如厨房、卫生间、贮藏室等布置在北侧。这种平面布局方式一方面可以利用主要房间的流失热量途经辅助房间，以达到加热室温的目的，另一方面辅助房间又成为主要房间热量散失的屏障，形成自然的热缓冲区域。

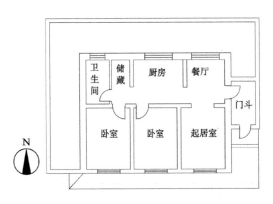

图 3-36　克拉玛依农宅平面图

在采暖方式的选择上，该农宅将直接受益式与集热蓄热墙式合二为一，在供热时段上相互配合，以满足白天与夜间采暖的需要。白天，阳光通过南侧窗户直接照射到室内加热空气，直接受益式系统的供热峰值通常出现在午间；夜晚，集热蓄热墙的蓄热体放出热量，为室内持续供热。两种系统组合使用，能够实现全天的供热均衡，提高室内热舒适性。

该农宅中直接受益式的集热构件和集热蓄热墙式的集热构件在构造设计上稍有不同：为提高集热

效率，南侧窗户是以大面积单层白玻璃为主，附加可开启的小窗以通风换气；集热蓄热墙的外层玻璃则采用的是双层中空玻璃，以减少墙体的失热，有效保障集热蓄热墙体吸收的热量充分为蓄热体所持有，并延缓至夜间使用。

农宅中的蓄热体布置在墙体、屋顶和地面中，为满足地面的蓄热要求，在垫层下面铺设300mm厚的戈壁石蓄热层。高效的保温措施是保证被动式太阳房采暖效果的关键，在这栋农宅中，设计人员对外墙、外门、外窗、墙体、屋顶、地面都加入了保温构造。建筑的外门为夹板保温门，外层为木板，内层为胶合板，夹层为 40mm 厚的岩棉保温层。门扇四周均设密封条，避免冷风渗透。农宅的屋顶采用了具有新疆地域特点的草泥屋顶。草泥屋顶由檩条、芦苇、麦草和草泥等组成，厚度为 400 mm 左右，具有较强的保温、隔热和蓄热能力。厚重的屋顶使夏季外界热量传到室内、冬季室内热量传到室外的时间比钢筋混凝土屋面板延迟了 6 小时之多，有效保证了室温的稳定性，带来冬暖夏凉的效果。经过测算，该农宅太阳能保证率（SHF）更高达 71%。

图 3-37 所示为克拉玛依农宅与对比房的温度对比。在克拉玛依农宅的起居室中，日最低温度为 15.3℃，最大平均温度波幅小于 6℃；而对比房起居室的日最低温度为 7.2℃，最大平均温度波幅超过 10℃，并且北外墙内墙角有多处结露现象。可见，实验农宅的热舒适性明显优于对比房。

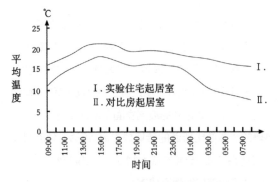

图 3-37　克拉玛依农宅与对比房的室内温度对照表

3.5.3　北京大兴的太阳能实验农宅

太阳能实验农宅位于北京大兴榆垡镇，用地为东西长 16m、南北长 14m 的长方形，场地平坦，日照条件良好（图 3-38）。农宅共两层高，总建筑面积约 200m^2，项目设计时间是 2011 年，建成时间是 2012 年。该建筑通过被动式太阳能的合理利用，在冬季获得较好的热舒适度，同时在全年也能获得适宜的室内热环境。建筑设计中采用了被动式设计优先，建筑被动式节能措施与太阳能采暖设备相结合的设计策略，具体如下：

1) 平面布局：农宅首先根据热舒适度需求等级，将客厅、卧室等居室空间布置在太阳热量最多的建筑南侧，将厨房、餐厅及卫生间等服务空间布置在建筑的中部，将储藏间、楼梯间、工具间等设备空间则布置在建筑北侧。其平面布局不仅满足了采暖需求，同时也可以满足农宅的使用功能要求。

图 3-38　北京大兴太阳能农宅的实景图

2) 被动式阳光房：农宅充分利用了建筑的南立面，设计了与建筑形式一体化的两个阳光房。阳光房分别为一层高和两层高，与室内空间设计紧密结合，使得在阳光房内被加热的空气能够顺畅地进入房间，如图 3-39、图 3-40 所示。通过阳光房和墙体保温的设计，在没有任何主动式采暖设备的情

况下，实现在冬季晴天居室空间的室内平均温度满足农宅舒适度的要求。其他农村住宅采用直接对外开窗的方式向室内引入新鲜空气，这样使寒冷的空气降低了室内的气温，对人造成吹冷风的不舒适感。而在农宅中，阳光房设置了太阳能新风预热道。在冬季室外新鲜空气由预热道上部进风口导入，并在预热道中被太阳能加热，再由安装在预热道底部的光电驱动的小功率风机送入室内。夏季时则通过风机反向旋转来排出阳光房里的热空气。小功率风机的用电可以完全由预热道顶部安装的光电板供给，且风机转动速度与日照强度正相关，这与预热道冬季预热新风、夏季排除热空气的功能要求正好一致。

3）双层排热屋面：结合阳光房设计了双层排热屋面来排除夏季阳光房里的热空气。通过在阳光房下部设置可开启进风口和在檐口下设置出风口，并和设置在屋面与吊顶间的空腔组成夏季通风道，来加强被动式自然排风的效果，将热空气从屋面夹层中迅速排走。

4）热压通风井：农宅根据控制室内气流的需要，将建筑北侧的热压通风井分为两个独立的竖井，提供给建筑的一楼和二楼。同时，根据夏季穿堂风向，在每层竖井正下方的北侧外墙上开设窗户，这样可以使得风压通风和热压通风的风向引导一致，把二者的通风作用结合起来，增强了夏季室内自然通风的效果。

北京地区的这栋太阳能农宅通过建筑设计与被动式太阳能利用相结合，可以实现冬季较长时间不需要采暖，一年中需要采暖的时间可以压缩至 1 个月左右。即使在需要额外采暖的情况下，优良的热工性能和获取太阳能的能力也会使得其采暖能耗大大低于普通农村住宅。

3.5.4　德国巴特艾布林镇工人宿舍木镶板构件

本项目位于德国巴特艾布林（Bad Aibling）镇，

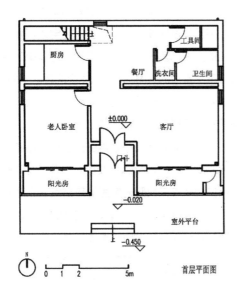

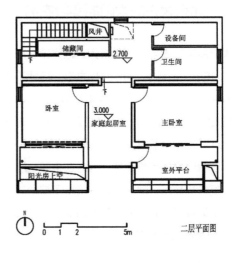

图 3-39 北京大兴太阳能住宅平面图

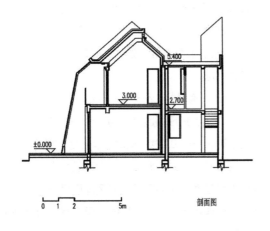

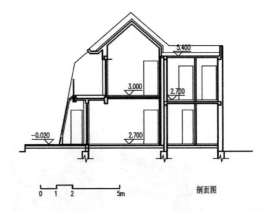

图 3-40 北京大兴太阳能住宅剖面图

建筑前身为一栋工人宿舍，建成时间可追溯到 20 世纪 30 年代，由于建成时间久远，建筑存在外立面老化，建筑能耗的上升等一系列问题需要进行翻修改造。由于老旧建筑改造过程涉及协调不同的分包商，导致改造持续时间较长，住户临时搬迁是不可避免的，因此为降低建筑能耗，同时简化建筑生态整建的工作流程，建筑师与专门制造预制木屋的 Baufritz（巴弗利茨）公司开发了一种新式的木质立面系统。这种木构造系统，在预制木板中将覆层、保温层和通风层整合在一起，整个过程都可以在建筑外部实现。该立面不仅降低能源消耗，而且占地小，实现空间的高效利用，适用于老旧建筑的改造翻新。2010 年 4 月安装了第一批立面构件，如图 3-41 所示。

此系统中的构件可制作成三种形式：被动式住宅立面、通风立面和太阳能集热器立面。

图 3-41　巴特艾布林（Bad Aibling）镇试验项目

第一种形式／被动式住宅立面：是该系统的基本形式，以此为基础可增加通风系统和太阳能集热设施。该立面形式利用木构件包裹外墙，采用保温棉等填充新表面与原墙体间的空隙，能保持室内空气干燥，可在不影响立面美观的前提下，提高墙体的保温、隔热及隔音性能，降低建筑能耗（图 3-42）。

第二种形式／通风立面：该形式以第一种形式为基础，在每个构件中都采用了带有热回收装置的通风系统（图 3-43）并且都结合了带有换热器的通风设备。窗户是构件的中心通风设备位于窗边，方便维修。送风口位于窗侧墙中，预热空气，然后将之输送到构件下方的管道中。并通过供暖系统背后的一个洞口吹进房间，废气从砌体上的各种钻孔排出。热量被回收之后，空气从窗侧逸出系统。在夏天系统可以关闭，打开窗户进行通风换气。

第三种形式／太阳能集热器立面：以通风立面为基础，给面板装备外层玻璃表皮，新鲜空气涌入室内之前通过太阳辐射在玻璃后面预热，通过保温层输送到热交换器中，进入室内，外墙从而转化为太阳能集热系统。这种立面根据季节和温度的变化，会切换到适宜的系统模式，为建筑物提供充足热量的同时保证建筑通风良好（图 3-44）。

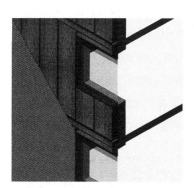

图 3-42　基本构件单元示意图

图 3-43　通风立面示意图

图 3-44　太阳能集热器立面示意图

第4章　Building Integrated Design of Solar Water Heating System
太阳能热水系统建筑一体化设计

4.1　太阳能热水系统建筑一体化的概述

我国建筑业市场发展快速，庞大的新建建筑和既有建筑改建市场给太阳能热水系统与建筑一体化发展提供了契机。在实际工程应用中，太阳能热水建筑一体化的技术相对较为成熟，应用较为广泛，产业化进程较为迅速。自20世纪90年代以来，我国太阳能热水技术经过三十余年的快速发展，已经具备盈利能力和相应的市场，形成了一定的产业规模，在太阳能利用领域能够做出实质性的贡献。目前我国已是世界上最大的太阳能热水器生产国和消费国。从使用范围来看，太阳能热水器正在从农村、沿海地区、中小城镇向大中城市的城乡结合部和大城市扩展，从传统的居民生活热水向工农业生产和商业领域扩展，从传统的户用分散独立使用向连片集中化热水系统方向发展。随着太阳能热水系统建筑一体化普及程度的加深和推进，其在建筑市场中的发展潜力非常巨大。

4.1.1　太阳能热水系统及其与建筑一体化的意义

伴随着国民经济的发展和居民对生活舒适性要求的提升，在建筑中提供的生活热水已成为人们生活的必需品，通过在建筑中推广和普及太阳能热水系统是改善人们生活条件以及实现节能环保的必然选择（图4-1、图4-2）。我国长期供热体制不完善和用热成本偏高，造成了建筑中热水设施普及率低或是热水使用量有限，使得厨房炊事、日常清洁、洗漱卫浴中的热水使用非常不便，很多住区还处于冷水时代。生活热水能耗约占建筑能耗 1/4 以上的份额，若以消耗电、燃气等传统方式获得热水显然是不可持续的，要付出高昂的环境代价。据估算，2012 年全国太阳能集热器保有量 2 亿 m^2，每年可节能 3000 万 t 标准煤，减少二氧化碳排放 7470 万 t。由此可见，发展和推广太阳能热水系统建筑一体化具有良好的经济效益、社会效益和环境效益。

图 4-1　高层住宅太阳能热水建筑一体化

图 4-2　多层住宅太阳能热水建筑一体化

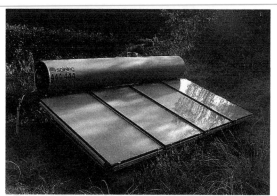

图 4-3　太阳能集热器放置于建筑室外空地上

4.1.2　太阳能热水系统建筑一体化的发展历程和现状

1）国外的发展历程和现状

从 1891 年美国人肯普（Clarence Kemp）发明了世界上第一台太阳能热水器以来，太阳能热水器的使用已经有 100 多年的历史。第一台太阳能热水器是将集热器和贮水箱合二为一的闷晒式热水器，水在容器中不能流动，依靠容器壁吸收太阳辐射能来加热水；到了 1945 年，继闷晒式热水器后，出现了第二代太阳能热水产品——平板型集热器，并成为 1950、1960 年代的主流产品；随着人们对太阳能利用研究热情持续高涨，到 1975 年，美国一家公司推出了第三代太阳能热水产品——全玻璃真空管太阳能热水器。虽然太阳能热水产品在 20 世纪 70 年代至 80 年代之间得到了一定的推广，但太阳能热水器依然被视为一种为建筑提供热水的装置或设备而独立于建筑之外（图 4-3）。当时的太阳能热水器常放置在建筑外围的草坪上，采用单独的供水管，冷水在集热器中加热后再通过管道输送到建筑室内的厨房或者浴室内。同时，早期的太阳能集热器与水箱的连接方式，在视觉上、制造工艺上都尚未形成一体化设计施工的模式。此外，当时从事太阳能热水器研究的工作人员往往是非建筑学专业人士，尚未将太阳能热水器视为建筑的一个部件或一种造型元素。

人们在使用中逐渐发现将建筑与太阳能热水器分置两处带来的一系列问题：由于水箱安置在室外，其使用耐久性降低，也不方便室内用水者进行控制，还有可能遭到盗窃或破坏。输往室内的热水管会在输送途中产生不必要的热损失。随着城市人口的增加，建筑的密度增大，一些住户的用地面积受到限制，无法获得充足的场地安装太阳集热器和水箱。一些用户为了避免自家集热器被周围树木或临近建筑遮挡，不得不将集热器架设在高处，增加了安装维修成本，还带来了安全隐患。另外随着人们对建筑环境质量的要求越来越高，对太阳能热水器安装的美观性也提出了新的要求。

为解决太阳能热水器早期安装方式所带来的不便，一些国家率先将太阳能热水器的集热器部分作为一种建筑构件融入建筑设计中，并进一步改进集热器的制作工艺，使其能够更好地与建筑表皮结合，形成协调的外观效果。在多种尝试后，这种做法在日后逐渐发展成一种以集热器构件代替普通建筑构件的趋势。一些发达国家如德国在太阳能热水器与建筑整合设计方面已经进行了一些有益的探索和尝试，设计人员巧妙地将太阳能热水产品与建筑有机结合在一起，形成了生动新颖的建筑造型。位于德国汉堡的布哈姆菲尔德（Bramfeld）居住区是太阳能热水系统与建筑结合的经典案例。集热器被整合到建筑屋面上，丰富了建筑屋面的韵律感（图 4-4）。

从一体化的方式来看，发达国家住宅形式多为带坡屋顶的低层住宅，太阳能集热器像天窗一样镶嵌于屋面，与建筑结合的程度高。而贮热水箱则多放置于地下室、阁楼、楼梯间等隐蔽部位，避免占用室内空间。

图 4-4　德国汉堡布哈姆菲尔德居住区太阳能集热器屋顶

太阳能热利用，以其易于实现而在世界各地得到迅速发展，应用规模越来越大。在欧洲，过去 10 年来欧洲太阳能热水器的增长率一直稳定在 18% 左右，预计未来 10 年会升至 23% 左右，前景非常可观。欧洲太阳能学会曾预测，到 2020 年欧洲太阳能热水器的应用可达 14 亿 m^2。从太阳能热水系统的普及情况来看，目前国外太阳能热水系统推广应用较好的国家有希腊、奥地利、丹麦、以色列、荷兰、德国、澳大利亚、美国、日本等。许多国家的太阳能热水系统与建筑一体化发展得到了政府的大力补贴，一般补贴比例为 30% ~ 40%（德国达 60%）。除补贴外，一些鼓励政策也促进了太阳能热水系统的推广，以色列的强制推广政策使该国太阳能热水系统的普及率超过 90%，平均每千人集热器面积高达 580m^2，居世界首位。从技术手段上来看，发达国家的技术水平相对先进，应用领域也较为广泛，在生活用水、采暖、工业用水方面均有涉及，尤以区域太阳能供热水厂最具特点。国外的集热器多选用平板型太阳能集热器，其技术发展注重于提高集热器效率，如将隔热的透明材料应用于集热器的盖板和吸热板的隔层以减少热量

损失。在运行控制上，国外绝大多数的太阳能热水系统已经采用自动监控模式，部分工程实现了远程控制和多点控制。在传热系统上，国外多采用间接传热的方式，通过其他工质传递太阳热量，能在很大程度上避免结垢和冻裂的问题。

2）我国的发展历程和现状

我国对太阳能热水技术的开发起步于 1970 年代的太阳能研究热潮。起初，我国太阳能热水器的主导产品为闷晒式太阳能热水器；1987 年我国引进国外生产线制造了全国第一支全玻璃真空集热管，随后逐渐形成了生产全玻璃真空集热管和热管真空管集热器的产业；进入 1990 年代后，随着技术进步和企业规模的扩大，太阳能热水器出现了真空管、平板和闷晒三种类型，实现了产品系列化和规模化生产。1990 年代后期，住宅商品化的发展以及家庭对热水需求的大幅度增长，为太阳能热水器的发展提供了巨大的市场空间。另外随着太阳能热水技术的进步，太阳能热水器的成本逐步降低，这些因素都使得我国太阳能热水行业保持了 10 多年的快速增长。到 2006 年，我国太阳能热水器年产量已超过 1800 万 m^2，使用总量已达到 9000 万 m^2。目前我国已成为世界上最大的太阳能热水器生产国和最大的太阳能热水器市场。

在我国太阳能热水技术普及的初期，太阳能热水器一直是房屋建成之后由使用者购买安装的一个后置部件，太阳能热水器与建筑常常分隔而置。对于既有建筑来说，临时在屋顶增设的太阳集热器及水箱，规格各异、摆放杂乱，影响建筑美观；对于新建建筑来说，未经整体化考虑的安装方式，尽管能够实现整齐划一的布置，但在一定程度上破坏了建筑原有围护结构的部分功能。为解决这类问题，我国的建筑设计人员以及太阳能热水行业的工程人员，在学习国外工程设计经验的同时结合我国国情，在太阳能热水系统与建筑一体化方面做出了一系列的尝试，建成了一批以集热器集成于建筑构件的示

范性工程（图 4-5），获得了用户和市场的认可与政府的支持。2000 年以来，我国政府着重关注太阳能热水技术在建筑中的推广与应用，并提出了与建筑一体化结合的目标。依据《中华人民共和国可再生能源法》，国家制定了《民用建筑太阳能热水系统应用技术规范》GB50364-2005 并于 2006 年 1 月 1 日付诸实施，该规范给出了太阳能系统与建筑结合的相关规定。同时，中国建筑标准设计研究院编制并出版了国家建筑设计图集《太阳能热水器选用与安装》06J908-6。规范和标准图集从技术角度解决了太阳能热水系统在建筑上安装的建筑构造问题，确保了太阳能热水系统在建筑上的安全应用，以及与建筑的协调统一，使太阳能热水系统逐步纳入建筑标准化轨道。

图 4-5 住宅建筑中太阳能集热器与阳台结合

我国太阳能热水系统的发展现状，从太阳能热水系统产业的发展规模来看，我国太阳能热水器的年生产总量是北美的四倍，欧洲的两倍，并仍以每年 20% ~ 30% 的速度增长，太阳能热水器的市场潜力仍然巨大。从太阳能热水系统的普及情况来看，虽然我国太阳能热水器的累计安装量居世界第一位，但人均普及率还有待提高，至 2010 年我国每千人太阳能集热面积仅为 123.5m^2，远低于塞浦路斯、以色列、希腊和奥地利等国家。从太阳能热水系统推广来看，全国各个城市都在积极推广太阳能热水系统的应用，多个地方设立强制性的建设

法规，要求新建宾馆、酒店、商住楼等有热水需要的公共建筑以及 12 层以下住宅必须统一设计和安装太阳能热水系统，对于 12 层以上的高层住宅建筑，鼓励其逐步采用太阳能热水系统。目前上海市、北京市、山东省、湖北省、河北省、河南省、浙江省、青海省、海南省等 20 多个省市都在积极推进太阳能与建筑一体化，对于未满足与建筑一体化设计的工程项目，规划部门将不予审批。如北京市地方标准《居住建筑节能设计标准》DB11/891-2020 中明确规定：当无条件采用工业废热、余热作为生活热水的热源时，住宅应根据屋面能设置集热器的有效面积以及计算所得的集热器总面积两者的关系，按要求设置太阳能热水系统，并将"太阳能热水系统必须与建筑设计和施工统一同步进行"作为强制性条文执行。从技术手段来看，目前国内集热器仍然以真空管集热器为主，但工程实践中，真空管的弊端逐渐显露出来，而平板型凭借其成熟的技术、较高的热效率、较强的承压性以及便于实施太阳能建筑一体化等优点，在实际应用中日益受到青睐。

4.2 太阳能热水系统及其设计

4.2.1 太阳能热水系统的组成

太阳能热水系统由太阳能集热系统和热水供应系统构成，主要包括太阳能集热器、贮水箱、管路、控制系统和辅助能源等（图 4-6）。

1）太阳能集热器

太阳能集热器是吸收太阳辐射并将产生的热能传递到传热工质的装置。目前使用的太阳能集热器大体分为两类：平板型太阳能集热器和真空管太阳能集热器。

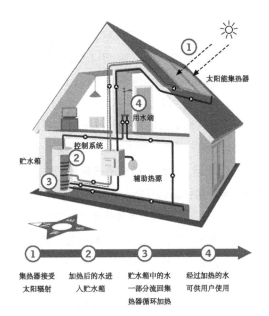

①	②	③	④
集热器接受太阳辐射	加热后的水进入贮水箱	贮水箱中的水一部分流回集热器循环加热	经过加热的水可供用户使用

图 4-6　太阳能热水系统示意图

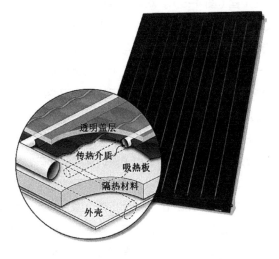

图 4-7　平板型太阳能集热器组成结构示意图

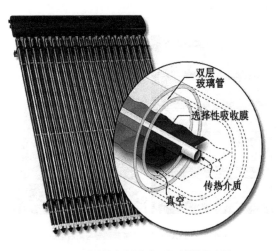

图 4-8　真空管太阳能集热器组成结构示意图

2）太阳能集热器种类

（1）平板型太阳能集热器（Flat Plate Solar Collectors）

平板型太阳能集热器由吸热板、盖板、保温层和外壳四部分组成，是外形为平板形状的非聚光型太阳能集热器（图 4-7）。当平板型太阳能集热器工作时，阳光透过透光盖板，照射在表面涂有高太阳能吸收率涂层的吸热板上，吸热板将辐射能转化成热能后，进一步传递给集热器内的传热工质（如水），使工质温度升高，成为太阳能集热器的有效能量输出。在整个集热过程中，自身温度升高后的吸热板不可避免地通过传导、辐射、对流等方式向四周散热，成为集热器的热损失部分。

平板型太阳能集热器制备热水的温度在30～70℃左右，主要用于家庭热水制备和建筑供暖，但在低温环境中热损失较大，集热效率低；它可承压运行，安全性能较好，能和建筑以多种方式结合，集成在建筑表面能形成较好的视觉效果。平板型太阳能集热器是欧洲使用最普遍的集热器类型，在我国现阶段的市场占有率不高。

（2）真空管太阳能集热器（Evacuated Tube Solar Collectors）

真空管太阳能集热器是采用透明管（通常为玻璃管）并在管壁与吸热体之间有真空空间的太阳能集热器。它通常由若干支真空集热管组成，真空集热管的外壳是玻璃圆管，吸热体放置在玻璃圆管内，吸热体与玻璃之间抽成真空（图 4-8）。

按吸热体的材料种类，真空管集热器可以分为两大类：一类是全玻璃真空管集热器，即吸热体由内玻璃管组成的真空管集热器；另一类是金属吸热体真空管集热器，即吸热体由金属材料组成的真空管集热器，也称为金属—玻璃结构真空管集热器。这类集热器又分为 U 形真空管集热器和热管型真空管集热器。

在全玻璃真空管集热器中，集热管是由内、外两个同心圆玻璃管构成，具有高吸收率和低发射率的选择性吸收膜沉积在内管外表面上以构成吸热体，内外管夹层之间抽成高真空，其形状像一个细长的暖水瓶胆（图 4-9）。其工作原理是太阳光能透过外玻璃管照射到内管外表面吸热体上转换为热能，然后加热内玻璃管内的传热流体，由于夹层之间被抽成真空，有效减少了向周围环境散失的热量，使集热效率得以提高。

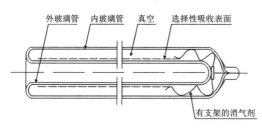

图 4-9　全玻璃真空集热管

由于全玻璃真空集热管的材质为玻璃，放置在室外被损坏的概率较大，在运行过程中，若有一根集热器损坏，整个系统就要停止工作。为解决此问题，人们在全玻璃真空管集热器的基础上，开发出了两种金属—玻璃结构的真空管，一种是将 U 形金属管吸热板插入真空管内，即 U 形管式真空集热管；一种是将热管直接插入真空管内，即热管式真空集热管。两种类型的集热管既未改变全玻璃真空集热管的结构，又提高了产品运行的可靠性。

U 形管式真空集热管，按照插入管内的吸热板形状的不同，有平板翼片和圆柱形翼片两种。金属翼片与 U 形管焊接在一起，吸热的翼片表面沉积有

选择性涂料，管内抽成真空。U 形管的两端分别与两根进出口水管相连，组成内插 U 形管的全玻璃真空集热管（图 4-10）。

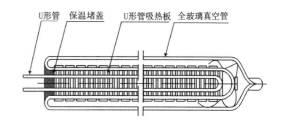

图 4-10　U 形管式真空集热管

热管式真空集热管主要是由热管、吸热板、真空玻璃管三部分组成（图 4-11）。该集热管的工作原理是太阳光透过玻璃照射到吸热板上，吸热板吸收太阳热量使热管内的工质汽化，被汽化的工质升到热管冷凝端，放出汽化潜热后冷凝成液体，同时加热水箱或联箱中的水，工质又在重力作用下流回到热管的下端，如此重复工作，不断地将吸收的辐射能传递给需要加热的工质（水）。

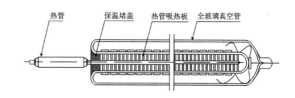

图 4-11　热管式真空集热管

3）太阳能集热器的选择

太阳能集热器的选择要从太阳能资源条件、气候条件、水质条件、经济条件、维护管理等多方面综合考虑，选用适宜的产品。就集热性能而言，南方地区平板型集热器的年得热量高于真空管集热器，在北方地区，夏季平板型集热器的得热量略高于真空管集热器，过渡季持平，冬季则由于平板型受环境温度影响较大，得热量低于真空管集热器。就防冻性能而言，全玻璃真空管集热器的防冻性能好，在南方和北方都能使用，而平板型由于抗冻能力差

在北方地区使用受到限制。平板型集热器与金属—玻璃真空管集热器均可用于承压或非承压集热系统，而全玻璃真空管集热器只能用于非承压集热系统。与建筑的适配性可以从与建筑外观结合和维修两方面考虑。在与建筑外观结合方面，平板型集热器可以作为屋面板、墙板等建筑构件来使用，而真空管集热器与建筑的结合，则需要建筑师与厂家的配合，目前较容易的结合方式是采用 U 形真空管集热器。从维修方面，平板型集热器结构简单，因其由金属材料构成而不易损坏，维修也方便；真空管集热器的玻璃结构使其在运输和使用过程中易破损，厂家

一般按 3‰～8‰ 损耗率增加备用管，同通过更换集热管的方式来更新与维护。在价格方面，平板型集热器的价格最低，全玻璃真空管集热器居中，金属－玻璃真空管集热器最高。集热器中结垢对集热效率的影响取决于水温和结垢的位置，平板型集热器管径较小，一旦被水垢堵住便会妨碍水的流动，降低集热效率，全玻璃真空管集热器的水垢主要堆积在玻璃内胆下部，对热量的传递影响不大，而在热管真空管集热器的热管冷凝端，水温一般超过 65℃，产生的大量水垢会极大地降低集热效率。选用集热器是需对从上述诸方面进行对比，参见表 4-1。

太阳能集热器选用表　　表 4-1

选用要素		集热器类型		
		平板型	全玻璃真空管型	金属－玻璃真空管型
运行期内环境温度	高于 0℃	可用	可用	可用
	低于 0℃	不可用 [1]	可用 [2]	可用
集热效率 [3]		低	中	高
运行方式		承压、非承压	非承压	承压、非承压
与建筑外观结合程度		好	一般	较好
易损程度		低	高	中
价格		低	中	高
结垢对集热效率的影响		大	不大	大

注：（1）采用防冻措施后可用；
　　（2）若不采用防冻措施，应注意最低环境温度值及阴天持续时间；
　　（3）本项指全国范围内全年的集热效率。在环境温度常年高于 0℃ 的地区，或若只在夏季使用，平板型集热效率略高于全玻璃真空管型

4）太阳能集热器的尺寸

太阳能集热器与建筑的集成要考虑到集热器的尺寸，从建筑模数化的角度予以匹配。《平板型太阳能集热器》GB/T 6424-2007、《真空管型太阳

能集热器》GB/T 17581-2007、《全玻璃真空管太阳能集热管》GB/T 17049-2005 分别对平板型集热器外形尺寸和真空管集热器的集热管尺寸做出规定，参见表 4-2。

常用集热器规格尺寸　　表 4-2

集热器类型	尺寸
平板型	2000mm×1000mm，1500mm×1000mm，1200mm×1000mm，1000mm×1000mm
全玻璃真空管集热管	Φ47mm×1200mm，　Φ47mm×1500mm，　Φ47mm×1800mm，　Φ58mm×1500mm，Φ58mm×1800mm，　Φ58mm×2100mm
U 形管型集热管	Φ47mm×1500mm，　Φ58mm×1500mm，　Φ58mm×1800mm
热管型集热管	Φ100mm×1700mm，　Φ100mm×2000mm

其中，平板型集热器的一般规格为 2000mm×1000mm，厚度75~95mm，具体尺寸可根据建筑模数要求选择。真空管集热器的规格较多，长度多为1700~2500mm，宽度1200~2000mm，厚度在150mm左右。集热管尺寸多为规范推荐尺寸，直径有Φ47、Φ58、Φ100三种，长度为1200~2100mm。

5）太阳能集热器的颜色

太阳能集热器在与建筑一体化设计时需要考虑集热器自身颜色对集热效应及建筑外观的影响。集热器的颜色主要由吸热体表面的太阳能吸收涂层决定。太阳能吸收涂层可分为两大类：非选择性吸收涂层和选择性吸收涂层。非选择性涂料包括黑镍、黑铬、黑漆等。这种涂层操作简单，能有效吸收太阳能，但较高的长波辐射使集热器的热损失较大。太阳能选择性吸收涂层对可见光的吸收率很高，而自身的红外辐射率却很低，能够把能量密度较低的太阳能转换成高能量密度的热能，对太阳能起到富集的作用。选择性吸收涂层以蓝色与黑色为主，研究人员在保证涂层优良光学选择性的同时也在试图通过不同颜色的配置来丰富集热器的装饰效果。市场上较为常见的集热器产品颜色如表4-3所示。

国内市场太阳能集热器的主要颜色　　　　表4-3

集热器类型		材料	颜色	
平板型	吸热板涂层	钛基加石英涂层、氮氧化镍镉镀层、黑铬、黑镍	深灰、深蓝、褐色	
	边框	铝合金、铝镁钛合金	银色、茶色、黑色	
	面板	布纹玻璃、低铁太阳能专用钢化玻璃	透明、乳白色	
真空管型	涂层	铬－氧／铝、铝－氮／铝、不锈钢－碳／铜	蓝紫色、蓝黑色	
	玻璃管	硅硼玻璃	透明	

6）太阳能集热器的肌理

从太阳能集热器表面视觉肌理的角度来看，平板型集热器呈板状而真空管集热器呈格栅状，结合两者的肌理特点，它们可分别集成在建筑的不同部位（图4-12）。

平板型太阳能集热器

平面板状、表面为布纹、亚光、磨砂

屋顶

阳台

真空管太阳能集热器

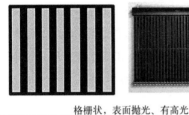

格栅状、表面抛光、有高光

屋顶

墙面

图 4-12   不同类型集热器的肌理特点

7）贮水箱

贮水箱是用于储存由太阳能集热器产生的热量的装置，也称为储热水箱。贮水箱是太阳能热水系统的重要组成部分，其容量、结构、材料、保温性能都将直接影响整个热水系统的运行。贮水箱一般设有进出水管、溢水管、泄水管、通气管、液位仪、入孔、传感器安装接口、辅助能源安装接口等附件。贮水箱内胆材料一般为不锈钢、镀锌钢板或钢板，并对其进行内防腐处理，外壳材料一般采用镀锌板、薄壁钢板外表面喷漆。为减少热量损失，贮水箱设有保温层，其保温材料一般选用聚氨酯。

8）辅助热源

由于太阳能是一种不稳定的热源，受当地气候因素的影响很大，雨、雪天几乎不能使用，所以必须和其他能源的水加热设备联合使用，才能保证稳定的热水供应，这种水加热设备常称为辅助热源。其作用是当太阳能不足时作为太阳能热水系统的热能补充。常见的太阳能热水系统辅助能源有：电加热、燃气锅炉、燃油锅炉、电锅炉、地源热泵、空气源热泵。

辅助热源宜靠近贮水箱布置。

9）泵和连接管道

泵和连接管道在太阳能热水系统中将热水从集热器输送到保温水箱，并将冷水从保温水箱输送到集热器，使整套系统形成一个闭合的环路。设计合理、连接正确的循环管道对太阳能系统是否能达到最佳工作状态至关重要。热水管道必须做保温防冻处理，并保证有 20 年以上的使用寿命。

10) 控制系统

控制系统用于保证整个热水器系统的正常工作，系统主要包括显示屏、机柜、处理器、输入输出元件等。通过显示内容，使用者可以实现对太阳能热水器供水水位和水温的控制。对水位的设定可以确定何时为贮水箱补水，对水温的控制能够在太阳能集热器因天气等原因效率不高时，控制辅助热源对水箱内的水加热。早期的太阳能热水器是手动控制的，随着技术的发展，太阳能热水器逐渐实现自动化的操作。

11）支架

支架是为保持集热系统接受阳光照射的角度以及保证集热器安装的牢固性从而使整个系统正常运行而设计的辅助部件。支架主要由反射板、尾座及主支撑架组成。

4.2.2　太阳能热水系统的分类和特点

根据不同的分类方法，太阳能热水系统可以分成不同的形式和种类：

1）按生活热水与集热器内传热工质的关系划分：直接式系统（也称一次循环系统）和间接式系统（也称二次循环系统）

直接式系统是指在太阳能集热器中直接加热水供给用户的系统，间接式系统是指太阳能集热器先加热某种传热工质，再利用该传热工质通过热交换器加热水供给用户的系统。考虑到与建筑一体化效果、用水卫生、减缓集热器结构以及防冻等因素，在投资允许的条件下，一般优先推荐采用间接式系统；直接式系统最好根据当地水质要求探讨是否需要对自来水上水进行软化处理。在间接式系统中集热器与水箱可分开放置，集热器常作为建筑的一个构件集成到屋面或者墙面中，而贮水箱可放置在阁楼或室内，连接各部件的管道可预先埋设，因而在太阳能建筑一体化方面的优势较为突出。但间接式系统的结构相对复杂，造价也较高，还有待进一步推广。

2）按水箱与集热器的关系划分：紧凑式系统、分离式系统和闷晒式系统

紧凑式系统是指集热器和贮水箱相互独立，但贮水箱直接安装在太阳能集热器上或相邻位置上的系统；分离式系统是指贮水箱和太阳能集热器之间分开一定距离安装的系统。闷晒式系统是指集热器和贮水箱结合为一体的系统。在与建筑工程结合的同步设计中使用的太阳能热水系统主要为分离式系统。

3）按辅助热源的安装位置划分：内置加热系统和外置加热系统

内置加热系统是指辅助热源加热设备安装在太阳能热水系统的贮水箱内；外置加热系统是指辅助热源加热设备安装在贮水箱附近或安装在供热水的管路上，包括主管加热系统、干管加热系统和支管加热系统等。

4）按辅助热源启动方式划分：手动启动系统、全日自动启动系统和定时自动启动系统

手动启动系统是根据用户需要随时手动启动辅助热源水加热设备；全日自动启动系统是始终自动启动辅助热源水加热设备，确保 24 小时供应热水；定时自动启动系统是定时自动启动辅助能源水加热设备，可定时供应热水。

5）按供水范围划分：集中供热水系统，集中 - 分散供热水系统和分散供热水系统

集中供热水系统是指采用集中的太阳能集热器和集中的贮水箱供给一幢或几幢建筑物所需热水的系统。常见的做法是利用建筑屋顶来布置集热器，水箱可以同样放置于屋顶之上，也可以结合建筑的阁楼、设备层、地下室、车库来布置（图 4-13）。该系统的优点是：立管少，只需热水供水管和热水回水管两根即可，节省管道井面积；集热器部分集成化程度高，集热效率高，集中储热有利于降低造价并减少热损失。该系统的缺点是：集热器和贮水箱集中布置于屋顶，增加了屋顶负荷，需要另进行结构计算；热水用户越多，集热器面积和贮水箱体积越大，屋顶空间可能不足，水箱布置在屋顶也影响建筑美观；管线长，管内流动工质热损失大，且热损失随管道长度的增加而增加；底层住户用水点与贮水箱距离长，需用热水时要先放一段冷水造成浪费；系统局部一旦出现故障，所有用户用水不能得到保证。这种系统适用于旅馆、医院、学校、住宅等建筑。

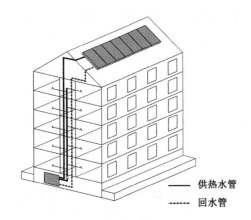

图 4-13　集中供热水系统示意图

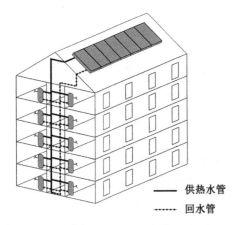

图 4-14　集中 - 分散供热水系统示意图

　　集中 - 分散供热水系统是指采用集中的太阳能集热器和分散的贮水箱供给热水的系统。集热器可集中布置于屋顶和墙面，贮水箱可灵活地布置于室内和阳台（图 4-14）。该系统的优点：立管少，只需供水、回水和同程回水三根管道即可，占用空间少，检修方便；系统结构简明，屋顶或墙面只需放置集热器，结构负荷小；分户储热，管理界限明确，方便维修管理，计费简单，可以减少物业纠纷；可采用双循环方式，用户用热水不必参与循环，保证用水卫生。该系统的缺点：分户储热，每户用水量大小不均，贮水箱温度不尽相同，可能造成循环回水温度过高而降低集热效益，也可能出现贮水箱温度高于管内工质温度，引起热量倒流；增加了管路长度，热损失较大，系统相对复杂，整体投资增加。

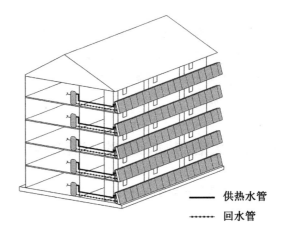

图 4-15　分散供热水系统示意图

　　这种系统适用于多层和高层住宅。

　　分散供热水系统是指采用分散的太阳能集热器和分散的贮水箱供给各个用户所需热水的小型系统。该系统中集热器、贮水箱、辅助热源等都被分别设置于各个用户中，集热器可布置在屋顶，也可与建筑立面结合，贮水箱可灵活地布置于室内和阳台（图 4-15）。该系统的优点：集热与贮水箱各户独立，使用上互不干涉，权责明确，管理和维护简单；若每户集热器独立安装于立面，则集热器和贮水箱之间管线短，减少热量损失；集热器可分散布置，易与建筑外观结合。该系统的缺点：若将集热器安装于屋顶，则管线较多，每户至少 2 根管道，且层数越多，住户越多，管线越多，占用建筑空间；若集热器独立安装于立面，处于低层的集热器会因受到其他建筑的遮挡而无法满足日照要求；每户单独一个系统，热水资源无法实现共享，当供热量大于需热量时，造成浪费。这种系统适用于别墅、排屋、多层住宅及高层住宅。

6）按太阳能集热系统运行方式划分：自然循环系统、直流式系统和强制循环系统

　　自然循环系统是指仅利用传热工质内部的密度变化来实现集热器与贮水箱之间或集热器与换热器之间进行循环的太阳能热水系统，也称为热虹吸系统。

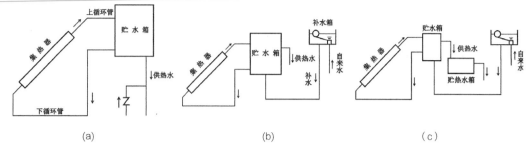

图 4-16　自然循环系统示意图

该系统中，为了保证必要的热虹吸压头，贮水箱应高于集热器上部，水在集热器中被太阳辐射加热后温度升高，由于集热器中与贮水箱中的水温不同而产生密度差，形成热虹吸压头，使热水由上循环管进入水箱的上部，同时水箱底部的冷水由下循环管进入集热器，形成循环流动。通常自然循环系统又可细分为三种类型：①无补水箱的自然循环系统（图 4-16a），它在需要用水时，依靠水的重力从贮水箱底部落下使用，这种用水方法也称为落水法，其优点是没有冷热水的掺混，缺点是必须将贮水箱底部的低温水放掉后才能获得热水，既浪费水又浪费热量。②有补水箱的自然循环系统，它由补水箱向贮水箱底部补充冷水，将贮水箱上层热水顶出使用，其水位由补水箱的浮球阀控制（图 4-16b）。优点是可以充分利用上部水先热的特点，在使用时一出水就是热水，缺点是贮水箱底部进入的冷水会与贮水箱内的热水掺混，减少可利用的热水。③自然循环定温放水系统，它是有补水箱自然循环系统的改进，把贮水箱分成循环水箱和贮热水箱（图 4-16c）。用来集热循环的循环水箱容积比较小，易被加热，待循环水箱温度达到设定温度时再将水放到贮热水箱中。总体而言，自然循环系统的优点是结构简单，运行可靠，成本较低，缺点是为了维持必要的热虹吸压头，贮水箱必须放置在集热器的上方，这样给建筑布置、结构承重和系统安装提出了要求，该系统多用于家用太阳能热水器和小型太阳能热水系统。

直流式系统是指传热工质一次流过太阳集热系

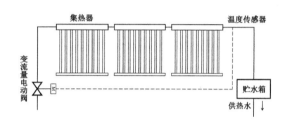

图 4-17　直流式系统示意图

统加热后，直接进入贮水箱或者热水供应处的非循环太阳能热水系统。直流式系统一般采用变流量定温放水的控制方式，集热器内的水经太阳辐射加热后，温度逐渐升高。在集热器出口处安装温度传感器来控制安装在集热器进口管路上的电动变流量阀的开度，根据集热器出口温度来调节集热器的进口水流量，使出口水温保持恒定（图 4-17）。直流式系统可以采用非承压集热器，集热系统造价较低，在国内中小型建筑中使用较多，但存在生活用水可能被污染、集热器易结垢和防冻问题不易解决的缺点。

强制循环系统是利用泵使传热工质通过集热器（或换热器）进行循环的太阳能热水系统（图 4-18）。在这种系统中，水是靠泵来循环的，系统中装有控制装置，当集热器顶部的水温与贮水箱底部水温的差值达到某一限定值的时候，控制装置就会自动启动水泵；反之，当集热器顶部的水温与贮水箱底部水温的差值小于某一个限定值的时候，控制装置就会自动关闭水泵，停止循环。强制循环系统一般适用于大型热水系统，在该系统中，贮水箱的布置比较灵活，不一定要高于集热器；把水箱设置在室内，热损耗小，防冻也不易结冰，且循环管道易于布置，对保温要求相对较低。

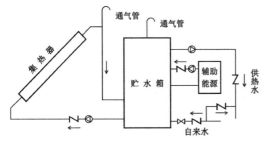

图4-18　强制循环式系统示意图

太阳能热水系统的设计，应首先考虑建筑物的使用功能、立面造型、热水供应方式、集热器安装位置和系统运行方式等因素。同时，应考虑建筑物的层高、给水系统的供水方式、集热器的性能参数以及应用太阳能热水系统的民用建筑其物业管理方式等因素。此外，还需要综合技术与经济因素，进行投资与运行费用的比较。总体而言，太阳能热水系统设计方式应遵循节水节能、经济实用、安全简便、便于计量的原则，并根据使用要求结合建筑形式、热水需求和辅助热源种类等选择，按表4-4选用。

太阳能热水系统设计选用表　　　　表4-4

建筑物类型		居住建筑			公共建筑		
		低层	多层	高层	宾馆医院	游泳馆	公共浴室
太阳能热水系统类型 集热与供热水范围	集中供热水系统	●	●	●	●	●	●
	集中—分散供热系统	●	●	—	—	—	—
	分散供热水系统	●	—	—	—	—	—
集热系统运行方式	自然循环系统	●	●	—	●	●	●
	强制循环系统	●	●	●	●	●	●
	直流式系统	—	●	●	●	●	●
集热器内传热工质	直接式系统	●	●	●	●	●	●
	间接式系统	●	●	●	●	●	●
辅助能源安装位置	内置加热系统	●	●	●	—	—	—
	外置加热系统	—	●	●	●	●	●
辅助能源启动方式	全日自动启动系统	●	●	●	●	●	—
	定时自动启动系统	●	●	●	—	●	●
	按需手动启动系统	●	—	—	—	●	●

注：热水用途为生活热水、游泳池水加热、锅炉水预热。表中"●"为可选项目。

4.2.3　太阳能热水系统的设计要点

在太阳能热水系统一体化设计中，设计人员根据不同建筑类型及其不同用水特点选择适宜的太阳热水系统，还需对集热器的面积、朝向、倾角、间距以及连接方式做出合理安排，以保证集热器充分收集并充分利用太阳能。

1）确定太阳能保证率

在进行太阳能热水系统设计中，需要设定太阳能保证率（f），它是指系统中由太阳能提供的热量与系统总负荷的比值。该值是确定太阳能集热器面积的一个关键性因素，也是影响太阳能热水系统经济性能的重要参数。设计选用的太阳能保证率与系统使用期内的太阳辐射量、气候条件、系统热性能、用户使用热水的规律和特点、热水负荷、系统成本和开发商的预期投资规模等因素有关。为尽可能发挥太阳能热水系统节能作用，太阳能保证率不应取的太低，我国的取值宜在40%～80%之间。在太阳能资源丰富区的太阳能保证率宜为60%~80%，在较丰富区宜为

50% ~ 60%，在一般区宜为 40% ~ 50%，在贫乏区太阳能保证率可降至 40% 以下。

2）集热器总面积的确定

太阳能热水系统的集热面积应结合建筑可以提供的安装集热器面积以及设定的太阳能保证率而定，并保证充分利用这些集热器所采集的太阳辐射能。集热器面积的计算方法按照系统传热类型即直接式系统、间接式系统分作两种。

直接式系统集热器总面积可根据用户的每日用水量和用水温度，按下式计算：

$$A_C = \frac{Q_W \cdot C_W \cdot \rho \, (t_{end}-t_i) \cdot f}{J_T \cdot \eta_{cd} \cdot (1-\eta_L)} \qquad (4-1)$$

式中 A_C ——直接式系统集热器总面积，m^2；

$\quad Q_W$ ——日均用水量，L；

$\quad C_W$ ——水的定压比热容，$kJ/（kg \cdot ℃）$；

$\quad \rho$ ——水的密度，kg/L；

$\quad t_{end}$ ——贮水箱内水的设计温度，℃；

$\quad t_i$ ——水的初始温度，℃；

$\quad J_T$ ——当地集热器采光面上的年平均日太阳辐照量，kJ/m^2；

$\quad f$ ——太阳能保证率，无量纲，根据系统使用期内的太阳辐照、系统经济性及用户要求等因素综合考虑后确定，宜为 30% ~ 80%；

$\quad \eta_{cd}$ ——集热器的年平均集热效率；根据经验取值宜为 0.25 ~ 0.50，具体取值应根据集热器产品的实际测试结果而定；

$\quad \eta_L$ ——贮水箱和管路的热损失率；根据经验取值宜为 0.20 ~ 0.30。

间接式系统集热器总面积可按下式计算：

$$A_{IN} = A_C \cdot (1 + \frac{F_R U_L \cdot A_C}{U_{hx} \cdot A_{hx}}) \qquad (4-2)$$

式中 A_{IN} ——间接式系统集热器总面积，m^2；

$\quad A_C$ ——直接式系统集热器总面积，m^2；

$\quad F_R U_L$ ——集热器总热损系数，$W/（m^2 \cdot ℃）$；对平板型集热器，$F_R U_L$ 宜取 4 ~ 6 $W/（m^2 \cdot ℃）$；对真空管集热器，$F_R U_L$ 宜取 1 ~ 2 $W/（m^2 \cdot ℃）$；具体数值应根据集热器产品实际测试结果而定；

$\quad U_{hx}$ ——换热器传热系数，$W/（m^2 \cdot ℃）$；

$\quad A_{hx}$ ——换热器换热面积，m^2。

通过计算公式可以看出，间接式系统的集热器面积实际上是在直接式系统的基础上进行了一定的面积补偿，这是因为两种系统的集热效率不同。在间接式系统中，集热器中的热量并不直接用来加热生活用水，而是通过加热传热工质，然后通过热交换来获得热水。在热传递的过程中就会存在传热温差，这意味着若要获得相同温度的热水，对间接式系统中集热器运行的温度要求更高，因此要相应地补偿一些集热器面积。

在工程的方案设计阶段，对太阳能集热器面积大小的精度要求并不高，可以根据当地太阳能条件来估算集热器总面积。表 4-5 列出了根据我国太阳能资源不同分区中每 100L 热水量所需系统集热器总面积的推荐值。

3）集热器的方位角、倾斜角和补偿面积

集热器的方位角和倾斜角对太阳辐照量的收集会产生影响。太阳能集热器宜朝向正南放置，或在南偏东、偏西 40° 的朝向范围内设置；集热器倾斜角近似等于当地纬度时，可获得最大年太阳辐照量，一般可在当地纬度 ±10° 的范围内选择。如果希望在冬季获得最佳的太阳辐照量，倾角可选定为当地纬度加上 10°，如果希望在夏季获得最佳的太阳辐照量，则应比当地纬度减少 10°。集热器在平屋顶自由布置时，可以采用最佳倾斜角和方位角。如果集热器设置在墙面或阳台栏板上，将牺牲一些热效

每 100L 热水量的系统集热器总面积估算推荐值　　　　表 4-5

等级	太阳能条件	年日照时数 (h)	年太阳辐照量 (MJ／(m²·a))	地区	集热面积 (m²)
I	资源丰富区	3200 ~ 3300	> 6700	宁夏北、甘肃西、新疆东南、青海西、西藏西	1.2
II	资源较丰富区	3000 ~ 3200	5400 ~ 6700	冀西北、京、津、晋北、内蒙古及宁夏南、甘肃中东、青海东、西藏南、新疆南	1.4
III	资源一般区	2200 ~ 3000	5000 ~ 5400	鲁、豫、冀东南、晋南、新疆北、吉林、辽宁、云南、陕北、甘肃东南、粤南	1.6
		1400 ~ 2200	4200 ~ 5000	湘、桂、赣、江、浙、沪、皖、鄂、闽北、粤北、陕南、黑龙江	1.8
IV	资源贫乏区	1000 ~ 1400	< 4200	川、黔、渝	2.0

率以使造型更加美观使用更加安全。低纬度地区设置在墙面和阳台栏板上的太阳能集热器应以适当的倾角安装，以增加接收的太阳辐射热量。

因为实际工程中受到建筑功能或造型的限制，集热器不一定能够按照最佳的安装位置摆放，这时如果投资能力和建筑条件允许，可以增加集热器的面积。《民用建筑太阳能热水系统工程技术手册》给出了国内 20 个主要城市的集热器补偿面积比 R_S（表 4-6 摘录了北京地区的相关数据）。当 R_S 等于 100% 或大于 95% 时，则直接与坡屋面、墙面或阳台结合的太阳能集热器定位是合理的，不需因方位角和倾角的影响而进行面积补偿。R_S 小于等于

95% 时，就需要增加集热器面积进行补偿。以北京为例具体方法如下：

在表 4-6 中，根据集热器的方位角和倾角（近似取整）选取相应的 R_S 值，代入下式计算求得进行补偿后的太阳能集热器面积。

$$A_B = \frac{A_S}{R_S} \qquad (4-3)$$

式中 A_B——进行面积补偿后实际确定的太阳能集热器面积；

A_S——计算得出的太阳能集热器面积；

R_S——太阳能集热器安装方位角和倾斜角对应的补偿面积比。

北京地区的太阳能集热器补偿面积比 R_S（%）　　　　表 4-6

倾斜角（°）＼朝向（°）	东	−80	−70	−60	−50	−40	−30	−20	−10	南	10	20	30	40	50	60	70	80	西
90	52	55	58	61	63	65	67	68	69	69	69	68	67	65	63	61	58	55	52
80	58	61	65	68	71	73	76	77	78	78	78	77	76	73	71	68	65	61	58
70	63	67	71	75	78	81	83	85	86	86	86	85	83	81	78	75	71	67	63
60	69	73	77	81	84	87	89	91	92	92	92	91	89	87	84	81	77	73	69
50	75	78	82	86	89	92	94	96	97	97	97	96	94	92	89	86	82	78	75
40	79	83	86	89	92	95	97	98	99	99	99	98	97	95	92	89	86	83	79
30	83	86	89	92	94	96	98	99	100	100	100	99	98	96	94	92	89	86	83
20	87	89	91	93	94	96	97	98	98	99	98	98	97	94	93	92	91	90	89
10	89	90	91	92	93	94	94	95	95	95	95	95	94	93	92	91	90	89	
0	90	90	90	90	90	90	90	90	90	90	90	90	90	90	90	90	90	90	—

注：表中负值的绝对值表示集热器南偏东的角度，正值表示南偏西的角度

4）集热器前后排的间距

控制集热器前后排的间距是为了减少相互遮挡，以保证一定的集热效率。某一时刻太阳能集热器不被前方障碍物遮挡阳光的最小间距 S 可通过如下公式计算：

$$\sin\alpha_s = \sin\varphi \cdot \sin\delta + \cos\varphi \cdot \cos\delta \cdot \cos\omega \quad (4-4)$$

$$\sin\gamma_s = \frac{\cos\delta\cos\omega}{\cos\alpha_s} \quad (4-5)$$

$$S = \frac{H \cdot \cos\gamma_0}{\tan\alpha_s} \quad (4-6)$$

式中 S——前后排集热器不遮挡阳光的最小间距，m；

H——前排集热器的高度，m；

α_s——太阳高度角，°；

φ——当地的纬度，°；

γ_s——太阳方位角，°；

ω——时角，°；

δ——赤纬角，°，赤纬角随季节不同而有周期性变化，变化的周期等于地球的公转周期即一年，二十四节气的太阳赤纬角见表4-7；

γ_0——计算时刻太阳光线在水平面上的投影与集热器表面法线在水平面上投影之间的夹角。

二十四节气的太阳赤纬角 δ 的数值　　　　表4-7

节气	日期	赤纬角	日期	节气
夏至	6月22日	23° 27′	—	—
芒种	6月6日	22° 35′	7月7日	小暑
小满	5月21日	20° 16′	7月23日	大暑
立夏	5月6日	16° 20′	8月7日	立秋
谷雨	4月21日	11° 32′	8月23日	处暑
清明	4月6日	5° 57′	9月7日	白露
春分	3月21日	0° 00′	9月21日	秋分
惊蛰	3月6日	−5° 57′	10月8日	寒露
雨水	2月21日	−11° 32′	10月23日	霜降
立春	2月5日	−16° 20′	11月8日	立冬
大寒	1月21日	−20° 16′	11月22日	小雪
小寒	1月6日	−22° 35′	12月7日	大雪
—	—	−23° 27′	12月22日	冬至

在进行最小间距计算时，计算时刻的选定要按照如下原则：

（1）全年运行的太阳能热水系统，选春分/秋分日的9：00或15：00；

（2）主要在春、夏、秋三季运行的系统，选春分/秋分日的8：00或16：00；

（3）主要在冬季运行的太阳能热水系统，选冬至日的10：00或14：00；

（4）太阳能集热器安装方位为南偏东时，选上午时刻；南偏西时，选下午时刻。

4.3 太阳能热水系统与建筑一体化设计

4.3.1 太阳能热水系统与建筑一体化设计概述

1）太阳能热水系统与建筑一体化设计的原则

太阳能热水系统与建筑紧密结合，即太阳能热水系统建筑一体化，就是把太阳能热水系统产品作为建筑构件，使其与建筑有机结合。一体化设计的原则如下：

（1）功能性：首先应满足功能性需求——太阳能集热器表面冬至日应有不少于4小时的日照时间。最为理想的安装位置是建筑的屋顶，其次为建筑立面，如墙面、阳台等部位（由于集热器安装角度的限制，辐射量获得情况会受一定影响）。集热器在建筑上安装时应避免遮挡，保证获得充足日照（图4-19）。

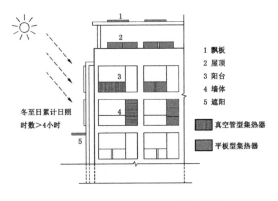

图4-19 太阳能集热器在建筑中的安装位置

（2）安全性：太阳能集热器安装时，自身重量和支架重量给建筑带来了额外荷载，管线安装、基础埋设也会破坏原有的建筑结构、防水保温构造。安装集热器时应注意以下几点：设计时应计算集热器（支架和连接件）的额外荷载；为太阳能集热器考虑适配的预埋件及布置位置，宜考虑与建筑结构（如梁、柱、板）的结合；集热器应能承受风荷载和雪荷载，施工时需做好保温、防水、排水等措施；管线需要穿过屋面或墙面时，应预埋相应的防水套管，不影响原有防水保温构造。

（3）美观性：建筑造型本身具有一定的内在逻辑和原则，太阳能集热器如果没有经过合理的设计，在建筑造型方面就会成为多余的附属物，甚至会破坏原有美观。从美观性来讲，普通的紧凑式太阳能热水系统由于集热器和贮水箱无法分离，很难和建筑有机整合。使用分离式太阳能热水系统，则可以将集热器与窗户、阳台等建筑立面构成要素结合起来。事先考虑太阳能热水系统各组成部件的安装位置、形式以及和其他建筑构件的协调关系，可以使其融入到建筑中，甚至成为建筑造型的特色。

2）太阳能热水系统与建筑一体化设计的多专业协作

太阳能热水系统的设计要与建筑设计同步进行，统一规划，同时设计、同步施工，并要求设计师和工程师在外观、结构、管线布置和系统运行等方面做到如下基本要求：在外观上，合理布置太阳能集热器，无论在屋面、阳台或在墙面都要使太阳能集热器成为建筑的一部分，实现两者的协调和统一；在结构上，妥善解决太阳能热水系统的安装问题，确保建筑的承重、防水等功能不受影响，还应充分考虑太阳能集热器抵御强风、暴雪、冰雹等的能力；在管线布置上，合理布置太阳能循环管线以及冷热水供应管路，尽量减少热水管路的长度，建筑上事先留出所有管路的接口、通道；在系统运行上，要求可靠、稳定、安全，易于安装、检修、维护，合理解决太阳能与辅助热源加热设备的匹配，尽可能实现系统的智能化和自动控制。为使太阳能热水系统与建筑完美结合，需要建筑行业和太阳能行业密切配合，共同完成，表4-8列出了各相关人员的专业角色和工作职责。

3）太阳能热水系统与建筑一体化设计的现状问题

目前在太阳能热水系统建筑一体化方面已成功建成了许多工程项目，但同时在实践中也暴露出一些问题，主要有以下几点：① 产品自身的问题：我国的太阳能热水系统在产品种类、细节处理等方面还存在诸多问题，目前制约太阳能热水系统和住宅外观结合的主要因素是作为主要表现元素的太阳能集热器和建筑外观的适配性差，在与建筑结构、建筑表皮结合的过程中，集热器的尺寸、颜色、肌理

太阳能热水建筑一体化相关的专业角色和工作职责   表 4-8

相关单位和人员的专业角色		工作职责
建筑设计单位	建筑师	根据建筑类型、使用要求确定太阳能热水系统类型、安装位置、色调、构图等，向建筑给水排水工程师提出对热水的使用要求
	给排水工程师	进行太阳能热水系统设计、布置管线、确定管线走向
	结构工程师	考虑太阳能集热器和贮水箱的荷载，以保证结构的安全性，并埋设预埋件，为太阳能集热器的锚固、安装提供安全牢靠的条件
	电气工程师	满足系统用电负荷和运行安全要求，并进行防雷设计
太阳能热水企业	太阳能热水系统产品供应商	向建筑设计单位提供太阳能集热器的规格、尺寸、荷载，预埋件的规格、尺寸、安装位置及安装要求； 提供太阳能热水系统的热性能等技术指标及其检测报告； 保证产品质量和使用性能

(a) 太阳能集热器影响建筑美观   (b) 太阳能集热器损坏坠落

图 4-20　早期太阳能热水技术应用存在的问题

选择余地较小。②建筑美观的问题：一些建筑在设计之初未考虑集热器的安装位置以及构件之间的匹配性，导致外露的集热器或管线等构件与建筑形象不协调，并影响建筑美观（图 4-20a）。③与给水系统结合的问题：若将太阳能热水器安装在屋面而单独供给各个用户，则会导致管线过长，管道内无效冷水多、热损失严重，特别是低层住户用热水前需要放掉很多冷水，造成不必要的浪费。④安全问题：安装太阳能热水系统时，需慎重考虑太阳能热水系统使用时的安全问题，目前太阳能集热器坠落伤人事件仍屡有发生（图 4-20b）。⑤构造问题：由于缺乏必要的构造设计和处理，造成集热器安装固定后影响建筑原有的保温、防水等效果。⑥遮挡问题：太阳能集热器应满足有效日照时数不低于 4 小时的要求，但在实际安装中特别是在改造既有建筑的安装中，集热器经常被其他建筑或建筑自身形体遮挡，影响了集热效率。

4）太阳能热水系统与建筑一体化的规划设计要点

太阳能热水系统与建筑一体化应从规划设计入手，有如下几点：①设计安装太阳能热水系统的建筑单体或建筑群体，主要朝向宜朝南，为充分接收太阳辐射创造条件。②建筑间距应满足所在地区日照间距的要求，不应因太阳能热水系统设施的布置影响相邻建筑的日照标准，同时应满足集热器有不小于4小时的日照时数（图4-21）。③建筑物周围的环境景观与绿化种植，应避免对投射到太阳能集热器上的阳光造成遮挡。④综合考虑用地特征、当地气候、纬度、日照条件，了解业主对热水的使用需求，明确规划区域内辅助能源的类型，分析使用者的经济承担能力，综合确定太阳能热水系统应用的规模和形式。

5）太阳能热水系统与建筑一体化的建筑设计要点

太阳能热水系统与建筑一体化设计首先要考虑集热器的设置，应熟悉各种类型太阳能集热器的特点和适用范围以及相应的结构尺寸及与建筑构件的相互关系。集热器的尺度、材料、颜色、布置形式、视觉要求应与建筑功能、形象相协调。注重屋面、阳台、墙面、雨篷、遮阳板上布置集热器的标准化和系列化设计，建筑构件与集热器的整合。其次是管线连接方式和辅助控制系统对建筑结构、构造和使用空间的要求。最后是贮水箱和需供应热水空间的位置关系可能对建筑功能和结构的影响。太阳能热水系统与建筑一体化的建筑设计要点包括如下内容：

（1）合理确定太阳能热水系统各组成部分在建筑中的位置，满足各部分的技术要求。应根据选定的太阳能集热器的形式、安装面积、尺寸大小、安装位置，贮水箱体积及重量，给排水设施的要求，连接管线的转向，辅助热源和辅助设施等条件及太阳能热水系统各部分的相对关系，合理安排确定太阳能热水系统各组成部分在建筑中的空间位置。充分考虑所在部位的荷载，并满足其所在部位牢固安装及其相应防水、排水等技术要求。建筑设计应为各部分的安全维护检修提供便利条件。

（2）建筑的体型和空间组合应充分考虑可能对太阳能热水系统造成的影响，安装太阳能集热器的部位应能充分接收阳光的照射，避免受建筑自身遮挡，保证太阳能集热器的日照时数。

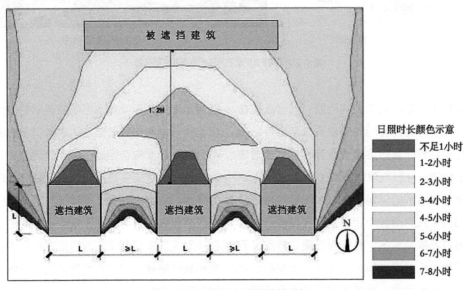

图4-21　太阳能热水系统的规划设计

（3）太阳能集热器与屋面、阳台、墙面等共同构成围护结构时应满足该部位建筑功能和建筑防护的要求。太阳能集热器的位置应与建筑整体有机结合，和谐统一，并注意与周围环境相协调。建筑设计应对设置太阳能集热器的部位采取安全防护措施，避免集热器损坏对人员可能造成的伤害。可考虑在设置太阳能集热器的部位如阳台、墙面等处的下方地面进行绿化草坪的种植，防止人员靠近，也可以采取设置挑檐、雨篷等遮挡的防护措施。

（4）建筑设计应为太阳能系统的安装、维护提供安全便利的操作条件。如在平屋面设出屋面的上人孔，便于维修人员上下出入，在坡屋面屋脊的适当部位预埋金属挂钩，以备拴系用于支撑专业安装人员的安全带等技术措施，确保专业人员在系统安装维护时安全操作。

（5）太阳能集热器不应跨越建筑变形缝设置。建筑主体结构的伸缩缝、抗震缝、沉降缝等变形缝处两侧，在外因条件影响下会发生相对位移，太阳能集热器跨越变形缝设置会由于此处两侧的相对位移而扭曲损坏。

4.3.2 太阳能集热器与屋面的一体化设计

1）坡屋面集成太阳能集热器

将太阳能安装在南向的屋顶上，使集热器的倾角与屋顶坡度一致，可以较好体现集热器与建筑的一体化设计。不同形式的集热器可丰富屋顶的表现形式，如平板型集热器的玻璃质感，可以形成类似天窗的效果。坡屋顶可利用的集热面积比平屋顶要小，集热器与坡屋顶结合，有利于充分利用屋顶的有限面积，但这种方式在安装技术方面较平屋顶更为复杂，需要考虑对屋顶防水、保温、排水、布瓦的影响。按照屋面和集热器的关系，目前常用的形式有架空式和嵌入式。

（1）架空式

架空式是坡屋顶结合集热器常用的形式，它是

将集热器安装于在原有屋面结构上预设的金属支架或支座上，集热器通过支架与屋顶固定，支架两侧及下部需设置排水板（图4-22）。在构造设计和安装方面要满足如下要求：①顺坡架空设置的太阳能集热器支架应与埋设在屋面板上的预埋件可靠牢固连接，能承受风荷载和雪荷载。预埋件及连接部位应按建筑相关规范做好防水处理；②埋设在屋面结构上的预埋件应在主体结构施工时埋入，同时其埋入位置要与设置的太阳能集热器支架相对应；③在坡屋面上设置太阳能集热器，屋面雨水排水系统的设计需充分考虑太阳能集热器与屋面结合处的雨水排放，保证雨水排放通畅，并且不得影响太阳能集热器的使用安全（图4-23、图4-24）。

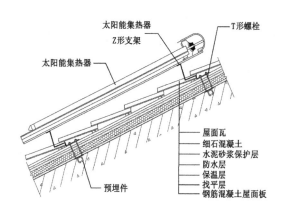

图 4-22 坡屋面架空式太阳能集热器做法示意

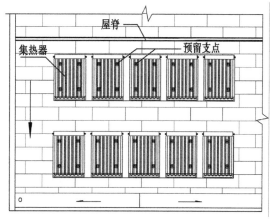

图 4-23 坡屋面架空式太阳能集热器平面布置示意图

图 4-24　坡屋面架空式太阳能集热器工程实例图

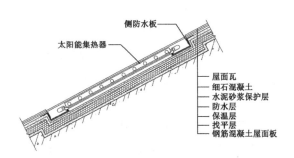

图 4-25　坡屋面嵌入式太阳能集热器做法示意图

图 4-26　坡屋面嵌入式太阳能集热器工程实例图

（2）嵌入式

嵌入式是将集热器完全嵌入屋面的保温防水层中，此种方式与屋顶在外观上结合程度较高，但对安装技术的要求也较高，安装时需注意不破坏屋面的保温防水构造及保证屋面排水的顺畅，其中特别要注意避免雨水在集热器安装部位积存。在构造设计和安装方面要满足如下要求：①顺坡嵌入坡屋面的太阳能集热器与其周围的屋面材料的连接部位需做好构造处理，关键部位可做加强防水处理（如做防水附加层），使连接部位在保持立面效果同时，保证正常的防水、排水功能。②太阳能集热器顺坡嵌入于坡屋面上时，屋面整体的保温、防水、排水应满足屋面的防护功能要求。太阳能集热器（无论平板型集热器还是真空管集热器）有一定的厚度，如果不采取相应措施，自然会影响到集热器下方屋面的保温防护功能。可采取局部降低屋面板的方法或增加除集热器以外屋面保温层厚度的方法来满足整体屋面保温防护的功能要求。③管线需穿过屋面时，应预埋相应的防水套管，防水套管需做防水处理，并在屋面防水施工前安设完毕（图4-25、图4-26）。

2）平屋面集成太阳能集热器

在建筑的平屋面上集成太阳能集热器是一种比较简单易行的方式。它安装简单，集热器与屋面的连接构造比较简便，系统管线易隐蔽；屋面便于上人安装和维护，能够提供安装集热器的面积相对较

大，对建筑外观无影响；对建筑朝向没有特殊要求。一般而言，太阳能集热器通过基座和支架固定在屋面上，并按照一定角度和间距整齐排列。平屋面上集成太阳能集热器的方式按照集热器支架形式可分为阵列支架式、整体支架式两种。

（1）阵列支架式

阵列支架式是平屋面安装集热器时最常见的一种形式，集热器按照最佳倾角安装在单排支架上，支架下设基座，多排布置。在构造设计和安装方面要满足如下要求：①放置在平屋面上的太阳集热器的日照时数应保证不少于4小时，前后排之间互不遮挡、有足够间距（包括安装维护的操作距离），排列整齐有序；②太阳能集热器在平屋面上安装需通过支架或基座固定在屋面上，并充分考虑设置在屋面上太阳能集热器（包括基座、支架）的荷载。③固定太阳能集热器的预埋件（基座或金属构件）应与建筑结构层相连，防水层需包到支座的上部，

地脚螺栓周围要加强密封处理；④平屋面上设置太阳能集热器，屋顶应设有屋面上人孔，用作安装检修入口。太阳能集热器周围、检修通道，以及屋面上人孔与太阳能集热器之间的人行通道应敷设刚性保护层，可铺设水泥砖等来保护屋面防水层；⑤太阳能集热器与贮水箱相连的管线需穿过屋面时，应预埋相应的防水套管，对其做防水构造处理，并在屋面防水层施工之前埋设安装完毕。避免在已做好防水保温的屋面上凿孔打洞。⑥屋面防水层上方放置集热器时，基座下部应加设附加防水层（图 4-27、图 4-28）。

图 4-28　平屋面阵列支架式太阳能集热器工程实例图

（2）整体支架式

整体支架式用混凝土支架或金属支架搭建具有角度的大型支架，集热器纵横连续布置，接受阳光位置良好（图 4-29）。这种形式不需考虑采用阵列支架式时集热器之间的单排间距，增加了可利用的屋顶集热面积，管线布置方便，日常检修便利（图 4-30）。在耐久性与安全性上，采用混凝土的支架要优于金属支架，且较大的混凝土支架柱距不会影响屋顶其他设备的布置。

实际工程中，整体支架式适用于集中供热水系统、集中－分散供热水系统。同时应注意以下两点：其一，支架造成建筑体量过大，对立面造型有影响，在前期的设计中应充分考虑支架与整个建筑立面的关系；其二，集热器不可伸至屋檐外，必须伸出时应有保护措施，防止集热器坠落发生安全事故。在

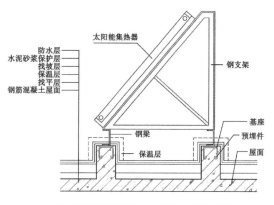

图 4-27　平屋面阵列支架式太阳能集热器做法示意图

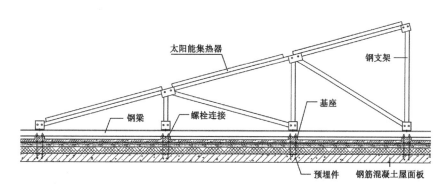

图 4-29　平屋面整体支架式太阳能集热器做法示意图

图 4-30　平屋面整体支架式太阳能集热器工程实例图

一体化设计方面应注意金属支架和混凝土支架的角度、形式，达到美观与安全的设计要求。整体支架式的构造设计和安装要求与阵列支架基本相同，集热器通过预埋水泥安装基座与屋顶固定，除满足保温防水的构造要求，还应注意保证支架的整体抗风抗震性能，可将钢绳固定在女儿墙或基座上。

4.3.3　太阳能集热器与立面的一体化设计

　　建筑的屋顶面积有限，往往不能提供足够的集热器安装面积，目前很多工程将太阳能集热器与墙体结合布置，此种方式可以减少管线的长度，丰富立面效果。集热器布置之前，应结合日照分析以保证安放位置能获得充足的日照条件，集热器可安放在建筑立面的窗间墙、窗下墙、女儿墙、阳台等位置。

1）墙面集成太阳能集热器

　　集热器在墙身的安装位置可分为窗间墙、窗下墙两种（图 4-31）。例如，利用窗间墙面布置，与邻近的窗户上下等高，尤其是在住宅建筑中，由于户型本身的阳台和开窗具有规律性，集热器的加入，可以加强建筑立面上形成横向线条感。同样，利用窗下墙布置集热器，与其上方及下方的阳台或窗户左右等宽，可以加强建筑立面上纵向线条感。

　　集热器安装角度有竖直式、倾斜式两种。竖直式是集热器与墙身紧密结合，并与墙面平行，实际中与空调室外机的结合较为常见。其优点是保持建筑外观美观，缺点是牺牲了部分有效集热面积。倾斜式是集热器与墙身成一定角度结合，其集热效率较高，但装饰效果不及竖直式。竖直式和倾斜式在设计时都需充分考虑集热器与墙面结合处管线的隐埋、安全防护措施及防水处理。

　　墙面集成太阳能集热器的做法常见于采用了分散供热水系统的高层住宅中，作为高层屋顶集热面积不足的补充。设计中需妥善处理好集热器与外窗、阳台、空调机位及其他立面元素之间的关系，达到建筑美学上的要求。具体而言需要考虑：①若建筑实墙面较少，窗洞面积较大，导致集热器安装面积不足，则不宜采用此种集成方式；②设计中应注意集热器与建筑造型的配合，追求功能与形式的统一，可考虑将其设计成一种立面装饰要素；③建筑专业和给排水专业合作设计，避免室内贮水箱与集热器

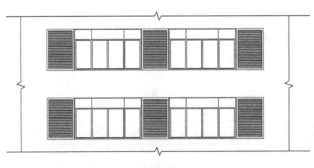

(a) 纵向线条布置

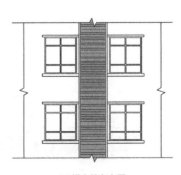

(b) 横向线条布置

图 4-31　太阳能集热器在墙面上的布置方法

的连接管线外露而影响建筑立面效果；④为了防止集热器坠落，可以参照集热器长度在建筑外立面每隔一定距离设置挑板，不仅排除安全隐患，而且有一定的立面装饰作用。竖直式、倾斜式的构造做法如图 4-32 所示，注意当墙体为砖墙时，应在金属预埋件相应位置预埋混凝土块。

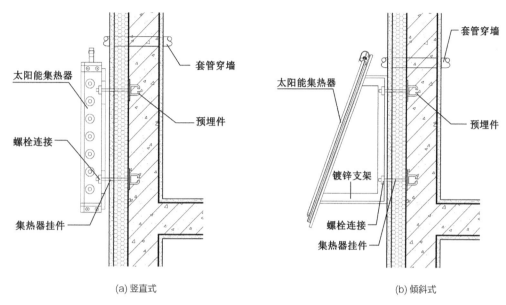

(a) 竖直式   (b) 倾斜式

图 4-32　墙面太阳能集热器做法示意

2）阳台集成太阳能集热器

在建筑阳台上集成太阳能集热器也是较为常见的方式（图 4-33）。从太阳能热水系统设计的角度来看，阳台上可以统筹布置集热器、贮水箱、空调室外机等设备，能实现空间的高效利用；集热器设置在阳台上与贮水箱及用水点之间的连接管线短，较适于局部热水系统的管理、维护；在阳台上的安装操作更加方便、安全，也利于用户后期的维护与管理。

集热器在阳台安装的构造形式与墙面类似，不同的是除与混凝土墙体结合外，集热器还可与金属栏杆结合。另外，还有将集热器布置在阳台出挑的板上，或将集热器倾斜布置的做法，此类做法对立面安装部件要求不高，但应考虑对下面楼层采光的影响。阳台集成太阳能集热器的构造做法如图 4-34 所示。

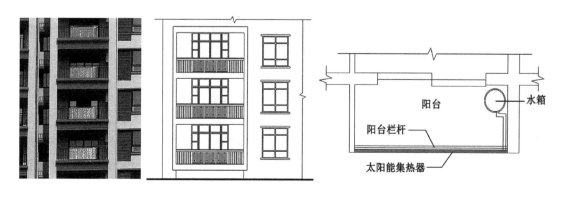

图 4-33　太阳能集热器在阳台上的布置方法

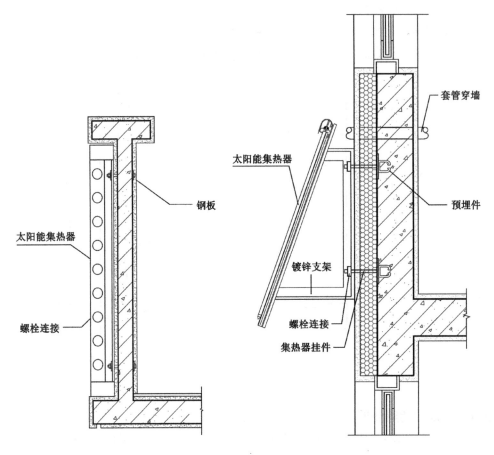

图 4-34　阳台太阳能集热器做法示意

（标注：钢板、太阳能集热器、螺栓连接、太阳能集热器、镀锌支架、螺栓连接、集热器挂件、套管穿墙、预埋件）

3）女儿墙集成太阳能集热器

太阳能集热器可根据需要安装在女儿墙或坡檐上。由于放置位置较高，受到遮挡的情况较少，因此有利于集热器获得充足的太阳辐射。女儿墙与坡檐的南向一侧不受立面开窗或出挑阳台的影响，可以为集热器提供完整安装面，经过合理设计的集热器还可丰富建筑造型。这种结合方式常用于层数不多的低层建筑中，作为屋面集热器安装面积不够时的补充。

安装在坡檐上的集热器可以若干个并成一组，与建筑的开间配合设置，形成一定的韵律和节奏。这种布置方式打破了建筑屋顶原来平直的边界线，营造出活泼的轮廓线。安装在女儿墙上的集热器可以一个紧挨一个形成带状集热器组，整齐排列的集热器组可以装饰建筑立面，突出水平线条（图 4-35、图 4-36）。

4.3.4　太阳能热水系统的其他组成部分与建筑一体化

1）贮水箱

贮水箱的设计会影响太阳能集热系统的效率以及整个热水系统的性能，其大小、形状、与集热器的相对位置以及在建筑中放置位置都需要在建筑设计阶段加以考虑。

贮水箱的设计与太阳能集热器总面积有关，

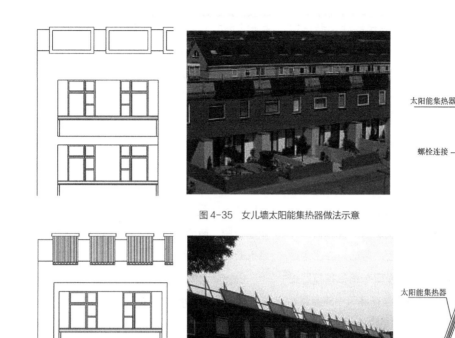

图 4-35　女儿墙太阳能集热器做法示意

图 4-36　女儿墙太阳能集热器做法示意

也与热水系统所服务的建筑物的用水要求有关。一般来说，对应于每平方米太阳能集热器采光面，需要的贮水箱容积为 40 ～ 100L，通常采用 75L。家用太阳能热水器贮水箱的容水量不大于 600L，通常选取 100 ～ 600L，大型集中热水系统的容水量一般超过 600L。贮水箱通常为圆柱形，底面积和高度尺寸也可以根据容量和建筑承载构件计算确定。

太阳能热水系统中，集热器与贮水箱应尽量靠近，避免管线过长。辅助热源应靠近贮热水箱设置，并应便于操作与维护。将贮水箱及辅助热源设施放置在设备间内是一种很好的解决方式。集中分散供热水系统的贮水箱宜设置在户内，如卫生间、厨房、储藏间、阳台、阁楼、楼梯间内等，有条件也可为其设置单独的设备间。集中供热水系统中贮水箱的容积较大，可设置在地下室、屋顶层的设备间、技术夹层中的设备间，或为其单独设计的设备间内，其位置应保证其安全运转以及便于操作、检修。设置贮水箱和相关设备的空间应具有相应的排水防水措施。建筑设计要充分考虑贮水箱的位置及其荷载要求。贮水箱上方及周围应有不小于 500mm 的安装检修空间。

2）给水管线和设备

在布置太阳能热水系统的管线时，除了考虑管线自身设计的问题，包括管线材质选择、管线接口、管线敷设、管线保温等方面外，还应考虑到太阳能热水系统的运行方式会对管线、集热器、贮水箱三者的连接方式产生影响，从而影响到建筑立面效果及建筑局部的构造形式。因此在进行管线与建筑一体化设计时，应合理有序安排管线走向，室外管线宜隐蔽设置，不影响建筑外观。

如果不能隐蔽设置，则应具有一定的建筑装饰效果。当管线需要穿过围护结构时，应将其放置于预埋的套管中。竖向管线宜安设在竖向管道井中，做到安全隐蔽，又便于维护、检修。室内水平管线也应隐蔽设置，如在楼板和墙体面层中设置水平管线沟槽，或将管线隐蔽于吊顶内，隐蔽工程内的管线应无接头。

3）控制设备和辅助加热设备

控制设备负责太阳能热水系统的调控和检修，通常由管线串联。建筑在预留管道井时，除了考虑循环管结构尺寸，还需结合检修口布置各种管路控制阀。强制循环系统则需考虑水泵在建筑中的安置。

辅助加热设备用于太阳辐射条件不足时，由电、燃气或燃油等能源来供给热水。目前非承压系统多采用辅助电加热装置，一种是在贮热水箱中直接加热的单水箱系统，另一种是在室内附加加热水箱的双水箱系统，两者都通过控制仪来显示水温、水位，以及调节上下水。附加加热水箱应设置在住宅中的集中用热水点，以缩短室内输热管线，通常壁挂于淋浴间或厨房墙面。承压系统中的水箱位置不受限制，且能与传统的燃气加热结合，是今后集中供热水系统发展的优先选择。

4.4 建筑应用太阳能热水系统的节能效益分析

太阳能热水系统最重要的特点是充分利用太阳能，节约常规能源的消耗。因此对太阳能热水系统进行节能效益分析非常重要。节能效益分析是评价太阳能热水系统的一个重要方面，也是系统方案选择的重要依据。相对于常规热水系统，太阳能热水系统在寿命周期内消费的特点是初投资大而运行费用较低。由于太阳能热水系统是在常规热水系统的

基础上增加了太阳能集热系统，因而增加了初投资，而同时由于利用太阳能提供生活热水而减少了常规能源的消耗，因此运行费用低。

太阳能热水系统节能效益预评估，是在太阳能热水系统设计完成后，根据太阳能热水系统的形式、太阳能集热器面积和太阳能集热器性能参数、集热器倾角的设计及当地的气象条件，在系统的全寿命周期内进行的节能效益分析。其分析评价指标包括：太阳能热水系统的年节能量、太阳能热水系统的年节能费用、增加投资的回收年限，以及太阳能热水系统的环保效益等。

1）太阳能热水系统的年节能量

太阳能热水系统年节能量的计算是针对已设计完成的太阳能热水系统，根据已确定的太阳能热水系统形式、已确定的太阳集热器面积及集热器性能参数、设计的集热器倾角及当地气象参数等条件，计算得出的年节能量。计算如下：

（1）直接式系统的年节能量

$$\Delta Q_{save} = A_c \cdot J_T \cdot (1 - \eta_c) \cdot \eta_{cd} \qquad (4-7)$$

式中 ΔQ_{save}——太阳能热水系统的年节能量，MJ；

A_c——直接式系统的太阳能集热面积，m^2；

J_T——太阳能集热器采光表面上的年总太阳辐照量，MJ/m^2；

η_c——水箱及管线热损失率，百分率；

η_{cd}——太阳能集热器的年平均集热效率，百分率。

（2）间接式系统的年节能量

$$\Delta Q_{save} = A_{in} \cdot J_T \cdot (1 - \eta_c) \cdot \eta_{cd} \qquad (4-8)$$

式中 A_{in}——间接式系统的太阳能集热面积，m^2。

2）太阳能热水系统的节约费用

太阳能热水系统节能费用有两种计算方法：一种是简单年节能费用——用于静态回收期计算，另一种是寿命期内的总节能费用——用于动态回收期计算。

（1）简单年节能费用

估算简单年节能费用的目的是提供一个比较简单的方法，让使用者了解太阳能热水系统投入运行后所能节省的常规能源消耗，在项目运行初期，让开发商了解太阳能热水系统的静态回收期，确定投资规模。简单年节能费用计算公式如下：

$$W_j = C_C \cdot \Delta Q_{save} \qquad （4\text{-}9）$$

式中 W_j——太阳能热水系统的简单年节能费用，元；

　　C_C——系统设计当年的常规能源热价，元/MJ；

　　ΔQ_{save}——太阳能热水系统的年节能量，MJ。

（2）寿命期内太阳能热水系统的总节能费用

寿命期内太阳能热水系统的总节能费用是指系统在工作寿命期内能够节省的资金总额，考虑了系统维修费用、年燃料价格上涨等影响因素，可用于系统动态回收期的计算，从而让系统的投资者（房地产开发商）能更为准确地了解系统的增初投资可以在多少年后被补偿回收。寿命期内总节省费用的计算公式如下：

$$SAV = PI \cdot (\Delta Q_{save} \cdot C_C - A_d \cdot DJ) - A_d （4\text{-}10）$$

式中 SAV——系统寿命期内总节能费用，元；

　　PI——折现系数；

　　C_C——系统评估当年的常规能源热价，元/MJ；

　　A_d——太阳能热水系统总增投资，元；

　　DJ——每年用于与太阳能系统有关的维修费用（包括太阳能集热器维护、集热系统管道维护和保温等费用）占总增投资的百分率，一般取 1%。

其中：

$$PI = \frac{1}{d-e}\left[1-\left(\frac{1+e}{1+d}\right)^n\right] \qquad d \neq e \qquad （4\text{-}11）$$

$$PI = \frac{n}{1+d} \qquad d = e \qquad （4\text{-}12）$$

式中 d——年市场折现率，可取银行贷款利率；

　　e——年燃料价格上涨率；

　　n——经济分析年限，此处为系统寿命期从系

统开始运行算起，太阳能集热系统一般为 10~15 年。

$$C_c = C_c'/(q \cdot Eff) \qquad （4\text{-}13）$$

式中 C_c——系统评估当年的常规燃料价格，元/kg；

　　q——常规能源热值，MJ/kg；

　　Eff——常规能源水加热装置的效率，百分率。

3）太阳能热水系统增加投资回收期

太阳能热水系统增加投资回收期同样有两种算法：一种是静态回收期计算法，另一种是动态回收期计算法。前者不考虑资金折现系数的影响，计算简便，后者考虑了折现系数，更加准确。

（1）静态回收期计算法

静态回收期计算法不考虑银行贷款利率、常规能源上涨率等影响因素，常用于方案设计阶段，可迅速了解太阳能系统增投资大致的回收期长短。静态投资回收期计算公式如下：

$$Y_t = \frac{W_z}{W_j} \qquad （4\text{-}14）$$

式中 Y_t——太阳能热水系统的简单投资回收期；

　　W_z——太阳能热水系统与常规热水系统相比增加的初投资；

　　W_j——太阳能热水系统简单年节能费用。

（2）动态回收期计算法

当太阳能热水系统运行 n 年后节省的总资金与系统的增加初投资相等时，$SAV=0$，即 $PI \cdot (\Delta Q_{save} \cdot C_c - A_d \cdot DJ) = A_d$，则此时总累计年份 n 定义为系统的动态回收期，用 N_e 表示。计算公式如下：

$$N_e = \frac{\ln[1-PI(d-e)]}{\ln\left(\frac{d+e}{1+d}\right)} \qquad d \neq e \qquad （4\text{-}15）$$

$$N_e = PI \cdot (1+d) \qquad d = e \qquad （4\text{-}16）$$

式中

$$PI = \frac{A_d}{\Delta Q_{save} \cdot C_c - A_d \cdot DJ} \qquad （4\text{-}17）$$

4）太阳能热水系统环保效益评估

太阳能热水系统的环保效益体现在由于节省常规能源而减少了污染物的排放，主要指标是二氧化碳的减排量。常用的二氧化碳减排量的计算方法是先将系统寿命内的节能量折算成标准煤质量，然后根据系统所使用的辅助能源，乘以该种能源所对应的碳排放因子，将标准煤中碳的含量折算成该种能源的含碳量后，再计算该太阳能热水系统的二氧化碳减排量，计算公式如下：

$$Q_{CO_2} = \frac{\Delta Q_{save} \cdot n}{W \cdot Eff} \cdot F_{CO_2} \cdot \frac{44}{12} \qquad （4-18）$$

式中 Q_{CO_2}——系统寿命期内二氧化碳减排量，kg；

W——标准煤热值，29.308MJ/kg；

Eff——常规能源水加热装置的效率，百分率；

n——系统寿命，年；

F_{CO_2}——碳排放因子，见表4-9。

图4-37　武汉长江新村高层住宅

碳排放因子				表4-9
辅助能源	煤	石油	天然气	电
碳排放因子（千克碳／千克标准煤）	0.726	0.543	0.404	0.866

4.5 太阳能热水建筑一体化的案例

4.5.1 武汉长江新村住宅

武汉长江新村为高层住宅小区（图4-37），总建筑面积61000m²，容积率2.9，由多栋18层的点式高层组成，底层商铺，每层一梯四户，一栋共72户。该小区的设计要求所有用户都使用上太阳能热水，这对于高层住宅而言是一个设计难点。最终，建筑采用了分散供热水系统与集中供热水系统相融合的多样化设计方案，较高质量地保证了每一户的太阳能热水供给。

1）多样化融合的太阳能热水系统设计理念

该高层住宅的太阳能热水系统与建筑一体化设计方案，考虑了南向高层建筑对后排建筑日照的影响，并着眼于平衡低层住户与高层住户获得太阳辐射的差异，使两者都能享受到充足的热水供应。

由于高层住宅之间的日照间距有限，低层住户冬季获得的太阳辐射可能不足，如果仅采用分散式的太阳能热水系统，底下数层住户无法满足集热器冬季4小时的日照要求（图4-38）；但如果仅利用屋顶集中式集热，高层住宅的屋面面积又不足以保证所有用户的热水需求，而且会影响到可上人屋面的面积，也不利于设备放置与人员疏散。最终，该高层住宅的太阳能热水系统采用的是分散供热水系统和集中供热水系统结合的方案。

具体而言，低层部分的住宅由于冬季光照不足，因此该部分采用屋面集中集热方式，由安装在屋顶的集热器提供热水，贮水箱和相关设备放置在屋顶，满足冬季4小时以上日照的技术要求，并采用空气源热泵作为集中供热水系统的辅助加热措施。高层

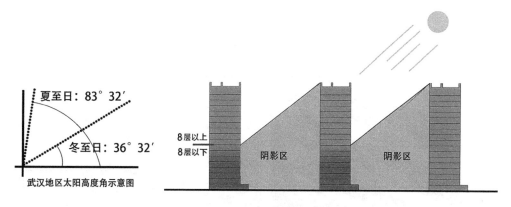

图 4-38　武汉地区冬季日影遮挡示意

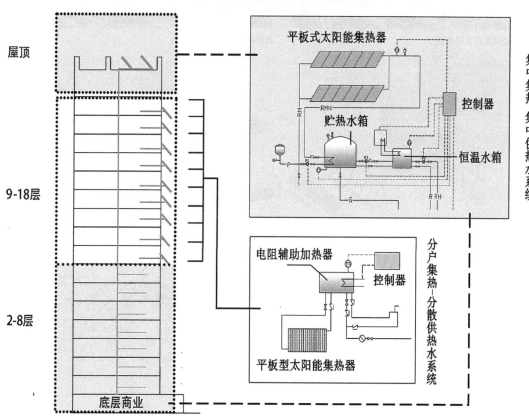

图 4-39　长江新村太阳能热水系统示意图

部分全年日照充足，因此 9 ~ 18 层的住户采用分散供热水系统（图 4-39）。

2）一体化的构件设计

在太阳能集热器与建筑一体化设计方面，9 ~ 18 层住户的南向阳台与太阳能集热器、水箱进行集成设计，将太阳能集热板固定在阳台的梁上，并可作为下层住户的遮阳构件，同时太阳能热水的水箱作为阳台的栏板，用钢支架固定于两侧的墙体以及楼板之上，并在表面进行装饰。在屋顶设置了混凝土梁架，将太阳能集热器通过钢支架固定其上，间隙填充格栅，进而在梁架下部形成了良好的活动场所，提升了屋顶空间的光影效果和空间感受（图4-40）。

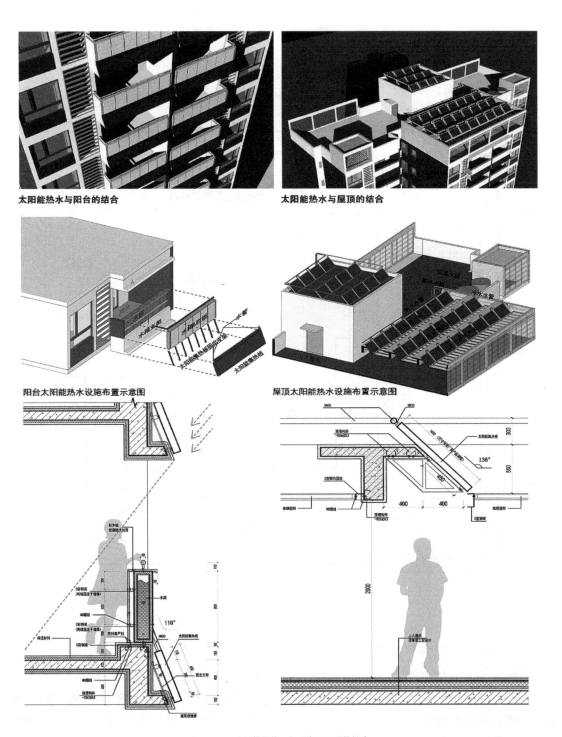

太阳能热水与阳台的结合

太阳能热水与屋顶的结合

阳台太阳能热水设施布置示意图

屋顶太阳能热水设施布置示意图

图4-40　太阳能集热器与阳台、屋顶的结合

3）集热面积计算

每栋 18 层，底层商铺，一梯四户，共 72 户，其中采用分散供热水系统的有 10 层（9～18 层）40 户，采用集中供热水系统的有 7 层（2～8 层）28 户，集中供热水系统部分采用的是间接式系统。

计算直接式集热部分的集热面积 A_c，基本参数设定：

热水需求量 Q_w=250L/（户·d），水比热容 C_w=4187J/（kg·℃），水密度 ρ=1kg/L，设计水温 t_{end}=60℃，初始温度（武汉市自来水平均温度）t_i=15℃，太阳能保证率 f=40%。

当地集热器采光面上的年平均日太阳辐照量 J_T=11.75×10^{7}J/m^2，集热器的年平均集热效率 η_{cd}=0.3，贮水箱和管线的热损失率 η_L=0.2（根据设备性能指标确定）。

$$A_c = \frac{250 \times 4178 \times 1 \times (60-15) \times 0.4}{11750000 \times 0.45 \times (1-0.2)} = 4.445 \text{m}^2$$

共 28 户，屋面总集热面积 $A=A_c\times28$=124.45m^2。

计算间接式部分的集热面积 A_{IN}，集热器总热损系数 F_RU_L=4 W/（m^2·℃）（平板型），换热器传热系数 U_{hx}=600W/（m^2·℃），换热器换热面积 A_{hx}=5.5m^2。

$$A_{IN} = 4.445 \times (1 + \frac{4 \times 4.445}{600 \times 5.5}) = 4.469 \text{m}^2$$

即低层用户每户阳台需要安装约 4.5m^2 的集热器。

长江新村的设计实现了热水系统一体化、构造一体化的特点，并根据高层建筑的特点进行了两种热水系统的融合与集成，较好地解决了高层建筑应用太阳能热水的问题，也实现了太阳能热水系统与建筑一体化的目标。

4.5.2 合肥景城御琴湾住宅

"景城御琴湾"住宅小区位于合肥市，小区占地面积 29123m^2，总建筑面积 80284m^2，容积率 2.43，建筑密度 23.9%，绿化率 46.2%，由 13 栋高层建筑组成，以 18 层居住建筑为主。在太阳能热水建筑一体化方面该项目具有以下特点：

在规划设计上，将太阳能热水一体化列入考虑因素中。设计者在规划中通过建筑之间的错落布置、点式高层为主等手法避免建筑之间的阳光遮挡，实现每户都能获得充足的日照，为太阳能热水系统提供必要的外在条件。在户型的设计上，使每户的主要卧室及客厅均为南向，并极力避免本栋建筑户型之间的相互遮挡，保证太阳能利用的均等性，为每户安装太阳能热水器系统创造内在条件。

该项目采用了分散供热水系统，实现了高层建筑内每户都能使用太阳能热水系统。集热器为全玻璃真空管集热器，并将集热器与空调板相结合（图 4-41），贮水箱按照设计要求定做，置于空调上方隔板下（图 4-42、图 4-43），最大限度节省空间，同时又可以避免所有管线外露。为了保证冬天及阴雨天热水温度达到要求，采用辅助的电加热功能，满足住户一年四季的使用要求。热水控制器安装于厨房内，热水与厨卫热水管相连，方便日常使用。集热器的面积为 2.25m^2，每户储水箱热水容量为 90L，由于该项目中采用了非承压式热水系统，实际可用热水量达到约 160L，可以满足三口之家的使用要求。

集热器与建筑立面的整合设计，既满足了建筑美观的要求，又能符合构件模块化设计。太阳能全玻璃真空管集热器在建筑的立面上与空调板结合形成统一的建筑构件，既美观大方，又形成了建筑独特的造型风格，具有鲜明的个性。在与空调板的组合时，将集热器稍加变化即能形成不同的立面韵律感，是建筑一体化设计的一次有效尝试。

图 4-41　集热器与空调百叶一体化　　　　图 4-42　贮水箱安装位置

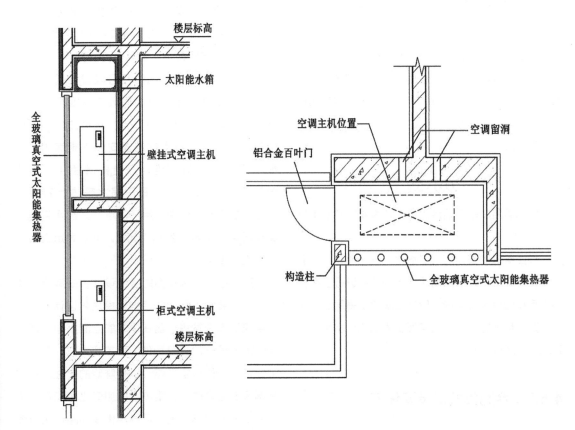

图 4-43　太阳能集热器安装简图

4.5.3　北京平谷区新农村住宅

北京市平谷区将军关新村的新农村住宅是当地政府致力于提高农民收入、改变农村现状、改善农民居住生活条件的重要措施，希望改造后的新农村成为体现北方山村自然特色的、农民户户增收的新型民俗休闲旅游度假村。将军关新村是太阳能试点新民居，整个项目的设计以减排温室气体和节能、经济适用为目的，尽可能利用太阳能等可再生能源，解决民居冬季供暖和全年生活热水问题，能源设备与建筑结合，并与环境相协调（图4-44）。

图4-44　北京市平谷区将军关新村鸟瞰图

将军关新村总占地面积195亩，建筑面积36155m²，公用建筑面积2560m²，户均占地0.34亩。建筑密度17%，绿化率46%。建筑类型全部为二层别墅，每户建筑为两层南北朝向双坡屋顶民宅，采暖建筑面积约为140m²，层高3m，屋面坡度30°，采用了面积为22m²的太阳能集热板，贮热水箱500L，系统初投资21041元。该项目作为农村利用太阳能热水系统供暖和节能型建筑示范小区，同时被列入北京市科技计划课题项目。

将军关新村太阳能新民居另一个最突出的特点是采用了主被动式太阳能供暖技术。该系统由太阳能/电辅助热水系统、薪柴（煤）保障系统及低温热水地板辐射采暖系统构成，综合系统保证建筑室内温度。太阳能供暖的主要结构为房上放太阳能主板，地下放一个高约1.5m，直径约80cm的不锈钢储能罐，中间由遍布墙体、房上、地下的散热管联通。白天，太阳加热墙面和屋顶，通过遍布在墙体和地板的管道循环水进行储热。晚上，储备的热量通过地板、墙体散发到整个空气中，对整个房间进行散热。天气不好时，系统还可自动或手动启动辅助电加热，向建筑提供生活热水。而连续阴天、有特殊需求的情况下或供暖热负荷高值期，薪柴（煤）保障系统还可以保障建筑供暖。一个采暖季内便为每户居民节省2160～3240元的费用（图4-45、图4-46）。

图4-45　太阳能供暖储能图

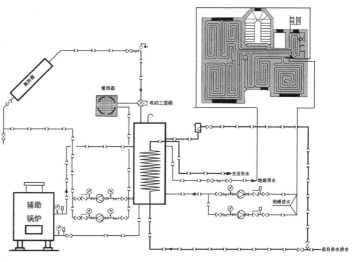

图4-46　太阳能供暖系统图

第5章 Photovoltaic Building Design 光伏建筑设计

5.1　光伏建筑的概述

随着化石能源的日渐枯竭以及与之相伴的环境、气候等问题日益突显，人们更加重视可再生能源的利用，光伏技术的应用和发展在这样的大背景下成为时代进步的必然。为拓展其应用的领域，人们想到了把光伏集成到建筑上，也就是光伏建筑。光伏建筑以其美观、耐用性好等特点成为绿色生态建筑中颇具发展潜力的一个领域。在光伏建筑中，太阳能光伏材料与建筑表皮材料相结合，光伏组件不但具有建筑外围护结构的功能，又能产生电力供建筑自身使用或并入电网。清洁、绿色、节地的光伏建筑既拓展了太阳能的利用方式，又为节能减排提供了新的途径，瑰丽的光伏材料还为建筑创作增添崭新的设计元素。目前，国内外均建成了大量光伏建筑，类型涵盖了从标志性的公共建筑到普通的住宅建筑，如2010上海世博会中国馆和伦敦市政厅均是著名的光伏建筑（图5-1、图5-2）。

5.1.1　光伏建筑的涵义

光伏建筑，也称为光伏建筑一体化（Building Integrated Photovoltaic），是指在建筑上安装光伏系统，并通过专门设计，实现光伏系统与建筑的良好

图5-1　上海世博会中国馆

图5-2　伦敦市政厅

结合（图5-3）。光伏建筑的关键点是其中的单词"integrated"，指集成和融合。它有三层涵义：其一，使用了光伏材料的建筑变成了一座电站，为了获得更

多的电能，设计中需要基于光伏材料的特性考虑光伏构件在建筑上的布置方式；其二，光伏材料的使用要以满足建筑使用功能为前提，以符合其工程特性的造型来展现新颖的建筑美学，以其特有的光泽、颜色和纹理成为建筑创作的亮点；其三，光伏技术的使用要和自然采光、自然通风相互协调，集成了光伏材料的建筑围护结构要具有良好的热工性能，在满足防水要求的前提下，使建筑整体节能效果最优。

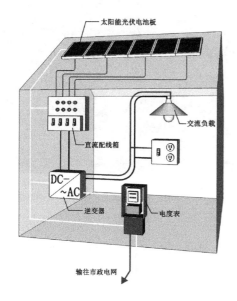

太阳能光伏电池板

交流负载

直流配线箱

DC
~AC

逆变器

电度表

输往市政电网

图 5-3 光伏系统与建筑集成示意图

5.1.2 光伏建筑的特点

　　光伏建筑在节地、节能、环保、美观、经济等方面都具有其独特的优势。从节地的角度来说，光伏建筑把光伏组件集成在建筑围护结构表面，如屋顶和墙面，无需额外占用基地或增建其他设施，这对于人口密集土地资源稀缺的城市尤为重要。从节能的角度来说，光伏建筑可以就地发电、就地使用，可节约远距离输电线路的建设费用并减少输电、分电途中的电能损耗；夏季白天太阳辐射比较强烈，此时也是用电高峰，光伏系统正好可将吸收的太阳辐射转换成制冷设备所需要的电能，从而缓解高峰电力压力，解决电网峰谷供需矛盾；安装在屋顶和

墙壁等外围护结构上的光伏阵列不仅将吸收的太阳能转化为电能，还能降低室外综合温度（室外综合温度：以温度值表示室外气温、太阳辐射和大气长波辐射对给定外表面的热作用），减少墙体得热和室内空调冷负荷，节省空调能耗。从环保的角度来说，光伏发电减少了化石燃料发电所产生的空气污染和废渣污染。从美观的角度，颜色光鲜和纹理奇特的光伏组件，成为建筑幕墙重要的外装饰材料，使得建筑外观更具魅力。从经济的角度，用光伏组件建材替代一些昂贵的天然石材作为建筑幕墙材料，具有较好的经济可行性；而且对于一些搭建公共电网并不便利的地区，在建筑上搭建太阳能光伏系统是一种性价比较好的解决方案。

　　目前，光伏建筑在发展和普及的过程中还存在一些问题，首先，光伏电池造价高，光伏组件的价格不菲，光伏建筑的初始投入较大，这也意味着其发电成本较高。其次，光伏发电效率受天气影响大，发电不稳定，有波动性。此外，光伏电池使用寿命比建筑寿命短，建筑物一般使用寿命长达几十年甚至上百年，而目前光伏材料有效使用年限约为 20 年，光伏建材的使用寿命有待提高。

5.1.3 光伏建筑的发展历程与现状

　　欧美将发展太阳能作为新能源战略的突破口，以光伏建筑作为发展太阳能的主要路径，抢占能源革命制高点。在一些发达国家，如德国和美国，光伏建筑得到了快速发展，具备了比较成熟的工程实践技术和设计经验。

　　德国在太阳能光伏技术的应用以及光伏建筑一体化发展方面，处于全球领先地位。在德国，光伏发电系统与建筑结合的早期形式是将光伏板集成于建筑屋顶，即"屋顶计划"，这项计划由德国政府率先提出并进行了具体实施。1990 年开始实施的"一千屋顶计划"，是在私人住宅屋顶上推广安装容量为 1 ～ 5kW 的户用并网型光伏系统。1999 年

德国进一步实施了"十万太阳能屋顶"计划，单是在2003年光伏系统的安装量就达到了120MW。2004年德国通过了"优先利用可再生能源法"，强制太阳能光伏电力入网，并给予并网电价补贴，使得德国成为光电应用市场增长最快的国家。2006年德国当年光伏安装75万kW，累计装机容量253万kW，2007年新增装机容量1100MW，累计装机容量3.6GW，居世界首位。目前全德国的太阳能发电量相当于一个大型城市的用电量。

　　美国是世界上能量消耗最大的国家，为降低能耗、减少污染、调整能源结构，政府制定了一系列政策和计划，积极推进光伏建筑一体化项目的实施，如"百万太阳能屋顶计划""光伏建筑良机计划"以及由国会通过的"节约能源房屋建筑法规"等鼓励新能源利用的法律文件。在经济方面，政府不仅在太阳能光伏利用研究方面投入大量经费，而且通过了一项对太阳能光伏系统买主减税的优惠办法。美国的太阳能光伏建筑因此获得了快速发展，不论是在光伏建筑的研究、设计一体化方面，还是材料、房屋部件的产品开发、应用方面，乃至光伏产业在房地产商业化运作方面，均处于世界领先地位，并在国内形成了完整的太阳能建筑产业化体系。

　　中国光伏建筑的起步晚于西方发达国家。"九五"期间我国在深圳、北京分别成功建成17kW、7kW的光伏发电屋顶并实现并网发电。2006年我国开始施行《中华人民共和国可再生能源法》，随后光伏建筑在我国的发展走上了快车道。我国陆续启动"光伏屋顶计划"和"金太阳示范工程"等一系列国家扶持政策，采用初投资补贴的方式批准了一批国家示范工程，如在以绿色奥运为主题的北京奥运场馆中大范围地采用了太阳能光伏等绿色技术（图5-4）；又如上海、江苏和广东等地均制定了当地的"太阳能屋顶"计划。当前，我国对光伏建筑一体化的补助政策是采用一次性补助建设和安装费用的方式，此举可拉动光伏建筑建设的积极性，促进光伏应用市场的快速发展。

图5-4　北京奥运国家体育馆的屋面安装有100kWp光伏系统

5.2　光伏技术与光伏系统

　　光伏发电的最小单元是单个的光伏电池，多个光伏电池连接起来后经过封装形成光伏组件，若干个光伏组件排列起来形成光伏阵列，它们集成或附加在建筑的屋顶或者墙面上，就形成光伏建筑（图5-5）。本节从介绍光伏电池的发电原理出发，逐一阐述光伏电池、光伏组件以及光伏系统的相关知识。

光伏电池元件　　　　**光伏电池组件**　　　　**光伏电池阵列**

图5-5　光伏系统中的电池、组件和阵列

5.2.1　光伏发电原理

光伏发电的原理主要是半导体的"光伏效应"（Photovoltaic Effect）（图 5-6），指光照使半导体的不同部位之间产生电位差。半导体的原子是由带正电的原子核和带负电的电子组成，半导体硅原子的外层有 4 个电子，按固定轨道围绕原子核转动。当受到外来能量的作用时，这些电子就会脱离轨道而成为自由电子，并在原来的位子上留下一个"空穴"。在纯净的硅晶体中，自由电子和空穴的数目是相等的。如果在硅晶体中掺入硼、镓等能够俘获电子的元素，它就成了空穴型半导体，通常用 P 表示；如果掺入能够释放电子的磷、砷等元素，它就成了电子型半导体，以符号 N 表示。若把这两种半导体结合，交界面便形成了一个 P-N 结。太阳能电池的奥妙就在这个"结"上，P-N 结就像一堵墙，阻碍着电子和空穴的移动。当太阳能电池受到阳光照射时，电子接收光能，向 N 型区移动，使 N 型区带负电，同时空穴向 P 型区移动，使 P 型区带正电。这样，在 P-N 结两端便产生了电动势，也就是通常所说的电压。这种现象就是上文所说的"光伏效应"。如果这时分别在 P 型层和 N 型层焊上金属导线，接通负载，则外电路便有电流通过，如此形成一个个电池元件，把它们再串联、并联起来，就能产生一定的电压和电流，从而获得具有一定输出功率的电能。

"光伏效应"最早的发现源于法国物理学家亚历山大·埃德蒙·贝克勒尔（Alexandre Edmond Becqurel）于 1839 年在实验中意外发现导电液中的两种金属电极在有光照射时，会产生额外的伏打电势，电流会加强。1873 年英国科学家威洛比·史密斯（Willoughby Smith）发现了对光敏感的硒材料，并推断出在光的照射下硒的导电能力正比于光通量。1880 年美国科学家查尔斯·弗里茨（Charles Fritts）研发出以硒为材料的太阳能电池。1930 年，朗格（Longer）首次提出用"光伏效应"制造"太阳电池"，使太阳能变成电能。1941 年，拉塞尔·奥尔（Russell Ohl）在硅材料中发现了光伏效应。20 世纪 50 年代初，美国贝尔实验室在为远程通信系统寻找可靠的电源时，科学家发现经杂质处理的硅对光敏感，可产生稳定的电压。1954 年在贝尔实验室，恰宾（D·M·Charbin）和皮尔松（G·L·Pearson）第一次做出了光电转换效率为 6% 的单晶硅太阳能电池，开创了光伏发电的新纪元。1958 年太阳能电池首次应用于地球外层空间，美国宇航局（NASA）在第一个卫星"先锋 1 号"上安装了 108 个太阳电池作为卫星的电源。光伏技术早期最常见的应用是为手表、计算器提供电能。在大规模应用方面具有代表性的是近年来为乡镇、村落集中供电和作为应急设备的后备电源等等。光伏系统由于不消耗化石燃料并利用清洁的太阳能产生电能，正在被广泛地用于各个领域。

5.2.2　光伏电池

1）光伏电池的种类

太阳能光伏电池，简称光伏电池（Solar Cell）。根据生产工艺和电池基本结构，目前常用的商用光伏电池可以分成两个基本类型：晶体硅光伏电池（Crystalline Silicon Solar Cell）和薄膜光伏电池（Thin-film Solar Cell）。晶体硅电池主要包括单晶硅（Monocrystalline）电池和多晶硅

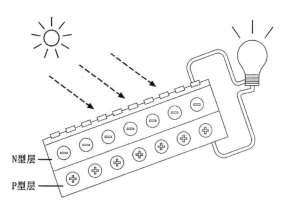

N型层

P型层

图 5-6　光伏效应原理示意图

（Polycrystalline）电池，薄膜电池主要包括硅系薄膜电池和无机化合物薄膜电池。

晶体硅电池是典型的 P-N 结太阳能电池，转换效率稳定，且使用寿命较长，是目前市场上主要的光伏电池。晶体硅电池主要包括单晶硅电池和多晶硅电池。晶体硅电池的结构与制备方法基本相同，但原材料不同：单晶硅电池的原材料是高纯度单晶硅棒，在制作组件时为了有效利用空间需要将圆棒切成方片，但是四角仍然留有圆角；而多晶硅电池的原材料是经混合材料制作而成的多晶硅锭，这种硅锭可以做成立方体形状，所以典型多晶硅电池片为标准的方形。单晶硅表面颜色比较单一，一般为黑色、深蓝、浅蓝和褐色，层压后颜色加重多为黑色。多晶硅表面有结晶状花纹，颜色一般为深蓝、蓝色、褐色和淡紫色，层压后比层压前颜色稍深但变化不会太大。

目前晶体硅太阳能电池的转换效率相对而言高于其他类型的光伏电池，在大规模应用和工业生产中仍占据主导地位，单晶硅电池的最大转换效率可以达到 21.6%，多晶硅电池为 20.3%。但由于受晶体硅材料价格及繁琐的电池工艺影响，晶体硅电池成本价格仍居高不下。另外无论是单晶硅电池还是多晶硅电池，它们的转换效率都会随温度升高而降低，而且温度越高效率衰减得越快。

薄膜光伏电池是指运用新的制作方法在衬底上形成的膜状光伏电池，其厚度仅为晶体硅电池的 1/100。薄膜光伏电池的种类很多，主要有硅系薄膜电池和无机化合物薄膜电池两类。硅系薄膜电池主要是非晶硅（Amorphous Silicon）光伏电池，一般呈深红色或深棕色，这种光伏电池的最高转换效率可以达到 13.2%，实际使用中约为 5% ~ 7%。非晶硅电池具有较好的弱光性能，这就意味着即使在阴天也能输出电力。同时，非晶体硅电池的温度系数比晶体硅电池更小，其转换效率受温度的影响较小。无机化合物薄膜电池于 20 世纪 70 年代中期开始发展，目前比较成熟的是碲化镉（CdTe）光伏电池和铜铟镓硒（CIGS）光伏电池。无机化合物薄膜电池的外观基本都是均匀的黑色。

薄膜光伏电池的转换效率虽然不及晶体硅电池，但是成本更低，近几年所占市场份额有所增加。柔性太阳能电池是薄膜光伏电池的一种，这种电池通常采用柔韧的聚合物半导体作为感光组元组装器件，或者在其他电池中采用导电的柔性有机基板电极。柔性太阳能电池可以弯曲成曲面或任何不规则形状，能够较好地与光伏建筑的外观进行一体化考虑，因此逐渐受到青睐。各类光伏电池的特点及理论转化率见表 5-1。

光伏电池的类型及特点　　　　　　　　　　表 5-1

光伏电池		优点	缺点	最高转换效率（实验室数据）	典型外观
晶体硅电池	单晶硅电池	转换效率最高，生产技术成熟，性能稳定	热稳定性较差，弱光性能较差	21.6%	
	多晶硅电池	转换效率高，生产技术成熟，性能稳定	热稳定性差，弱光性能较差	20.3%	

续表

光伏电池		优点	缺点	最高转换效率 （实验室数据）	典型外观
薄膜电池	非晶硅电池	生产工序简单，热稳定性较好，弱光性能较好	使用寿命较短，转换效率较低	13.2%	
	CdTe 电池	生产工序简单，热稳定性较好，弱光性能较好	使用寿命较短，含有重金属物质	16.5%	
	CIGS 电池	生产工序简单，热稳定性好，弱光性能较好	使用寿命较短成本较高	20%	

2）光伏电池的特性

太阳能光伏电池的特性一般包括伏安特性、照度特性以及温度特性，这些特性体现的是光伏电池的输出功率与负载情况、太阳辐射强度以及环境温度之间的关系。在一定的光照强度和环境温度下，光伏电池输出的电压与电流的关系（伏安特性曲线，也就是光伏电池 I-V 曲线）如图 5-7（a）所示，图中横轴是输出电压，纵轴是输出电流，U_{oc} 是开路电压（正负极间为开路状态时的电压），I_{sc} 是短路电流（正负极间为短路状态时流过的电流），U_{pmax} 是最大输出工作电压，I_{pmax} 是最大输出工作电流，光伏电池的输出功率最大时即最佳工作点 P_{max}，此时最大输出功率 P_{max} 等于 U_{pmax} 和 I_{pmax} 的乘积。

光伏电池的输出功率随辐射强度的不同而变化，辐射强度越大，则最大输出功率（MPP- Maximum Power Point）越高，如图 5-7(b)。光伏电池的输出功率也受到温度的影响，随着光伏电池的表面温度升高，其输出功率下降，呈现负的温度特性（图 5-7c）。建筑上安装光伏电池要考虑以上相关特性，如光伏电池的方位角和倾斜角会影响其获得的太阳辐射强度，温度上升则会导致光伏电池的发电量减少，可以考虑通风来降低电池的温度以提高转换效率等。

由于太阳能电池组件的输出功率与太阳辐射强度、环境温度等因素有关，在评价太阳能电池组件发电特性时，通常将太阳能电池组件置于标准测试条件下进行试验。标准测试条件（Standard Test Condition，简记为 STC）包括太阳能电池表面温度为 25℃，大气质量 AM 为 1.5，太阳辐射强度为 1000W/m²。在标准测试条件下，太阳能电池的最大输出功率 P_m 和太阳辐射强度 P_{in} 的比值记为光电转换效率，它是衡量光伏电池性能的重要指标。

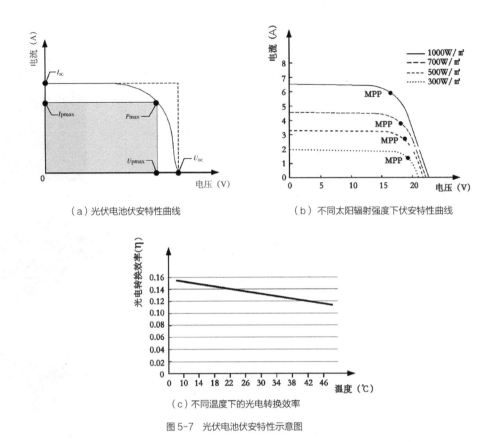

（a）光伏电池伏安特性曲线   （b）不同太阳辐射强度下伏安特性曲线

（c）不同温度下的光电转换效率

图 5-7　光伏电池伏安特性示意图

5.2.3　光伏组件

在实际使用中，无论是晶体硅光伏电池还是薄膜光伏电池都需要制作成光伏组件，典型的光伏组件是规则的矩形，包括光伏电池、面板、背板、边框和接线盒等组成部分（图 5-8）。光伏组件面板材料需要有较高的透射率，一般采用 3 ~ 4mm 厚的低铁玻璃或者其他透明材料，为了进一步减少面板对阳光的影响还在表面增加防反射层。对于柔性太阳能电池组件而言，面板通常采用聚氟乙烯（ETFE）透明薄膜，以保持组件的柔韧性。光伏组件的背板通常会采用浅色的塑料或者金属薄板，因为浅色可以减少材料对热量的吸收，对于有透光需求的组件，背板也可以采用强化玻璃。光伏电池依靠 EVA 胶膜与面板、背板粘结在一起，用于面板的 EVA 胶膜需要达到大于90% 的透光率。边框的作用是缓解组件侧面受到的冲击，并且可以组织电路布线，实际应用时根据外观的需求也可做成无边框组件。接线盒是光伏组件电路控制的重要部件，通常安装在组件背面，无边框组件往往使用体积更小的接线盒放置在组件侧面。

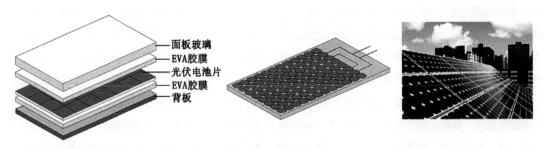

面板玻璃
EVA胶膜
光伏电池片
EVA胶膜
背板

图 5-8　光伏电池板的组成

常用类型的光伏组件性能   表 5-2

光伏组件	典型组件的实用转换效率 （%）	等面积的输出功率 （Wp/m²）	等功率的面积需求 （m²/kWp）	温度升高的光电转换效率损失（%/℃）
单晶硅	12 ～ 16	120 ～ 160	6.5 ～ 9	0.4 ～ 0.5
多晶硅	11.5 ～ 15	115 ～ 150	7 ～ 9	0.4 ～ 0.5
非晶硅	5 ～ 7	50 ～ 70	15 ～ 21	0.1 ～ 0.2
CdTe	6 ～ 11	60 ～ 110	9 ～ 17	0.2 ～ 0.3
CIGS	8 ～ 11	80 ～ 110	9 ～ 13	0.3 ～ 0.4

注：Wp 是太阳能电池峰值功率。随着太阳照射的强度不同，太阳能电池实际输出的功率也不相同。

受环境条件和电路损耗等因素影响，在实际应用中光伏组件并不能达到电池的最大转换效率。常用类型的光伏组件性能如表 5-2 所示。

5.2.4 光伏系统

光伏发电系统主要包括光伏组件阵列、逆变器、蓄电池以及系统控制设备等几个组成部分。光伏组件阵列由光伏电池组件按照系统需求串、并联而成，将太阳能转化成电能输出。逆变器是将直流电转变为交流电的电气设备，由于光伏发电装置只能产生直流电，因此需要逆变器将直流电转变为交流电供应负载，或者输入市政电网。除此之外，逆变器还有侦测电力峰值以及保护电网和光伏发电装置的作用。根据光伏系统的具体情况，可以选择适宜的逆变器解决方案（图5-9）。蓄电池是光伏系统的储能设备，关系到光伏发电系统的稳定性。当光照不足或者负载需求大于太阳能电池组件所发的电量时，蓄电池将储存的电能释放以满足负载的能量需求。目前常用的是铅酸蓄电池组，它能够有效地将电能转化成化学能存储起来。系统控制设备能够通过控制电路来分配光伏系统中的电流，控制设备可以对光伏阵列与蓄电池之间或光伏阵列到逆变器之间的电流传输和交换进行调整、保护和控制，保证系统的高效与安全运行。

集中式逆变器

串联式逆变器

特制的组件逆变器

图 5-9 光伏系统逆变器的类型

光伏发电系统在实际应用中主要有三种基本类型：并网光伏发电系统、独立光伏发电系统和混合式光伏发电系统，这三种类型的主要区别在于如何分配系统所产生的电力（图5-10）。并网光伏发电系统是将光伏阵列产生的直流电经过并网逆变器转换成符合市电电网要求的交流电之后直接接入市电网络，并网系统中光伏阵列所产生的电力除了供给交流负载外，多余的电力反馈给电网。在阴雨天或夜晚，光伏阵列没有产生电能或者产生的电能不能满足负载需求时就由电网供电。该系统适用于住宅、公共建筑以及夜景照明等。独立光伏发电系统的工作原理是在太阳光照射下，将光伏电池产生的

电能通过控制器直接给负载供电，或者在满足负载需求的情况下将多余的电力给蓄电池充电。当日照不足或在夜间时，则由蓄电池直接给直流负载供电或者通过逆变器给交流负载供电。该系统广泛应用于环境恶劣的高原、海岛、偏远山区及野外作业，也可作为通信基站、广告灯箱、路灯等的供电电源。混合式光伏发电系统是将前述两种系统混合使用，虽然具有较高的灵活性，但是电路控制较复杂，转换过程较多能量损耗较大。由于光伏产业的快速发展以及经济成本因素的影响，并网光伏系统将是应用主流。我国2009年并网光伏应用新增容量是142MW，是独立光伏应用新增容量的7.9倍。

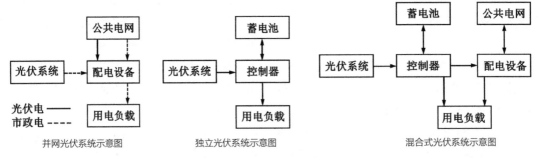

并网光伏系统示意图　　　　独立光伏系统示意图　　　　混合式光伏系统示意图

图5-10　不同类型的光伏系统

5.3　光伏建筑一体化设计

5.3.1　光伏建筑一体化的影响因素

1）建筑表面获得的太阳辐射状况

光伏组件在建筑上的实际发电效益不仅取决于光伏材料自身的特性，还取决于光伏组件所附着的建筑表面在实际气候条件下获得的太阳辐射状况，后者与光伏建筑所在地的气候条件，以及布置在建筑表面光伏组件的方位角和倾斜角有关。以垂直墙面布置光伏组件为例，如图5-11所示的是在北京、上海、武汉、广州四个城市不同朝向的垂直墙面上，$1m^2$单晶硅光伏组件一年的累积发电量

（如图5-11数据根据标准气象年数据计算，光伏组件的光电转换效率取14%，垂直墙面的倾斜角是90°）。从图中可以发现，在四个城市中发电量最大的朝向都是南向，最小的朝向都是北向。北京、上海、武汉、广州正南向墙面光伏组件每年的发电量分别为139.1kWh/m²、98.2 kWh/m²、82.3 kWh/m²、82.9 kWh/m²，其中北京明显优于其他三个城市。而正北向墙面上光伏组件每年的发电量分别为49.7kWh/m²、52.8 kWh/m²、51.7 kWh/m²、58.2 kWh/m²，北京最低而广州最高，但该组数值总体而言差别不大。北京最有利朝向（南向）与最不利朝向（北向）之间发电量相差较大，而武汉和广州布置在各朝向垂直墙面的光伏电池的发电量相差不大。

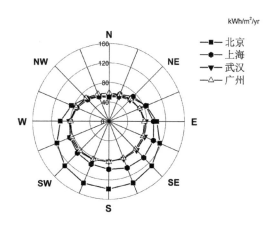

kWh/m²/yr

—■— 北京
—●— 上海
—▼— 武汉
—△— 广州

图 5-11　建筑垂直墙面上安装单位面积光伏板的年发电量

2）阴影问题

太阳能的各项利用技术都要求尽可能避免阴影造成的不利影响，而阴影遮挡问题在光伏建筑中更为突出。这是因为阴影遮挡下的光伏电池非但不能产生电能，而且自身会成为电路中的电阻，因此影响到整个系统的光电转化率，并缩短太阳能电池的使用寿命。由于场地环境和建筑形体往往会在建筑表面形成阴影，因此在光伏建筑的设计中，光伏组件的布置需要充分考虑建筑受到遮挡的情况，尽可能避免阴影对光伏产生的不利影响（表 5-3）。

光伏建筑受到遮挡的情况   表 5-3

场地及周边建筑造成的遮挡	相邻建筑	建筑周边的树木	建筑周边的构筑物
建筑自身造成的遮挡	建筑形体自遮挡	突出的部分（如烟囱）	建筑构件（如遮阳板）

3）光伏组件的升温问题

建筑表面的光伏组件在使用中存在发热和升温的现象，在室外阳光较强的时候，光伏组件的表面温度可以达到 50 ~ 80℃。当太阳能电池工作产生电流的时候，电池本身存在内阻而发热，同时深色的太阳能电池吸收太阳辐射也会促使其温度升高。如上一节中介绍，太阳能电池的转换效率随着温度升高反而下降，晶体硅太阳能电池的转换效率随温度的衰减尤为显著。同时光伏组件产生的高温也会影响室内的环境温度，增加室内的制冷负荷。为减弱光伏组件的升温问题，可以在光伏组件和建筑表皮之间留出通风道，通过自然通风散热降低光伏组件的表面温度（图5-12）。

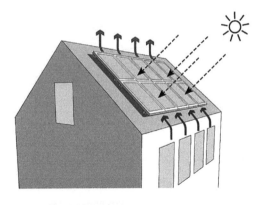

图5-12　利用通风道降低光伏组件的温度

4）光伏组件的视觉效果

建筑表皮的色彩和纹理作为影响建筑视觉形象的重要因素，常常是建筑设计师表达设计意图和理念的重要着力点，光伏组件独特的色彩和纹理可以为设计提供新的元素。晶体硅光伏材料的颜色通常为蓝色、深蓝色或黑色，非晶体硅光伏材料则是灰色、棕色或黑色。目前通过镀膜技术，还可以使光伏组件呈现更为多样的色彩，如紫色、金黄色、棕色、绿色、银灰色等。光伏组件的纹理则主要来自于太阳能电池的排列和拼接方式，晶体硅一般是成块状成矩阵排列，非晶硅则是大片的模板或薄膜拼接，两者具有比较鲜明的特征（表5-4）。

光伏材料在色彩和质感上均具有非常大的设计潜力。在具体的色彩选择上，如果需要相对深沉的颜色，则可以采用光伏材料的原色——深蓝或黑；如果需要改变材料的颜色和纹理，则可以通过镀膜技术。但需要特别指出的是，镀膜某种程度上也牺牲了部分光电转换效率，并增加了一定的成本。在纹理方面，晶体硅材料本身就有特殊的肌理和光泽，非晶硅材料则具有相对均匀的质感；通过硅片的切割和重组，硅片单元还可以呈现多样的纹理。此外，光伏组件可以形成半透性的视觉效果：晶体硅可以

光伏组件的颜色和肌理	表 5-4

光伏组件的颜色：a 是多晶硅电池的原色；b ~ f 多晶硅电池在附上各种反光材料后呈现的颜色					
光伏组件的纹理：光伏电池的排布形状、间隔、大小可以呈现多种多样的可能，同时具有半透性。					

通过排列中的缝隙实现一定的半透性，而非晶体硅则可以采用半透薄膜，这些做法都可加强室内空间的光影效果（图 5-13）。

图 5-13　光伏组件形成的光影效果

5.3.2　光伏屋面一体化设计

通过合理的设计，光伏组件可以与建筑物或构筑物的围护结构有机集成在一起，实现一体化设计。本节先介绍光伏屋面一体化设计，随后小节分别讲述光伏墙面一体化设计、光伏遮阳一体化设计、光伏阳台一体化设计以及光伏与城市景观一体化设计。光伏与建筑屋面的集成分为平屋面集成光伏和坡屋面集成光伏两方面。

1）平屋面集成光伏

光伏构件在平屋面的布置方式有支架式和嵌入式两种。支架式布置的光伏构件以倾斜面接收太阳辐射，布置的自由度和灵活性较大，光伏阵列可以调整倾斜角、方位角以及前后组光伏构件的间距，以避免相互遮挡，实现最大发电效率。支架式构造简单，适用于各类平屋面建筑，比较容易推广普及。然而在支架式布置的情况下光伏和建筑二者的关系比较松散，融合的程度低，支架式布置光伏构件对提升建筑美观的作用较小。从一体化设计的角度考虑，支架需要与屋顶的预埋件通过焊接或螺栓连接等方式锚固，与平屋顶防水构造设计一并考虑（图 5-14）。

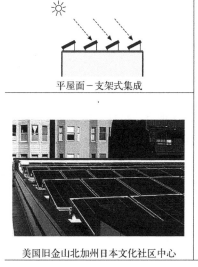

平屋面 - 支架式集成

美国旧金山北加州日本文化社区中心

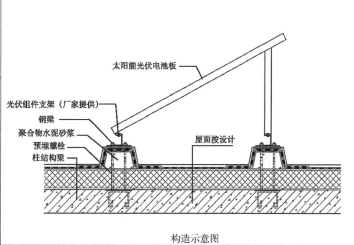

太阳能光伏电池板

光伏组件支架（厂家提供）
钢梁
聚合物水泥砂浆
预埋螺栓
柱结构梁

屋面按设计

构造示意图

图 5-14　支架式光伏组件集成在平屋面

嵌入式（图5-15）的布置方式是在屋面系统集成光伏材料，如半透的光伏组件以建筑采光顶的形式与建筑屋面集成。在这样的情况下，光伏构件的使用可以与被动式利用太阳能、自然采光相互协调。需要注意的是半透明光伏玻璃可能引起的室内温度上升以及眩光问题，同时还要注意光伏屋顶的安全、防水、排水、防冷凝水、防漏以及防火问题。此外，水平的光伏构件由于难以利用雨水自洁，灰尘和树叶往往会影响其发电效率，因而需要定期清扫。平

屋顶的建筑也可以同时使用以上两种方式来布置光伏构件，不需要天窗的部分屋面采用支架式，需要设置天窗的部分采用嵌入式光伏屋面。

工程实例：光伏构件用支架安装在美国旧金山北加州日本文化社区中心（Japanese Cultural and Community Center of Northern California, San Francisco, USA）的屋面上，而德国蒙塞尼斯培训中心（Mont Cenis Academy, Herne, Germany）的屋面采用光伏嵌入式布置。

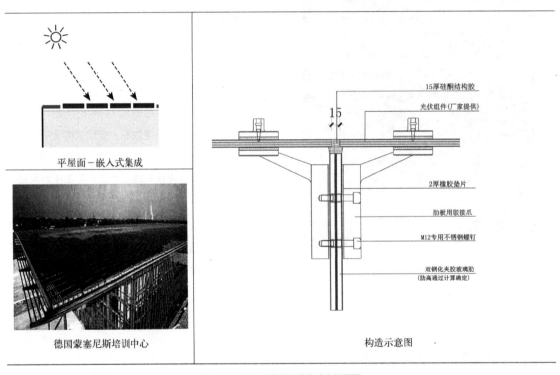

图5-15 嵌入式光伏组件集成在平屋面

2）坡屋面集成光伏

就光伏组件的发电效果而言，坡屋面的布置方式优于平屋面和竖直墙面。从构造角度来看坡屋面布置光伏组件分为两种方式：一种是在现有的屋面系统上铺设光伏构件，称为铺设式（图5-16），另一种是把光伏构件集成到屋面系统内，称为嵌入式（图5-17）。前一种方式，光伏构件只负责发电，原有的屋面系统负责保温防水，

二者相互独立，这种方式特别适合改建和加建项目，可根据屋面的不同材料（瓦、金属）采用不同的构造连接方式，但构造处理上需注意连接件不能破坏原有防水层，光伏构件需连接牢固，并充分考虑风荷载作用。后一种方式中，光伏材料和屋面系统合二为一，具有光伏发电、保温防水防噪、屋顶采光等多种功能，结构更可靠，但造价较高。

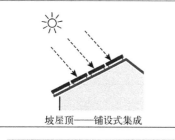

坡屋顶——铺设式集成

荷兰尼乌兰住宅

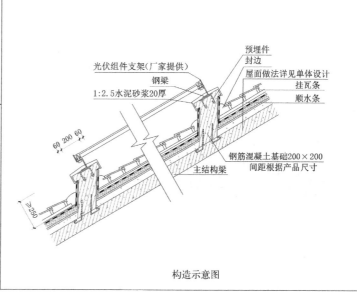

构造示意图

图5-16　光伏系统铺设式集成在坡屋顶

工程实例：荷兰尼乌兰住宅（House in Nieuwland, Amersfoort, Netherland）的光伏坡屋面采用铺设式，而意大利罗马儿童博物馆（The Children's Museum of Rome，Italy）将光伏构件嵌入在屋面中。

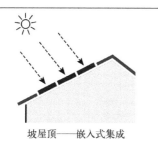

坡屋顶——嵌入式集成

意大利罗马儿童博物馆

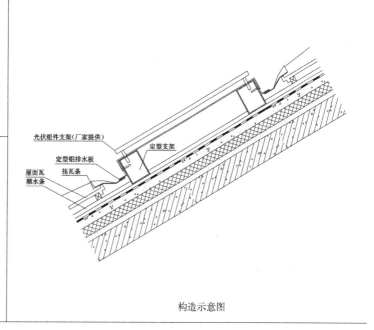

构造示意图

图5-17　嵌入式光伏组件集成在坡屋顶

光伏系统与坡屋面相结合的另外一种方式是采用光伏瓦（或称太阳能瓦）。光伏瓦是太阳能电池与屋顶瓦板结合形成的一体化产品。该产品直接铺在屋面上，不需要在屋顶上安装支架，光伏瓦内含光伏组件，光伏组件的形状、尺寸、铺装时的构造方法都与平板式的大片屋面瓦类似（图5-18）。

实景图

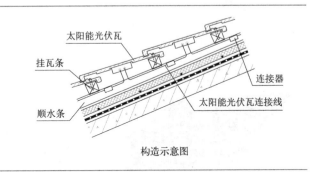
构造示意图

图5-18　光伏瓦集成在坡屋面

5.3.3　光伏墙面一体化设计

对于多、高层建筑来说，建筑墙面的面积远大于建筑屋面的面积。为了充分利用建筑立面上的太阳能资源，可通过适宜的方式将光伏系统布置于建筑物的墙面上。常见的光伏系统与建筑墙面结合方式可以分为两种：一种是将光伏组件外挂于建筑墙面上，另一种是将光伏组件嵌入到建筑幕墙系统中。

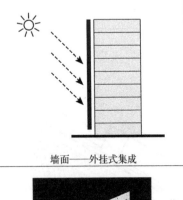
墙面——外挂式集成

苏黎世理工学院学生之家

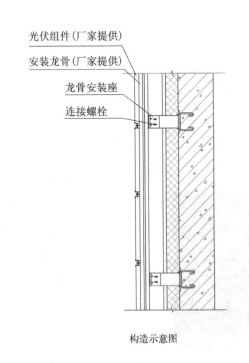
构造示意图

图5-19　外挂式光伏组件与建筑墙面集成

对于建筑实墙，可以将不透明的光伏组件附加墙面上。这样的集成方式在构造上通常是由金属框架固定光伏组件，金属框架再通过金属构件连接在主体建筑之上（图 5-19）。在建筑墙面外挂光伏组件的构造中，光伏组件与作为围护结构的建筑实墙是相对独立的，光伏组件只负责发电工作，不承担围护结构的防水、保温等功能，光伏板比较便于更换。为保证光伏组件的通风散热需求，提高组件发电效率，光伏组件与建筑墙面之间往往留有空气层。

工程实例：苏黎世理工学院学生之家（Student Housing, the Swiss Federal Institute of Technology in Lausanne, Switzerland）的光伏墙面。

将具有半透性的光伏组件嵌入到建筑幕墙中，这样形成的光伏幕墙既满足建筑造型的需要，又具备建筑围护结构热工、采光、防水等性能，还可以发电（图 5-20）。半透的光伏组件可以是半透的晶体硅光伏组件，也可以是半透的非晶硅光伏组件。前者是两片透明的玻璃之间夹着不透明晶体硅光电池，相邻电池片之间存在一定间隙，后者是在两片透明的玻璃之间夹着半透明的非晶体硅薄膜。半透的光伏幕墙能够形成较好的光影效果，满足建筑室内对视线和透光性的要求，同时也能降低室内得热，设计者需要从建筑整体节能的角度考虑半透光伏幕墙的应用。

工程实例：庞贝·法布拉图书馆（The Pompeu Fabra Library, Mataro, Spain），该建筑南立面为由蓝色多晶硅电池片组成的光伏幕墙，每个电池片之间的间距为 14mm，既能够允许部分光线透射进室内，又能形成半透明效果。

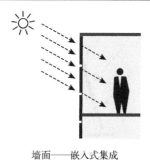

墙面——嵌入式集成

庞贝·法布拉图书馆

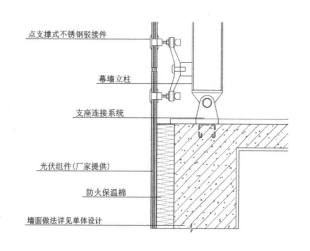

点支撑式不锈钢驳接件

幕墙立柱

支座连接系统

光伏组件(厂家提供)

防火保温棉

墙面做法详见单体设计

构造示意图

图 5-20　嵌入式光伏组件与建筑墙面集成

建筑师还可以在更多的建筑造型设计中尝试墙体集成光伏的形式，如水平向锯齿形墙面、竖直向锯齿形墙面、倾斜墙面等。水平向锯齿形墙面是当建筑平面布局不能面向太阳光辐射最优的朝向时，局部采用水平向锯齿状的布置方式，以化整为零的手法来此优化光伏构件的布置方向，并丰富了建筑的外观造型及景观视线。

工程实例：德国柏林环境技术中心（Environmental Technology Centre in Berlin，Germany）的水平向锯齿状光伏墙面（图 5-21a）。竖直向锯齿形墙面能使光伏构件获得更多的太阳辐射。竖直向锯齿形墙面是将人视线以上的墙面倾斜向上，外侧布置光伏构件，人视线以下的墙面倾斜

向下，布置窗和墙体。从剖面上看，建筑每层锯齿状凸出，景观视线和遮阳问题一并解决。但此布置方式会带来建造施工上的麻烦和清洁维护上的不便。工程实例：奥地利低能耗办公楼（Energy Base Office，Vienna，Austria）的竖直向锯齿状光伏墙面（图 5-21b）。南向的倾斜面可获得最佳的太阳直接辐射，有利于光伏构件的布置。基于建筑造型的考虑，可结合建筑功能，在造型上设计出南向倾斜面，结合半透明或不透明光伏板进行组合，设计出丰富的立面效果和室内光影效果。工程实例：德国 Solar-Fabrik 太阳能工厂（Solar-Fabrik AG，Freiburg，Germany）采用倾斜的光伏墙面（图 5-21c）。

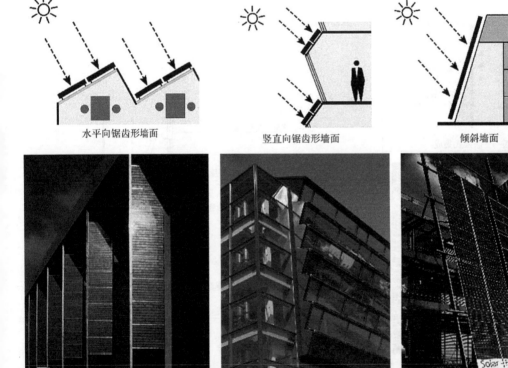

水平向锯齿形墙面　　　　　　竖直向锯齿形墙面　　　　　　倾斜墙面

（a）德国柏林环境技术中心　　（b）奥地利低能耗办公楼　　（c）德国 Solar-Fabrik 太阳能工厂

图 5-21 其他形式的光伏墙面

5.3.4　光伏遮阳一体化设计

普通建筑遮阳构件能够防止阳光直射进入室内，以此减少室内得热，降低建筑空调负荷。建筑师将遮阳构件与光伏组件集成设计在一起形成既可遮阳又可发电的光伏遮阳板。常见的光伏遮阳一体化设计是将光伏遮阳板通过支架与预埋件同建筑主体结构相连。这种方法主要基于传统的建筑外遮阳系统，具有安装方便、构造简单的优点（图 5-22）。在构

造设计时，遮阳板的角度可以按最佳倾角安装，但要避免上下遮阳板之间所产生相互遮挡，以保证光伏电池的工作效率。建筑设计时还应在安装光伏遮阳板的墙面部位采取必要的安全防范措施，以防止光伏组件因损坏而掉下伤人，通常可在遮阳板下设置绿化种植，使人不易靠近。

工程实例：埃尔朗根大学分子生物研究中心（Research Centre for Molecular Biology, University of Erlangen, Germany）采用的光伏遮阳板。

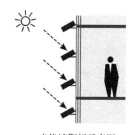

光伏遮阳板示意图

埃尔朗根大学分子生物研究中心

构造示意图

图 5-22　光伏组件集成于遮阳构件

5.3.5　光伏阳台一体化设计

阳台往往突出建筑表面，较少受到建筑自身遮挡的影响，因而可以考虑用于光伏组件的安装。阳

台外挂的光伏组件可以垂直布置，也可以以一定的角度倾斜布置。建筑设计人员可以利用光伏组件的材质、颜色以及不同的透明度，使阳台栏板呈现一定的韵律和美感，形成生动活泼的建筑形象。

光伏阳台示意图

日本横滨电视塔

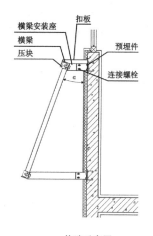

构造示意图

图 5-23　光伏组件集成于阳台构件

光伏阳台的构造方式可以是通过预制的龙骨，将光伏电池板与建筑结构中的预埋件相连，或者采用点支式光伏护栏（图5-23）。在构造设计时，需要将光伏系统的电路铺设、接线盒布置与阳台栏杆或扶手的设计一同考虑，以做到隐蔽安装减少对外观的影响。此外，安装在阳台的光伏组件支架应与栏杆结构主体上的预埋件牢固连接；光伏阳台构件应满足刚度、强度、防护功能和电气安全要求，避免人员因直接接触光伏组件而导致烫伤。同时，光伏阳台还需要采取保护人身安全的防护措施，以防攀爬或坠落。

工程实例：日本横滨电视塔（Yokohama Media Tower，Japan）的光伏阳台，其电路铺设在下部的边框中，从外观上看不到电线。

5.3.6 光伏与城市景观一体化设计

将光伏构件及系统与城市环境相结合是光伏与建筑一体化的衍生形式，城市环境中的建筑小品、围墙、景观照明、休息亭等公共设施，通常处于城市中相对开敞的区域，能获得较为丰富的太阳能资源，因此适合作为光伏组件的结合对象。同时，相比于建筑围护结构中的光伏构件，建筑环境中的光伏构件在形式上所受限制较小，设计人员能够发挥更多的想象空间，设计出具有创意的太阳能光伏作品（图5-24）。光伏可以成为城市景观设计的有机组成部分，从景观构件上简易铺设的光伏材料，逐渐发展到与景观创作相结合，与空间使用功能相结合，甚至从光伏特性出发来引导景观设计。光伏与城市景观一体化的设计意向和材料选择参照表5-5。

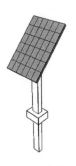

太阳能广告牌

太阳能遮阳伞

太阳能停车场

图5-24 光伏系统与城市环境一体化

光伏与城市景观一体化的设计示意图 表 5-5

城市与景观空间类别	太阳能景观的类型	光伏材料适宜性		光伏材料布置设计示意图
		晶体硅	非晶硅	
道路	太阳能景观路灯	✓	○	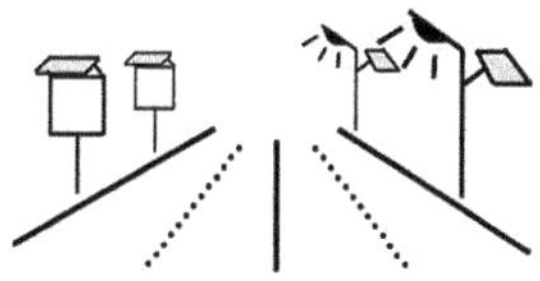
	太阳能广告牌	✓	✗	
	隔声屏障景观	✗	✓	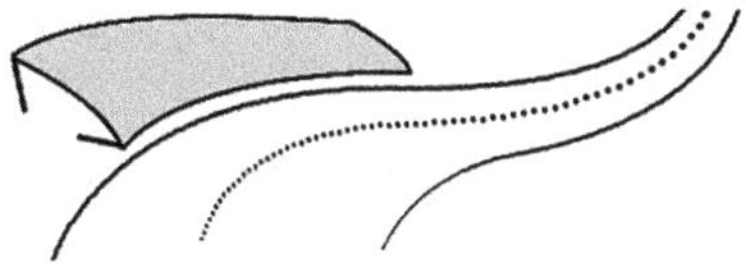
	高架桥护栏	✗	✓	
边界	太阳能景观墙	✗	✓	
	景观隔断或格栅	✗	✓	
	挡土墙	✓	✓	
	台地或台阶边缘	✓	✓	
节点	景观雕塑	✓	✗	
	太阳能红绿灯	✓	○	
	太阳能广告牌	✓	✗	
	广场铺地	○	✓	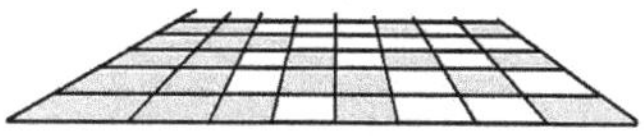
标志物	景观雕塑	✓	✗	
	太阳能构筑物	✓	✓	
区域	太阳能停车场	✓	✓	
	太阳能休息厅区域	✓	✗	
	太阳能雨棚	✓	✓	
	太阳能座椅	✓	✓	

（表注："✓"表示非常适宜；"✗"表示为一般适宜；"○"表示在一般情况下不推荐采用，特殊考虑下可以采用。设计示意图中深色区域为太阳能光伏材料的布置形式示意）

5.4 光伏建筑基于全生命周期的评价

全生命周期评价LCA（Life Cycle Assessment）是对一个产品系统的生命周期输入、输出及其潜在环境影响的汇编和评价过程。基于全生命周期的评价方法能够较好地评估光伏建筑在经济和环境方面的效益。

1）光伏建筑全生命周期能耗分析

对光伏建筑而言，其全生命周期的能耗可分为四个主要部分：①初始能耗，包括建筑物原材料的生产能耗、运输能耗等；②建造能耗，包括施工人员能耗、设备机器能耗等；③运行能耗，包括设备（制冷系统、锅炉、水泵、电梯等）的运行能耗、设备维护能耗等；④回收能耗，包括建筑物拆除能耗、废物回收利用能耗等。

（1）光伏系统的初始能耗计算：

$$E_c = m \times (E_{s1}+E_{s2}) \qquad （5-1）$$

式中 E_c——光伏系统的初始能耗，kWh；

E_{s1}——硅材料的物化能，kWh；

E_{s2}——光伏电池板组装、成型的物化能，kWh；

m——太阳能电池板的个数。

E_{s2} 可看成生产光伏电池板所需的物化能，计算公式为：

$$E_{s2} = E_{s2a}+E_{s2b} \qquad （5-2）$$

式中 E_{s2a}——硅片成型的物化能，kWh；

E_{s2b}——模块组装的物化能，kWh。

（2）光伏系统的建造能耗计算：

$$E_j = G_z \times S+E_z \qquad （5-3）$$

式中 E_j——光伏系统的建造能耗，kWh；

G_z——运输设备每公里能耗，kWh/km；

S——运输光伏材料的总路程，km；

E_z——人员安装作业能耗，kWh。

（3）光伏系统的运行能耗计算：

$$E_y = -(E_t \times \eta) \times n \qquad （5-4）$$

式中 E_y——光伏系统的运行能耗，kWh；

E_t——照射到光伏电池板表面的年辐射能，kWh/年；

η——光伏电池板的光电转化效率，百分率；

n——正常运行年数，年。

注：光伏系统运行时输出的电能，相当于降低了光伏建筑生命周期内运行时产生的能耗，因此 E_y 为负值。

（4）光伏系统的拆除能耗计算：

$$E_h = E_1+E_2 \qquad （5-5）$$

式中 E_h——光伏系统的拆除能耗，kWh；

E_1——拆除作业能耗，kWh；

E_2——报废材料运输能耗量，kWh。

2）光伏建筑的投资回收期

投资回收期是一种估算经济效益的方法，它是指累计产生的经济效益填补最初的投资费用所需的时间。如果投资期比系统的生命周期要短得多，这个投资就是有收益的。光伏建筑的回收期PBT（Pay Back Time）可以用下面的公式进行计算：

$$PBT = \frac{C_{pv}}{E_t \times C_e} \qquad （5-6）$$

式中 C_{pv}——光伏系统的成本，元；

E_t——光伏系统的年发电量，kWh/年；

C_e——当地电价，元/kWh。

3）光伏建筑的环境效益

光伏建筑在发电过程中不会产生温室气体和有害气体，因而具有一定的环境效益。据相关研究数据，光伏建筑每发一度电相当于少排放二氧化碳519g，二氧化硫0.62g，氮氧化物1.22g。对应的环境效益是每减排1吨二氧化碳可以节约8.8美元，1吨二氧化硫可以节约1650美元，1吨氮氧化物可以节约7480美元。由上述数据，我们可以根据光伏建筑每年的发电量折算出其每年产生的环境效益。

5.5 光伏建筑的实例

5.5.1 英国多克斯福德国际办公楼

多克斯福德国际办公楼（The Solar Office at Doxford International， 图5-25、 图5-26），位于英国北部桑德兰市（Sunderland，UK）。该办公楼采用巧妙的设计手法将光伏技术融合于建筑设计中，并实现建筑节能。集成于该办公楼建筑表皮的光伏系统装机容量达到73kWp，光伏提供的电力占整个建筑全年用电量的1/3，在夏季，光伏系统所发电力除了满足建筑自身需求外还将部分输送到国家电网。该建筑在英国绿色建筑评价体系BREEAM（Building Research Establishment Environmental Assessment Method 建筑研究所环境评估法）中获得"优秀"级，并获得欧洲太阳能奖（Eurosolar Award）。

该办公楼从场地设计到建筑整体造型设计都将光伏系统的需要作为考虑因素。建筑南侧主入口外设有停车场，保证了建筑南向范围内没有高大建筑物遮挡，以利于充分接受日照。南向安装有光伏组件的幕墙按60°角倾斜，以保证光伏电池在桑德兰市（北纬52°47′）获得最大的太阳直射辐射，并达到最大光电转换效率。此外，建筑南侧的交通干道以及布置在南侧的幕墙和中庭减少了室外交通噪声对北侧办公用房的影响，同时倾斜的幕墙使太阳反光不会对周边行人和交通干道上开车的司机造成影响。

该办公楼从建筑整体节能的角度考虑了光伏与建筑的集成，具体设计措施包括：①强化自然通风设计以降低光伏幕墙温度，改善发电效率：太阳能电池的输出功率随温度的升高而降低，例如在20℃的工作环境下，硅太阳能电池的输出功率要比70℃时高20%。该建筑利用倾斜幕墙配合局部中庭的热压效应，增加幕墙内表面的气流上升速度，带走光伏组件因阳光暴晒所致的余热，降低光伏幕墙温度，改善其发电效率。②控制自然采光比例，降低照明能耗：整面幕墙集成了超过40多万片不透明多晶体硅太阳能电池，也包括一些透明的玻璃。为了在争取更多的发电量和室内必要的天然采光之间得到平衡，需要确定幕墙上光伏材料与玻璃的组合方式。为此，设计人员制作了1：40的实体模型进行模拟实验，根据实验结果，最终幕墙上将光伏模块与透明玻璃模块间隔布置，950m² 的幕墙有

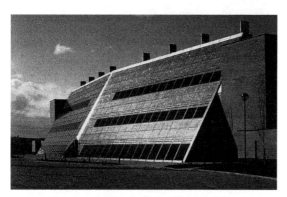

图5-25 多克斯福德国际办公楼南向光伏幕墙

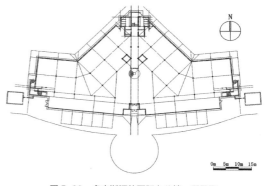

图5-26 多克斯福德国际办公楼一层平面

650m^2 是光伏模块，其余部分是透明玻璃模块。另外还有部分半透明的模块，即在模块上减少太阳能电池的个数、增加其间距，以此减弱室内眩光。③减少室内得热，降低室内空调能耗：考虑到建筑运行阶段的节能目标，需要尽可能采用自然通风而非机械通风来满足使用者的热舒适要求并保证室内空气质量。为此，该办公楼设计了两种通风模式——被动太阳能模式和替代模式——以减少建筑热损失。建筑的迎风面和背风面的风压较大，有利于形成穿堂风。室内空气会因为使用者和电器设备而被加热上升，温度差形成烟囱拔风效应。大面积的光伏幕墙提高了围护结构的热工性能，在构造上增设的氩气间层和 Low-E 玻璃层，使幕墙的 U 值达 1.2W/m^2·K。而为了防止夏季太阳辐射过度，透明玻璃的幕墙后面设置了遮阳垂帘。结合增强的自然通风策略，该办公楼用于降温的能耗仅为传统空调办公建筑的 1/3。④光伏幕墙营造斑驳的光影，达到了良好的建筑美学效果：幕墙上将光伏模块与透明玻璃模块间隔布置，透明玻璃模块与部分半透明的模块交错布置，形成序列；通过控制每个模块上太阳能电池的个数、间距，光伏幕墙的设计也可以形成奇妙的艺术效果，阳光则透过光伏幕墙在室内中庭形成光影斑驳的效果。

5.5.2　荷兰能源研究中心 31 号楼

荷兰能源研究中心（Energy Research Centre of the Netherlands）位于荷兰的小镇帕滕（Petten）。在该中心 31 号楼的改造过程中，设计人员将光伏与建筑进行了集成（图 5-27）。在对原有建筑进行的评估中，人们发现原建筑存在局部太阳辐射过强、围护结构保温性差导致建筑能耗较高、室内热舒适性不佳等问题。于是建筑改造的目的为提高室内环境和舒适性、降低建筑能耗并充分利用太阳能来减少温室气体的排放。为解决室内过热的问题，设计者提供的建议是空调配合遮阳，但空调

会增加建筑运行能耗。实际上，荷兰七月平均气温约 21℃，极端高温的日子很少。经计算机模拟测算，如果遮阳设置合理，则无需空调也能满足夏季室内热舒适性要求。最终方案是将光伏材料集成于遮阳构件上，而取消空调安装所节省的费用则用于购买更多的光伏组件。

为确定光伏遮阳的具体实施方案，研究人员分三步进行。第一步，借助计算机模拟分析，确定光伏遮阳是紧靠墙面安装还是与墙面间隔一段距离安装，是采用宽度较小的遮阳板密集布置还是采用宽度较大的遮阳板稀疏布置。最后出于美观和对原有墙面和窗户清洗方便的考虑，加建的遮阳板距离原有墙面 80cm，并与原有建筑结构连在一起（图 5-28）。第二步，为进一步确定遮阳板的尺寸，

图 5-27　建筑改造竣工后的外景

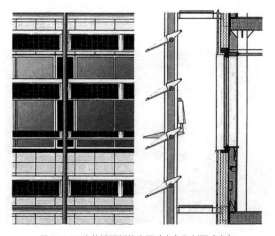

图 5-28　光伏遮阳板的立面（左）和剖面（右）

图 5-29　局部 1：1 建造和测试

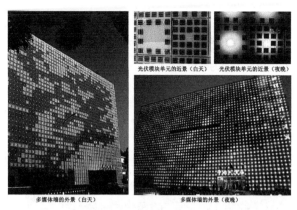

光伏模块单元的近景（白天）　　光伏模块单元的近景（夜晚）

多媒体墙的外景（白天）　　　　多媒体墙的外景（夜晚）

图 5-30　光伏幕墙的外景与近景

设计人员在实验室内制作了 1：10 的实体模型，通过自然光环境模拟实验对其太阳能利用效率、遮阳效果、室内采光效果等进行优化调整，最终方案是在一个层高范围内设置 4 片水平光伏遮阳板，每片遮阳板与水平面的夹角固定为 37°，其中有一片可手动改变角度以满足室内视线需求。第三步，设计人员在一个开间单元上按 1：1 的比例现场建造了一楼与二楼局部的光伏遮阳板（图 5-29），并随后开展了为期 4 个月的实验监测，结果表明遮阳板的遮阳效率达 85%（只有 15% 的太阳直射光落在建筑立面墙体上）。与安装前相比，室内光环境和热环境都得到了明显改善。1：1 的模型同时也在实践中验证了光伏组件与金属遮阳板的机械连接以及光伏系统的电路连接等问题的可行性。31 号楼改造完工后立面造型焕然一新，水平向光伏遮阳板形成的韵律也使建筑在视觉方面获得了较好的评价。

5.5.3　北京净雅大酒店光伏幕墙

北京净雅大酒店的光伏幕墙是集太阳能光伏技术、LED 技术、数字媒体技术为一体的创新性项目，位于北京西四环五棵松奥运会场馆附近，建筑体量是方正的"火柴盒"，多媒体墙为净雅大酒店提供了高科技的建筑表皮，带来了创新性的视觉效果。

整个幕墙面积达 2200m²，由 2292 块方形的幕墙板块组成，板块外侧是集成了多晶硅光伏电池的玻璃，内侧是彩色（RGB）LED 发光点。每个板块上布置的太阳能电池个数和密度不同，形成了三种不同的纹理及不同的透明度。在白天，由于各个板块对阳光的反射和透射情况不同，整个幕墙会呈现出一幅抽象的图案。在夜晚，光伏幕墙后的 LED 照明系统开启，点光源在透过光伏组件时被扩散并模糊化，从而提高了单个幕墙板块的明度，加强了整体视觉效果。通过电子程序的控制，整个光伏墙面还能够组成各种绚丽的动态图像。白天，光伏电池将太阳能转化成电能存储在蓄电池中；夜晚，LED 利用白天积蓄的电能发光（图 5-30）。在信息化的时代里，该幕墙把最新的节能技术和电子控制技术以颇具艺术性的方式展现出来，并将"媒体"的概念赋予其中。作为城市界面的一部分，该酒店的光伏幕墙更像是一个绝佳的室外广告牌，使建筑获得与人群和城市环境交流的能力。光伏幕墙与数字媒体结合的互动式体验，为光伏建筑在城市中的应用提供了一个新的方向。

5.5.4　台湾高雄体育场

高雄体育场（图 5-31）位于台湾省高雄市左营区，可容纳 55000 个观众，由日本建筑师伊东丰雄设计。该体育馆以龙为设计主题，并采用了光伏建筑一体化技术，利用龙形的屋顶作为收集太阳能的平台，根据太阳照射角度铺设太阳能电池板，充分利用自然资源为建筑提供电能。

图 5-31　高雄体育场远景

图 5-32　高雄体育场光电板近景

体育馆采用了 8800 多块太阳能电池板来供应电力（图 5-32），可以产生 1kMW/h 的电力，其所需的电能可全部由外侧的太阳能电池板提供。除满足体育馆自身的需求，还可以向台湾其他地区输送多余的电能，每年可以减少 660t 的二氧化碳排放量。这座太阳能体育馆充分利用自然资源，降低能源消耗，将技术与设计完美结合，为太阳能技术在体育馆等大型公建中的应用提供参考价值。

5.5.5　南京江北新区人才公寓社区服务中心

南京江北新区人才公寓社区服务中心位于江苏省南京市江北新区，建筑面积为 2376m^2，建筑高度为 14.4m，共三层，如图 5-33 所示。其主要功能为社区服务和物业管理及绿色低碳技术展示。该项目已获得绿色建筑三星级和健康建筑三星级的标识证书。社区服务中心采用装配式木结构，以"能量山"为设计理念，采用木结构 + 光伏发电系统，实现了整栋建筑零能耗及零碳排放，是装配式木结构零碳建筑，也是超低能耗被动式建筑项目。

图 5-33　南京江北新区人才公寓社区服务中心

该项目在太阳能利用方面的亮点主要体现在其"能量山"的概念。该项目在建筑顶部利用三个斜屋顶形成人工山丘的建筑形态，斜屋面上结合屋顶木屋架布置成片的太阳能板，同时建筑屋面通过坡道，台阶吸引地面人流拾阶而上，整个建筑仿佛一个"能量山"，与城市发生积极的互动。

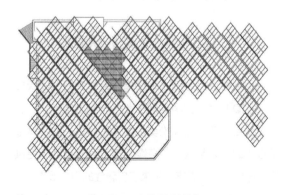

图 5-34　光伏屋顶俯视图

该项目的光伏设计容量达到 280kWp，采用848 块容量为 330Wp 的多晶硅光伏组件。光伏屋顶俯视图如图 5-34 所示。该建筑通过自然通风设计和光伏发电减少建筑对能源的消耗和排放，每年可发电 24.1 万度，在夏季用电富余之时可通过蓄电池储电，以备阴雨天使用。同时，多余电量也可为新能源车充电。

此外，该项目采用直流楼宇设计，结合光伏屋顶，建立分布式直流微电网，也是国内首个直流微网与住宅社区结合的示范项目。在该项目中，通过直流微电网技术的应用，能够借助直流供配电和蓄能技术，实现可再生能源就地消纳，同时减少 AC-DC 转换次数，降低转换损失，另外有利于智慧运营管理，提高系统能效。

5.5.6 广州美术馆新馆

广州美术馆新馆由赫尔佐格亚洲有限合伙事务所设计（该项目在建），项目占地面积约 32600m²，总建筑面积 79947m²。作为广州新"三馆一场"的项目之一，广州美术馆新馆位于广州新城市中轴线南段，临近广州地标广州塔和赤岗塔，设计以广州市市花木棉为创作意向，在满足经济、实用、美观的基础上，体现了新岭南特色的建筑风格和世界绿色生态建筑的潮流。作为一个大型公共建筑，低碳低能耗是该建筑的重要设计理念之一。美术馆四周设置景观水池其与周边场地进行区隔，同时起到隔热降温的作用，下沉式竹庭院为美术馆地下层提供了自然采光和通风。在光伏利用方面，屋面及立面均大面积铺设碲化镉薄膜光伏组件（图 5-35），屋面光伏铺设面积约 3000m²，墙面光伏铺设面积约 13000m²。

该项目光伏构件的特色在于其夹胶定制色彩镀膜的运用。与传统光伏给人以"非黑即蓝"的印象不同，通过在玻璃间层中加入色彩镀膜层，碲化镉（CdTe）薄膜光伏组件可以实现各种色彩的定制和排列，甚至实现图案的印刷。该美术馆的屋面采用了 6 个色系的彩色光伏组件进行渐近拼接（图 5-36），立面则采用单色光伏组件，标准状态下光电转化率均为 14.5%。碲化镉薄膜光伏与传统晶体硅光伏相比，具有对直射光低敏感性的特点，即在没有直射阳光的情况下，其光电转换效率也不会大幅下降，因此在墙面等直射光条件一般的建筑部位具有更好的应用潜力，也适应广州地区阴雨天较多的气候特点。

该项目摆脱了传统光伏面板给人的生硬呆板的印象，为建筑师提供了更多的色彩设计空间，提升了光伏构件的美观适用性，拓宽了光伏构件在建筑设计中的应用范围。

图 5-35 广州美术馆设计效果图

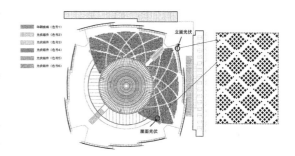

图 5-36 光伏组件排列示意图（屋面平面图）

第6章 Solar Energy and Architectural Shading Design
太阳能与建筑遮阳设计

6.1 建筑遮阳的概述

前面几章阐述了在建筑中利用太阳能满足人们采暖、供热水及供电的需求，这些都是太阳能利用积极的一面。然而，有时候太阳也会对建筑和人的活动产生不利影响，比如过多的太阳光会造成室内过热和室内眩光，这时我们可以采用遮阳设计和遮阳措施来避免过热或过亮。

6.1.1 建筑遮阳的涵义和意义

建筑遮阳是采用建筑构件或安置设施以遮挡或调节进入室内的太阳辐射的措施。它可以改善建筑物的室内微气候，对于建筑物节能和营造良好的室内光环境起着非常积极的作用。对于公共建筑和住宅建筑，很大一部分的建筑能耗来自空调与照明，如果能够通过遮阳阻挡多余的辐射进入室内，或结合遮阳措施引进均匀柔和的自然光，将大大减少建筑室内空调与照明的使用，从而达到节约能源的目的。建筑遮阳的作用和意义归纳起来，包括以下几点：

1) 建筑遮阳能够有效防止太阳辐射进入室内，不仅改善室内的热工环境，而且可以大大降低夏季的空调制冷负荷。在各种造成室内过热的因素中，透过窗户进入室内的直射阳光是最主要的原因，因

此，在各种防热措施中，窗口遮阳是最为直接而有效的办法。据有关部门的检测，南方地区夏季下午两点每平方米窗户的太阳辐射得热会导致房间温度升高 2℃，甚至更高。如果能够避免窗户在上午十点至下午两点间受到直射阳光的照射，则此时段内室内温度可平均下降 2 ~ 5℃。

2) 建筑遮阳能够避免围护结构被过度加热后又通过二次辐射和对流的方式加重室内热负荷。建筑外围护结构接受太阳直射并获得热量，其中一部分热量会以二次辐射和对流的方式传入室内。尽管传入室内热量的大小和延缓时间长短与围护结构本身的物理属性有关，但如果能有效避免阳光对外围护结构的直射，则可大大减少由此途径进入室内的热量。双层屋顶、绿化屋顶、西墙上种植攀缘植物等做法都是外围护结构可采用的遮阳措施。通过降低围护结构的日温度波幅，遮阳可以起到防止围护结构热裂并延长其使用寿命的作用。

3) 建筑遮阳能够有效防止眩光，起到改善室内光环境的作用，良好的室内自然光环境有助于提高工作效率。直射阳光会在工作面上造成很强烈的眩光，同时也会使得室内天然光的照度分布差别过大，造成局部过亮或过暗，导致许多办公建筑在日间选择完全人工照明。选用合适的遮阳措施，可以阻挡直射阳光进入，或将其转化为比较柔和的漫射光，从而满足人们对照明质量的要求，减少日间人工照

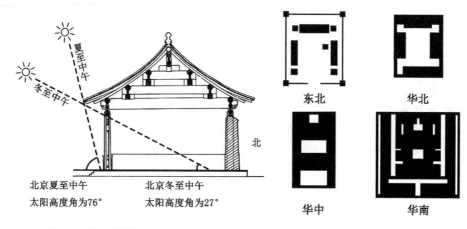

图 6-1　传统建筑屋顶兼具遮阳采暖之用　　　　　图 6-2　不同地区的院落布局

明的耗能。某些遮阳措施还能起到导光的作用，可以有效提高室内深处的自然光照度。

4）建筑遮阳还可以防止直射日光，尤其是防止其中的紫外线对室内物品的损害。很多物品在长期阳光照射下会产生变质和老化现象。太阳辐射对物品的"损伤系数"随着辐射波长的减小而迅速提高，最大的损伤破坏发生在接近紫外线的波长段。通过遮阳措施遮挡直射光可以减少短波段辐射直射物品，起到保护作用。

基于建筑遮阳诸多优点和作用，各种遮阳措施被广泛运用于新建和改建的建筑中。建筑设计应选用正确的遮阳策略，考虑其对室内热工环境和光环境的影响。

6.1.2　建筑遮阳的发展和演变

1）传统建筑的遮阳经验

古代人在营造建筑时，就已学会了利用物体遮挡阳光来形成阴影以获得舒适的室内外环境。在中国传统建筑中，出挑的屋檐就兼顾着排水与遮阳的功能。不论是南方的干栏式建筑还是北方的四合院，都考虑了夏季遮挡直射阳光和冬季保证充足日照的要求（图 6-1）。在建筑群体组合上，传统院落式的布局方式能够利用院落四周建筑的投影，在院子中间形成荫凉的小天井，起到遮阳通风的作用。我

国院落的布局和开间进深大小因所处地区不同而各异，体现了传统设计手法中人们对当地气候特点和太阳高度角变化的回应（图 6-2）。

西方最早对建筑物遮阳问题的文字叙述来源于古希腊共和时期的作家赞诺芬（Xenophon），他在其著作中提到设置柱廊以遮挡角度较高的夏季阳光而又使角度较低的冬季阳光射入室内的问题。公元前 1 世纪，维特鲁威在《建筑十书》中，提出在场地选址中要避免南向辐射热。古罗马建筑的柱廊在为室内提供遮阳的同时还为室外活动提供了荫凉的交流空间。一些靠近悬崖修建的房屋，选择借用出挑的岩壁形成自然遮挡以降低建筑室内空气的温度。中东地区的花格栅多用于东西向的窗户，既起到减弱阳光的作用，又不阻碍室内的观景视线。文艺复兴时期，阿尔伯蒂在《论建筑》中也阐明了为使房间保持凉爽，防晒遮阳应如何选址的问题。总的来讲，从古罗马到 17、18 世纪的建筑师们主要从房屋建造经验的角度来考虑遮阳和防晒问题（图 6-3）。

2）现代建筑中建筑遮阳的应用

20 世纪初，赖特（Frank Lloyd Wright）率先关注建筑遮阳设计。在他的罗比住宅（Robie House）和威立茨住宅（Willits house）中，赖特根据当地春秋分等特定时间的太阳高度角以及各房间对阳光

古希腊人的利用柱廊遮阳　　　安纳沙兹（Anasazi）人借用自然遮挡　　　印度地区采用大理石雕琢
形成的"悬崖宫殿"　　　而成的花格栅遮阳装置

图6-3　世界各地建筑遮阳的传统手法

的需求设计了错落有致、深浅不一的挑檐，这些造型舒展的屋顶不仅成就了"草原住宅"（Prairie Houses），而且吸引了其他建筑师对建筑遮阳设计的关注。不过赖特设计的作品多为别墅，他的建筑遮阳设计理念没有传播到当时正蓬勃发展的大量现代工业化建筑（如多层、高层建筑）中，其挑檐也不是严格意义上的遮阳板。

现代建筑遮阳板的发明人是另一位现代主义建筑大师——勒·柯布西耶（Le·Corbusier）。他在巴黎设计的一座拥有大面积玻璃窗的建筑，一年中虽然有十个月很宜人，但却有两个月非常酷热。

为解决这种状况，柯布西耶在玻璃窗的外侧加上水平板、垂直板或格栅板，来阻止阳光直接照射在隔热效果差的玻璃上，此后人们能在柯布西耶的作品中经常看到这种立面处理手法。1936年，在他与尼迈耶（Oscar Niemeyer）等人合作设计的里约热内卢国家教育与公共卫生大楼中，柯布西耶提出采用百叶遮阳的建议。此后，建筑师视"遮阳"为一种立面语言，广泛将其移植到不同气候条件下的建筑中，却忽略了基本的遮阳设计原理，显得生搬硬套。实际上，当时勒·柯布西耶本人对日照的研究也比较简单，通常只是几张草图（图6-4）。

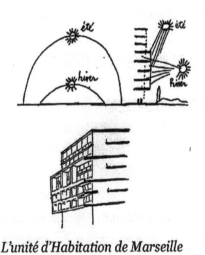

图6-4　勒·柯布西耶的日照分析草图

理查德·诺伊特拉（Richard Neutra）对建筑遮阳做出了里程碑式的贡献，他是第一个联合专业人员并根据气象资料设计全天候建筑遮阳系统的现代建筑师。在洛杉矶档案馆的设计中，他通过分析太阳轨迹来比较各种遮阳方案的优缺点，最后实施的方案是由屋顶上太阳自动跟踪系统控制的活动式垂直百叶窗。

6.2　建筑遮阳的形式与设计

6.2.1　建筑遮阳的分类

1）根据遮阳设施与建筑外窗的位置关系，可分为外遮阳、内遮阳和中间遮阳三种形式

外遮阳是将遮阳设施布置在室外，以遮挡太阳辐射。内遮阳是将遮阳设施布置在室内，将射入室内的直射光分散为漫射光，以改善室内热环境和避免眩光。中间遮阳是将遮阳设置置于两层玻璃窗或幕墙之间，此种遮阳易于调节，不易被污染，但维护成本较高。

外遮阳的优点是太阳辐射在遮阳构件上所产生的热量被阻挡在建筑外部，散热性能好，其缺点是对遮阳构件的清洁、保养和维护较难。外遮阳能非常有效地减少建筑得热，但其效果与遮阳构造、材料、颜色等密切相关，同时也存在一定的缺陷。由于直接暴露于室外，不仅在使用过程中容易积灰，不易清洗，而且长期如此会使其遮阳效果变差。外遮阳构件除了考虑自身的荷载之外，还要考虑风、雨、雪等荷载，及由此带来的腐蚀与老化问题。另外，建筑外遮阳对建筑立面的美观有一定影响，在考虑建筑方案时，遮阳设计宜同步进行，将遮阳构件与建筑造型结合起来考虑。

内遮阳因其安装、使用和维护保养都十分方便

而普遍应用。内遮阳的形式和材料很多，包括百叶帘、卷帘、垂直帘等多种形式，有布、木、铝合金等多种材质。浅色内遮阳卷帘的遮阳效果较好，因为浅色反射的热量多而吸收的少。室内窗帘在使用功能上不仅考虑到遮阳的需要，而且还出于对房间私密性的，即遮挡外来视线，这一点对于住宅尤为重要。此外，窗帘还是改善室内空间品质的重要手段之一，因此在居住建筑中室外遮阳不可能完全替代室内窗帘。相对居住建筑而言，办公建筑是一个半公开半私密的空间，窗帘等内遮阳设施则可以根据实际需要设置。

中间遮阳是将遮阳设施置于两层建筑表皮之间。双层玻璃窗或幕墙形成的空气层与可调节遮阳共同作用，满足建筑的遮阳、自然通风和自然采光要求。在双层皮结构中，遮阳被外层玻璃保护起来，免受风雨的侵蚀，同时起到遮阳和热反射的作用。因此位于表皮中间的遮阳设施既能起到类似外遮阳的节能效果，又比外遮阳更容易清洁和维护。

外遮阳可将大部分的直接阳光反射出去，太阳辐射热量通过外部空气的对流换热和长波辐射发散到室外，对室内热环境影响小。采用内遮阳时，太阳辐射穿过透明围护结构进入室内，虽然一部分辐射被内遮阳反射出去，但仍有相当一部分热量被遮阳物吸收留在室内。中间遮阳发挥外遮阳和内遮阳各自优点，但仅适用于有空腔的复合型墙体，为进一步减少热量传到室内，还需在空腔中设置通风系统。

2）根据外遮阳构件的安装方式，可分为水平式、垂直式、综合式、挡板式和百叶式五种形式（表 6-1）

水平式遮阳能有效遮挡高度角较大的、从窗口上方投射下来的阳光，故适宜布置在南向或接近南向的窗口上，此时能形成较理想的阴影区。水平式遮阳的另一个优点是，经过合理设计遮阳板的出挑及布置位置能有效地遮挡夏季日光而让冬季日光最

大限度地进入室内。如果遮阳板相对位置较高，需要较大的出挑来满足遮阳需求。而如果将遮阳板的位置下移，则可以减小遮阳板的挑出，从而节省材料。将遮阳板下移后，可将太阳辐射反射至顶棚，再经过顶棚的二次反射进入室内，从而提高室内深处的亮度，也提高了室内光环境的均匀度。

垂直式遮阳能有效遮挡高度角较小的、从窗侧面斜射过来的阳光，因此适宜布置在建筑东北或西北向墙面上。另外，夏季太阳在西北方向落下，对于在此时段仍有遮阳需求的建筑北墙而言，垂直式遮阳是很好的选择。对于从窗口正上方投射的阳光，或者接近日出日没时正对窗口照射的阳光，垂直式遮阳就无法起到遮阳作用了。

综合式遮阳是由水平式及垂直式遮阳板组合而成，它能有效遮挡从窗前斜射下来的中等太阳高度角的阳光，且遮阳效果比较均匀，适用于从东南向到西南向范围内的窗口。早期现代主义建筑中常见的遮阳构架和花格窗均是典型的综合式遮阳措施。当花格尺度较小时，调整花格的密度和厚度可以阻挡相当多的阳光。

挡板式遮阳是平行于窗口的遮阳设施，它能有效遮挡高度角较小的、正射窗口的阳光。主要布置于东西向及其附近的窗口。挡板式遮阳对视线和通风的阻挡都比较严重，所以一般不宜采用固定式的安装方式，而宜采用可活动或方便拆卸的构造形式。

百叶式遮阳能够根据需要调节百叶的角度，只让需要的光线与热量进入室内，并能结合建筑立面创造出丰富的造型与层次感，既不遮挡室内的视线又能满足遮阳和通风的需要。

常见遮阳形式   表 6-1

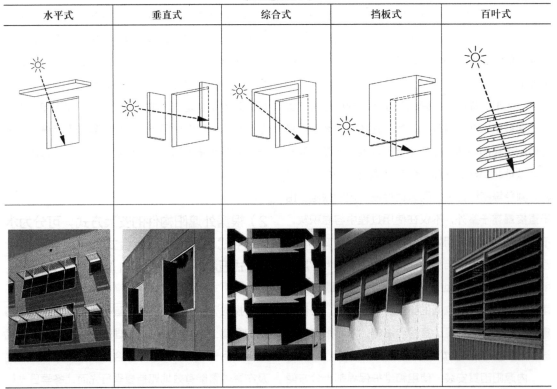

水平式	垂直式	综合式	挡板式	百叶式

6.2.2　常见遮阳形式

1）遮阳帘布

　　遮阳帘布有垂臂式（表 6-2a）和曲臂式（表 6-2b），垂臂式遮阳帘布能为西向窗户提供有效遮阳，但对室内的通风、采光有一定阻碍。曲臂式可使帘布翻翘，在遮阳的同时不会遮挡视线，相比于垂臂式能够让室内获得更多的光线，更好地满足通风需求。遮阳帘布面料的种类非常多，用户可以根据不同的需要（自然采光、热辐射遮挡、视线遮挡程度）选择不同的面料，如玻璃纤维和聚酯纤维面料。目前市场上遮阳帘布的产品主要还是以室内遮阳为主，室内帘布主要可用于防止阳光的直接辐射并将直射阳光转化为均匀的漫射光，但其节能效果不好，对降低空调负荷的作用不显著。室外遮阳帘布的节能作用要明显优于室内遮阳帘布，但与后者相比，室外遮阳帘布在使用中有一些技术上的额外要求：首先是要求易于清洗，在构造上最好能设计成可以方便从室内直接装卸的设施；其次，室外遮阳帘所处的环境要比室内严酷，因而构造设计上要做好抗风压和防脱落的措施；再次，室外遮阳帘布在面料选择上比室内帘布的要求要高，需选择使用寿命较长、耐磨、耐腐蚀的材料。

遮阳帘布和遮阳百叶的形式　　　　　　　　　　　　　　　　表 6-2

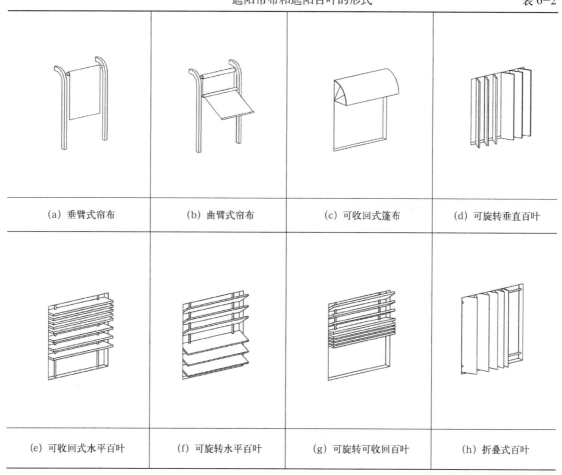

| (a) 垂臂式帘布 | (b) 曲臂式帘布 | (c) 可收回式篷布 | (d) 可旋转垂直百叶 |
| (e) 可收回式水平百叶 | (f) 可旋转水平百叶 | (g) 可旋转可收回百叶 | (h) 折叠式百叶 |

2）遮阳篷布

遮阳篷布是民用建筑中常见的一种遮阳形式。可布置于民用建筑的小型窗口上方，也可作为住宅后期的补救遮阳措施，还可用于商店建筑的橱窗上（表6-2c）。

3）遮阳百叶

遮阳百叶从形式上分为垂直帘和水平帘两大类，从驱动方式分为手动式和电动式两种。遮阳百叶收放自如，可根据阳光入射角度调节自身角度，其材料一般为金属、玻璃或有机塑料等。遮阳百叶产品比遮阳帘布产品具有更好的抗风雨性能及更长的寿命。在使用范围上，遮阳百叶更多地被用于室外，而遮阳帘布则多设置于室内。按照百叶帘调节的方式不同，可以分为可旋转式和可收回式，也有兼具两种性能的遮阳百叶产品，其灵活性更好（表6-2中d～g）。

此外，也可将遮阳百叶做成折叠式（表6-2h），相当于将大面积的遮阳构件分割成小块，通过五金构件或是固定槽来控制每块之间的合并与分开，起到调节遮挡面积的作用。这种折叠型百叶会因开启与关闭状态不同，在建筑立面上形成有趣的肌理，一定程度上迎合了当今建筑设计中多元化的设计思

潮。但在设计中应避免由于热胀冷缩引起的构件变形情况，保证百叶的正常折叠使用。

4）遮阳板

遮阳板可以由建筑师根据建筑造型的需要进行专门设计，再指定工厂进行加工制作，也可直接采用厂家预先生产的产品。遮阳板的形式有条型固定式遮阳板、机翼型遮阳板以及玻璃遮阳板等（图6-5）。条型固定式遮阳板可以根据不同地区的日照情况及建筑物不同部位的要求，通过选用不同开口率的龙骨，来确定条形板遮阳片的布置角度，从而达到不同透光率的要求。此类遮阳板还能通过龙骨及构件的变化达到不同的造型要求。机翼型遮阳板因其具有较高的抗风压能力、更灵活的结构形式以及对光线更合理的折射角度而受到欢迎。机翼型遮阳板有水平式和垂直式，两者经过合理组合，能在满足遮阳功能的同时作为建筑物的一种室外装饰元素。而玻璃遮阳板可以在建筑形象上充分体现现代技术美学，它利用玻璃的特性和专门的控制设备来实现不同的调光效果。玻璃遮阳板一般采用热反射玻璃为材料，其最大好处是其能阻挡相当部分的热量，但不会造成视线遮挡，并能给人们带来简洁、明快和通透的感觉。

条型固定式遮阳板　　机翼型遮阳板　　玻璃遮阳板

图6-5　遮阳板形式

6.2.3 其他遮阳形式

1）玻璃自遮阳

玻璃自遮阳是指利用玻璃自身的遮阳性能，阻断部分阳光进入室内。常见的具有遮阳性能的玻璃有吸热玻璃、热反射玻璃、低辐射（Low-E）玻璃。这几种玻璃的遮阳系数低，因此玻璃自身能够起到遮阳效果。其中，吸热玻璃和热反射玻璃对自然采光有一定程度的影响，而低辐射玻璃的透光性能良好（图6-6），它在太阳光谱的红外区域反射率较高，而在可见光区域内有较高的透射率。然而，在利用玻璃进行遮阳时，窗户是关闭的，这使滞留在室内的部分热量无法散发出去，给房间的自然通风造成一定的影响。尽管玻璃自身的遮阳性能是值得肯定的，但是还必须配合百叶遮阳等措施，才能取长补短。

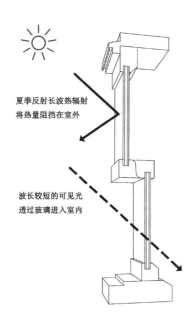

夏季反射长波热辐射
将热量阻挡在室外

波长较短的可见光
透过玻璃进入室内

图6-6 Low-E玻璃自遮阳原理

2）绿化遮阳

绿化遮阳即借助树木或者藤蔓植物来遮阳，是一种既有效又经济美观的遮阳措施，比较适合多层建筑（图6-7）。首先，植物遮阳与建筑构件遮阳的原理不同，构件遮阳在遮挡阳光的同时也吸收了

太阳辐射热量，并将热量以对流和长波辐射方式散发出去，可能会导致遮阳板对室内的二次热辐射；而植物叶冠则是将拦截的太阳辐射吸收并转换，其中大部分阳光被植物的蒸腾作用消耗，另一部分通过光合作用转换成生物能，因此植物叶面温度并未显著提高。其次，绿化遮阳还能吸收周围环境中的热量，从而降低了局部环境温度并降低围护结构表面温度，形成能量的良性循环。不仅如此，植物还起到降低风速、提高空气质量的作用，综合效能明显。此外，植物遮阳在遮挡了夏季的酷热的同时，使建筑与自然环境相互融合。

绿化遮阳有种树和棚架攀附植物两种形式。前者要根据窗口朝向对遮阳形式的要求来选择和配置树种。后者需考虑攀附棚架的布置方向，如水平棚架起水平式遮阳的作用，垂直棚架起挡板式遮阳的作用。绿化遮阳最为理想的树种是落叶乔木，茂盛的树木可以遮挡夏季灼热的阳光，而冬季稀疏的枝条又能让温暖的阳光射入室内，这是普通固定式遮阳构件无法实现的。

图6-7 建筑中的绿化遮阳

3）建筑屋面遮阳

建筑屋面的遮阳包括建筑中庭的遮阳、建筑天窗的遮阳以及建筑屋顶（不透明）的遮阳等多种形

式。建筑中庭是一种在公共建筑中广泛应用的空间形式，冬季充沛的阳光透过大片玻璃可使中庭迅速升温，在创造了优良室内环境的同时还降低了建筑冬季采暖负荷。但同样的热过程若发生在夏季，就会造成中庭过热，因此在建筑中庭中需考虑遮阳设计。中庭的内遮阳能将直达中庭底层的直射光转换为散射光，使室内热环境更加均匀（图6-8）。但内遮阳会使室内热量无法及时排出，从而引起中庭温度升高，造成夏季空调能耗加大。相比之下，外置式遮阳板能更为有效地阻止阳光的入射，降低中庭的夏季能耗，但同时会减弱冬季中庭的温室效应（图6-9）。

图6-8　国外某建筑中庭内遮阳

图6-9　南海意库中庭的光伏板外遮阳

建筑天窗可以增加大房间深处的室内自然光照度，对大进深和大跨度建筑而言，良好的天窗采光非常必要。由于同等面积的光线由天窗进入要比由侧窗进入在水平工作面上形成的立体角大，而且天窗对应的天空亮度要高，所以对水平工作面而言，天窗比侧窗采光效率要高得多。但建筑天窗也可能带来眩光和过热等严重问题，因而天窗结合遮阳措施是两全其美的办法。

建筑屋顶（不透明）会获得比建筑墙面更多的太阳辐射，造成建筑顶层室内过热。通过遮阳措施，能有效遮挡太阳对屋面的直接辐射。有研究表明，通过遮阳技术控制屋顶的太阳辐射照度，则屋顶的传热负荷可削减近70%，节能效果十分显著。而且通过对建筑屋顶的遮阳，可以减小屋顶日温度波幅，降低其产生热裂的可能性。屋顶遮阳也能结合整体造型，如屋顶构件和屋顶花园等，创造出独具个性的建筑形象。建筑屋顶遮阳在热带和亚热带地区较为常见，如印度建筑师查尔斯·柯里亚（Charles Correa）的大量作品，以及马来西亚杨经文（Ken Yeang）的自宅、梅纳拉商厦、IBM大厦等。

4）建筑自遮阳

建筑自遮阳是利用建筑的体形或建筑构件本身形成阴影区域，使建筑窗户等处于阴影之内。常见的自遮阳可以是利用局部加厚墙体来遮挡从窗口两侧射入的光线，起到垂直式遮阳的效果，也可以是利用上下层楼板的进退关系，形成水平式遮阳的效果，还可以是结合窗口所在位置进行凹凸变化，发挥类似综合式遮阳的作用。

一些建筑大师在他们的作品中，弱化了遮阳作为独立构件的概念，而是加强遮阳设计与建筑平面功能的相互结合，形成浑然一体的自遮阳效果。勒·柯布西耶设计的印度昌迪加尔议会大厦和高等法院（图6-10）充分地利用建筑之间或建筑构件之间的相互遮挡，形成自遮阳效果，达到减少屋顶和墙面得热的目的。建筑采用通风良好的非功能性的大屋顶作为建筑顶部遮阳，立面设置粗犷的大进深混凝土花格来减小房间进光量，富有特色的建筑形态和遮阳格栅浑然一体。赖特设计的古根海姆博物馆，通过层层向外扩展的螺旋形走道，形成自遮挡，而建筑在外观上表现出一气呵成的设计效果（图6-11）。

图 6-10　昌迪加尔法院自遮阳

图 6-11　古根海姆博物馆自遮阳

6.3　建筑遮阳设计的考虑因素

6.3.1　遮阳与建筑外观

建筑遮阳设计应与建筑外观设计相结合，进行一体化设计，遮阳装置应构造简洁、经济实用、耐久美观、便于维修和清洁，并应与建筑物整体及周围环境相协调。从建筑美观的角度，遮阳设计需考虑如下几点：①韵律感：把窗洞与遮阳构件作为建筑的基本构图要素"点"，将多个"点"有序组合成"线"或"面"，体现建筑的整体统一性和韵律感，并真实地反映出建筑的尺度。②虚实对比：遮阳会在建筑立面上形成阴影，那么遮阳构件、阴影以及立面上的实墙和玻璃就形成了多重的虚实对比和凹凸变化，使建筑物外观获得丰富的艺术效果。③层次感：遮阳构件作为建筑物的装饰性要素，既丰富了建筑立面构图，又强化了空间的领域感，突出了建筑立面的细部，加强了建筑外观的层次感。

6.3.2　遮阳与自然采光

建筑遮阳对于自然采光会带来两方面的影响：其一，建筑遮阳可以阻挡直射阳光进入，减弱直射光照射到工作面上，并将其转化为柔和的漫射光以提高室内采光的均匀度，同时避免室内眩光，改善室内光环境，降低日间人工照明的能耗；其二，建筑遮阳在一定程度上降低了室内照度，这种不利影响在阴雨天或者一早一晚显得更为明显。实验表明，在一般遮阳条件下，室内照度可降低 20%～58%，其中水平和垂直遮阳板可降低照度 20%～40%，综合遮阳板降低 30%～50%。综合考虑建筑遮阳对自然采光的正反两方面的作用，在设计中应该趋利避害，如建筑中采用可变化的遮阳系统比采用固定遮阳更有利于建筑采光，可变化遮阳系统既能在室外阳光充足时进行遮阳，又能在室外光线条件不佳时收起，从而满足室内采光需要，操作也更加灵活便捷。

6.3.3　遮阳与自然通风

建筑遮阳对室内自然通风也会带来两方面影响：一方面遮阳板对自然通风有一定的阻挡作用，在开启窗口进行通风的情况下会使室内风速减弱 22%～47%；另一方面，合理的建筑遮阳也可以对自然通风起到引导作用。关于太阳与自然通风的关系，请参见本书下一章节。

6.4   建筑遮阳的实例

如今，遮阳系统已经广泛地应用于世界各地的建筑设计中，以下以几个实例为代表，介绍遮阳在建筑热环境、建筑节能及建筑形体美感等方面所起的作用。

6.4.1   威斯敏斯特城市学院

威斯敏斯特城市学院（City of Westminster College，London，UK）位于英国伦敦市中心，由一座 20 世纪 60 年代废弃的旧楼改建而成，改造后的建筑围绕中庭组织空间层层出挑，并在外观上形成了一个带有阳台的层叠而上的倒梯田造型（图 6-12）。该建筑的外观设计不仅出于造型考虑，还起到了建筑自遮阳的效果。建筑东南立面上的墙体，自上而下逐层后退一定距离，使得东南朝向的窗口处于出挑楼板形成的阴影之中。由于威斯敏斯特城市学院地处中高纬度的伦敦地区（北纬51°），夏季日出后太阳高度角较大，位于东南面的窗口会接收到从上方直射进入的光线。此时建筑形成的自遮阳起到了水平式遮阳构件的作用，阻挡

高度角较大的阳光进入室内以避免室温升高。而在冬季，伦敦地区全天太阳高度角较小，东南向自遮阳形式允许早晨温暖的阳光更多地进入室内，降低建筑的采暖负荷。威斯敏斯特城市学院的自遮阳设计还考虑到与城市空间的互动关系。水平挑出的自遮阳将建筑南向的帕丁顿绿色公园的风景毫无阻碍地引入室内，营造出赏心悦目的学习和活动空间。

6.4.2   清华大学设计中心楼

清华大学设计中心楼在设计中充分考虑了遮阳设计，设计者根据北京各季节不同的太阳高度角、方位角，计算出各层遮阳板的间距以及竖向百叶间距，在建筑南向大面积安装铝合金水平遮阳格栅，实际遮阳效果良好。实测情况表明，夏天阳光只能照进窗内 1m 多范围内，而冬季阳光能照进室内 6m 左右进深处。在建筑朝西面距建筑主体 4.5m 处设置了一整面混凝土防晒墙，可以在完全遮挡西晒阳光的同时，保证足够的漫射光进入室内以达到足够的照度（图6-13）。此外，设计中心楼还在建筑屋顶设置天棚构架，起到遮蔽阳光直射的作用，架空层内的空气流动能迅速地带走热量、降低屋顶的温度。

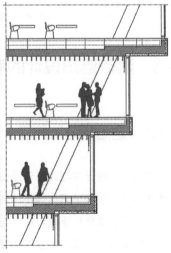

图 6-12 威斯敏斯特城市学院的建筑自遮阳

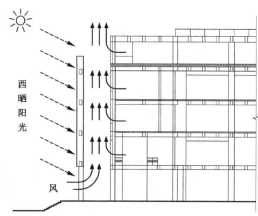

图 6-13　清华大学设计中心的西向防晒墙

6.4.3　华南理工大学逸夫人文馆

华南理工大学逸夫人文馆在遮阳和防热设计方面采用了多种措施：在屋顶上设置可调式遮阳百叶，通过变换百叶板角度，实现对阳光的有效控制；利用柱廊与脱开的墙体来阻挡太阳光的直射；采用低辐射玻璃及浅色干挂石材降低辐射热等。在屋顶遮阳设计方面，该建筑根据广州地区的气候特点，综合考虑冬夏两季的太阳辐射量的不同，利用透光系数的计算方法来考虑遮阳构件的倾斜角、间距和遮阳板的长度等。人文馆在屋顶和弧形架空廊上均采用了带有固定倾斜角度的遮阳板，在阳光的直射下，这些遮阳构件有效地阻挡了大部分的阳光，使建筑的屋顶和墙面均有浓厚的投影，有效地减少了建筑接受太阳直射的面积。据测试，广州地区冬至日正午时刻的太阳高度角约为 43.4°，而夏至日正午时刻的太阳高度角则接近了 90°，为在保证建筑冬季采暖的同时，最大限度地阻挡夏季太阳直射辐射，人文馆将屋顶遮阳构件的倾斜角度设计为 40°（图 6-14、图 6-15），这样冬至日正午时刻的大部分阳光都可以通过遮阳构件照射在建筑上面，相对而言夏至日的阳光则被遮阳板挡住，只允许少量光线透过以形成光影变化。据华南理工大学建筑节能中心实验表明，该遮阳系统设计使得夏至日正午

时刻的太阳辐射约有 85% 被遮挡在了建筑的外面，而冬至日有 80% 的太阳直射辐射能够到达建筑表面（图 6-16）。对遮阳构件精确的设计有效地改善了人文馆夏季顶层房间的室内舒适性，并降低了空调能耗。

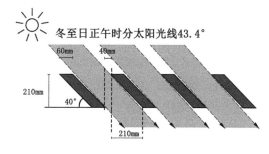

图 6-14　冬至日正午阳光入射情况

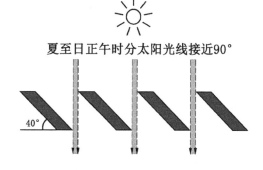

图 6-15　夏至日正午阳光入射情况

8:30　　　12:00　　　16:00

2003年7月2日阳光透过状况

2002年12月24日13时　　　2003年7月2日正午

图 6-16　华南理工大学逸夫人文馆遮阳外景

6.4.4　圭亚那大学图书馆

　　圭亚那大学图书馆位于南美洲乌拉圭的首都卡宴。该项目地处赤道附近，属于热带地区，日照丰富、太阳辐射大，因此这座大学图书馆在设计过程中需要充分考虑热环境的适应性，以及采光与遮阳的平衡。建筑物的防晒基于双层外墙的设计。所有的外墙，特别是东西外墙都受到这种木制过滤器的保护，形成了非常有效的遮阳效果，倾斜的屋顶保护了图书馆内免受圭亚那（赤道附近）非常强烈的太阳辐射的影响，具体设计措施可分为遮阳设计、开放的走廊空间和热环境适应性设计。

1）遮阳设计

　　图书馆外层安置了一个巨大的百叶木格栅方体，这层立面给图书馆披上一层光影（图 6-17）。图书馆本体与格栅方体之间的半室外空间可用作展廊，这里的空间免受烈日和暴雨，因此也能充当一个开

图 6-17　圭亚那大学图书馆的遮阳设计

放的公共聚会空间。这层建筑外表皮设计形成了图书馆美观的造型，并使得图书馆与周边校园环境联系紧密。

2）开放的走廊空间

　　图书馆被可变尺寸的外围空间包裹起来，称为"走廊"。该走廊是一个开放空间，是学生聚会和通过的地方，是室内外之间额外的空间，可避免日晒雨淋。"走廊"空间也被称作木制过滤器——围绕混凝土芯倾斜地放置的一堆木制花边构成。建筑

呈现出开放的姿态，向大学提供了额外的集体空间，一个促进社交的过渡空间，将柔和的光线带入建筑物内，为校园提供了一个高度统一的地标式建筑。

3）热环境适应性设计

卡宴位于赤道附近，属于热带地区，因此图书馆的建筑设计过程中也充分考虑了热环境适应性。建筑的双层外表皮防止过多的阳光进入室内。室内光环境避免直射光，在立面上开大小不一的小型窗口使得自然光均匀柔和进入室内（图6-18），形成漫反射照明。此外人工辅助照明也均匀而柔和。

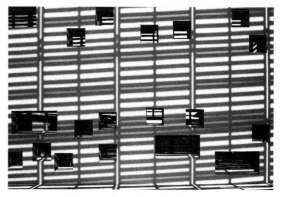

图 6-18　圭亚那大学图书馆开窗设计

第7章 Solar Energy and Building Natural Ventilation Design
太阳能与建筑自然通风设计

7.1 自然通风的概述

    通风可以为建筑室内更新空气，并在炎热时节降温减湿，保持健康舒适的环境。建筑通风按产生动力的来源分为自然通风和机械通风。机械通风主要指使用空调等机械设备产生动力，使空气沿着管道送入室内或将有害气体排到室外。然而空调是建筑中的"耗能大户"，同时也是温室效应的"幕后推手"，过度使用甚至会给人们的身体健康带来负面影响。而自然通风则具备创造健康舒适环境和节能的优点。因此，自然通风常常是建筑通风设计的优先策略，机械通风则作为自然通风的补充与加强。自然通风通常由建筑师在规划和建筑设计中完成。本章讲述的便是如何利用自然通风的原理和要素来实现自然通风，如何利用太阳能来达到强化自然通风的目的，以及通风模拟软件在建筑通风设计中发挥的作用。

7.1.1 利用自然通风的传统经验

    人们很早就通过自然通风来创造健康舒适的建筑环境，并逐渐认识到风向与风速的变化规律。在气候炎热干燥的地区，人们常常通过组织夜间通风或设置招风斗（风塔）和垂直拔风等方法来为建筑降温。中东地区的民居使用巨大厚重的保温材料作

为围护结构，同时在房顶上设置斗形风口或风塔，加速空气流动。在夜间，利用通风向室内引入凉爽的新风，为围护结构降温，同时使其在第二天继续发挥调节室内温度的作用（图7-1a）。我国新疆地区的阿以旺（指带天窗的"夏室"，作起居、会客之用）则是利用热空气上升的原理将热量由通风天窗排至室外，为室内降温（图7-1b）。

(a) 阿联酋迪拜市的房屋及其上的风塔

(b) 我国新疆地区阿以旺的通风天窗
图7-1 气候炎热干燥地区对自然通风的传统利用

在气候炎热湿润地区，人们往往采用宽大的窗子、轻便的建筑材料和底层架空的方法来避免湿气，加速通风。传统日式民居的梁柱结构、可移动的纸糊木板墙、宽敞的挑檐，都为自然通风创造了有利条件（图7-2a）。我国南方的干栏建筑所采用的底层架空方式，能在躲避虫害的同时避开潮湿的地气，并有利于底层的自然通风（图7-2b）。

(a) 日本传统民居

(b) 我国南方地区的干栏建筑

图 7-2　气候炎热湿润地区对自然通风的传统利用

7.1.2　自然通风的作用

自然通风在传统建筑中的作用不言而喻，在当代建筑中仍具有重要意义。良好的自然通风具备健康性、舒适性、节能性三大作用。

1）健康性

通风能够把室内受污染的浑浊空气冲淡和带走，带入新鲜空气，有效地保持室内空气的洁净度。据测定，一个成年人每小时需要 $30m^3$ 的新鲜空气，如果室内二氧化碳浓度超过 2%就会使人头痛、胸闷、血压升高。在现代建筑中，忽视通风换气已造成了许多建筑环境空气质量不合格的案例。如室内装修释放的有毒气体得不到及时换气排除，造成大量装修房存在着空气污染超标问题，又如因楼距过密、缺乏通风考虑而造成的病菌传播，都是由于忽视建筑通风设计而带来的负面影响，不仅危害了居民的身体健康甚至危及生命安全。防止此类事故发生的方法除了从源头上控制污染源外，合理引导和加强通风是极为重要的。可见，通风的一个基本作用在于保证室内空气的动态洁净，给人们提供一个健康安全的室内空气环境。

2）舒适性

除保证空气质量外，通风还具有明显降温除湿、提高舒适性的作用。通风能排除室内部分湿气，带走建筑构件表面的热量，使建筑室内微环境得以改善，从而满足人体对热舒适性的要求。对人体而言，通风最直接的效果是以对流换热及汗液蒸发的方式带走皮肤热量，有效降低人体热感。

3）节能性

在传统民居中，通风可保证生理健康，并让人体感觉舒适。而在现代建筑中，自然通风还能大量地节省为保持室内热舒适所需消耗的能源，达到节能效果。例如有效的自然通风可以大幅降低人体对空调的依赖程度，从而减少能源消耗。将通风这种古而有之的朴素技术灵活应用于现代建筑中，对当下的建筑节能具有现实意义。

7.2　自然通风的形式

通常意义上建筑的自然通风是指通过有目的

地开口,如门、窗、烟囱等,产生空气的流动。这种流动直接受建筑表面的压力分布和具体开口情况的影响,分布在建筑表面的压力是空气流动的动力,而各开口则是空气流动的进出端。建筑表面的压力分为风压和热压:风压是由建筑物周围风力作用引起的,热压是由于热空气比冷空气轻,因而形成了浮力作用。自然通风受风压和热压的影响,这两种因素可单独起作用,也可共同起作用。

7.2.1　热压通风

热压通风是利用建筑内部的空气热压差,即通常所讲的"烟囱效应"来实现自然通风的。如图 7-3 所示,利用热空气上升的原理,在建筑上部设排风口可将污浊的空气排走,而室外新鲜的冷空气则从建筑底部被吸入。热压作用的效果与室内外温差和进出口高度差有关,室内外温差和进出口高度差越大,则热压作用越明显。因此,增加室内外空气的温度差或者加大进、出气流中心的高度差都能增加热压,从而提高通风换气量。

在建筑设计中,为了充分发挥热压通风的效果,可利用建筑物内部贯穿多层空间的楼梯间、中庭、拔风井等以满足进、排风口的高差要求,并在顶部设置可以控制的开口,将建筑各层的热空气排出,达到自然通风的目的。热压通风不太依赖室外环境,因此更能适应常变的外部风环境。但对"烟囱"的出入口位置、高度、大小、材质等方面的设计还需建筑师和其他相关专业工程师共同探讨和研究。另外,"烟囱"的形式也并非传统意义上的烟囱,如今由这一原理已演变出多种建筑通风形式,诸如太阳能烟囱、太阳能通风墙、双层玻璃幕墙等。不同的通风形式与建筑美学的巧妙设计,体现出功能和艺术的完美结合(详见 7.4 节)。中国传统的天井庭院式建筑就是利用庭院或天井与室内的温度差形成好的自然通风环境。

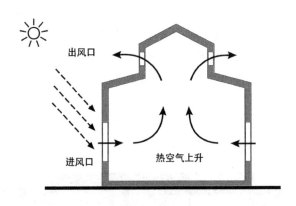

图 7-3　热压通风原理示意图

7.2.2　风压通风

当风吹向建筑物时,因受到建筑物的阻挡,建筑的迎风面会产生正压力,同时,建筑物的各个背面、侧面,当气流绕过时会在相应位置上产生负压力。如图 7-4 所示,气流由于经过建筑物而出现的压力差促使空气从迎风面的窗缝和其他空隙流入室内,而室内空气则从背风面孔口排出,这就形成了风压驱动的自然通风。压力差的大小同风与建筑的夹角、建筑几何形状、建筑物四周的自然地形等因素相关。具有良好外部风环境的地区,风压可作为实现自然通风的主要手段。人们通常所说的"穿堂风"就是利用风压作用在建筑内部产生空气流动。

利用风压作为动力的自然通风基本形式是:室外空气从房屋一侧窗流入,从另一侧窗流出。显然,

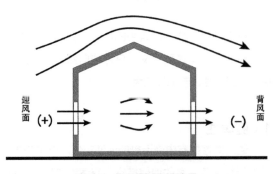

图 7-4　风压通风原理示意图

进气窗和出气窗之间的风压差越大、房屋内部空气流动阻力越小，则通风越流畅。因此房屋在通风方向的进深过大就会影响通风效果。为了利用风压来实现建筑自然通风，在设计时应注意：建筑应有较理想的外部风环境；建筑应面向夏季夜间风向，房间进深较浅，以便形成穿堂风；由于自然风变化幅度较大，在不同季节、不同风速、风向的情况下，建筑应采取相应措施，如适宜的构造形式（可开合的气窗，百叶窗等）来调节室内气流状况。另外，依据流动空气的压力随其速度的增加而减小的原理，可以在建筑中局部留出横向的通风通道，当风从通道吹过时，会在通道中形成负压区，从而带动周围空气的流动，这就是管式建筑的通风原理。通风的管式通道要在一定方向上封闭，而在其他方向开敞，从而形成明确的通风方向。这种通风方式可以在大进深的建筑空间中达到较好的通风效果。

7.2.3　热压与风压共同作用的自然通风

建筑物由于受建筑布局、地理位置、气候因素等综合因素的影响，风压通风与热压通风往往是互为补充、密不可分的，只是各自作用的强弱不同：建筑进深较大的部位多利用热压来达到通风效果，而进深较小的部位多利用风压来直接通风。在建筑设计中，建筑师往往把热压通风和风压通风的特点结合起来，创造出适宜的自然通风环境。

7.2.4　机械辅助的自然通风

在一些大型建筑中，由于空气流动阻力大、通风路径长，单纯依靠热压和风压往往难以满足通风需求；而在空气、噪声污染较严重的城市，室外污浊的空气和噪声通过自然通风直接带入室内，不利于人体健康。在这种情况下，建筑物常常采用机械辅助式的自然通风系统。该通风系统有一套完整的空气循环通道，辅以符合生态思想的空气处理手段

（如深井水换热、土壤预冷预热等），并将机械动力与温差造成的热压相结合，以形成室内外空气对流。与前述的自然通风方式相比，虽然机械辅助式通风系统要消耗一定的能源，但是因为气流得到了重新组织，自然通风能达到更好的效果。

7.3　太阳能强化自然通风

利用太阳能强化自然通风，是利用热压通风原理，即烟囱效应来加强通风效果。与机械通风相比，太阳能强化自然通风可在提高室内空气质量的同时，节约能源、减少对环境的破坏；与传统的风压自然通风形式相比，太阳能强化自然通风更为高效和可控。目前，太阳能强化自然通风的常用形式包括：太阳能烟囱、太阳能通风墙、双层玻璃幕墙与中庭。下文将分别讲述这些形式如何利用太阳能来加强通风效果。

7.3.1　太阳能烟囱

太阳能烟囱是太阳能强化自然通风的典型代表。烟囱效应在我国传统民居中已有诸多运用。如四合院、庭院细高的天井、新疆土拱住宅及蒙古包等都是利用烟囱效应实现通风、降温、排烟的典型。然而，太阳能烟囱作为一项集成技术被人们系统性地研究则是在 20 世纪后半叶，并在此之后逐步应用到建筑上。

1）基本形式

太阳能烟囱根据结构形式的不同，有竖直集热板屋顶式、倾斜集热板屋顶式、墙壁 - 屋顶式、辅助风塔通风式等。其中竖直式太阳能烟囱是比较常见的，应用范围也相对广泛。

太阳能烟囱按空气流动的途径可分为进风口、

烟囱通道、出风口。烟囱通道是由外部受热面与内部吸热面围合而成。受热面通常为透明的玻璃盖板，用以接收更多的太阳辐射；吸热面与受热面间隔一定宽度的空气通道布置，用来吸收太阳能并加热通道内的空气。

2）通风原理

太阳能烟囱是利用热压驱动自然通风的。如图 7-5 所示，太阳辐射透过透明玻璃盖板进入烟囱通道后被吸热板吸收，加热通道内的空气，使空气产生内外密度差，驱动通道内空气向上流动。室内空气由通道下部进入太阳能烟囱，被加热的空气密度降低，随后从上部出风口排出至室外，较冷而密度略大的空气则不断自下部的进风口补充。在空气不断地流动过程中，室内的热环境得以改善。

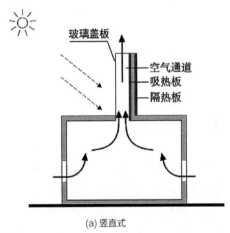

(a) 竖直式

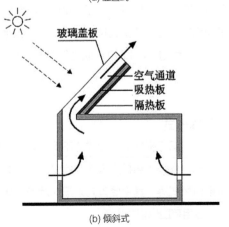

(b) 倾斜式

图 7-5　太阳能烟囱通风原理示意图

3）设计要点

太阳能烟囱的通风效果取决于室外的气候条件和烟囱的结构与尺寸。前者包括太阳辐射、室外温度、风速，而后者包括受热面、进出口面积、进出口位置、烟囱通道的高度与宽度等因素。室外气候条件的因素难以控制，因此，对于设计者来说，重要的是如何通过烟囱的优化设计有效利用室外气候条件来增加通风量，达到强化通风的目的。

受热面是接收太阳辐射的"门户"。根据受热面的位置及数量、出风口位置，可将其分为以下几种方式：单个侧面受太阳辐射热，出风口开在受热面或非受热面一侧；两相邻侧面均受太阳辐射热，出风口开在受热面或非受热面一侧。当出风口开在受热面上时，通风量随受热面温度的升高有较大增加。此外，当受热面温度增加到一定值以后，其对通风量变化的影响逐渐减小。这是由于随着温差增大，气体的黏性阻力增大，气体密度减小，体积膨胀，引起附加的热阻力，使得通风量减小。

烟囱进出口的相对位置则是实现热压通风的关键。进出风口之间的高差越大，产生的热压越大。同时，烟囱的出口应尽量处于风压负压区，这样可以利用风压来加强烟囱效应，同时还可以避免产生倒灌气流。当出风面积与进风口面积比增加时，通风量随之增加。出风口面积增加时，上浮的空气能及时排出，有利于通风。

烟囱通道是发生热交换的核心空间。通道高度较小时，通风量随烟囱高度增加而增大；而当高度增加到一定值时，通风量有所下降。这是因为当烟囱宽度不变时，随着烟囱高度的增加，引起空气流动的热压随之升高；而当烟囱高度增加到一定值时，由于烟囱的断面大小对有限空间内的对流换热影响很大，所以即使继续增加高度对换热影响并不大，通风量反倒有所下降。

烟囱通道的宽高比是影响通风量的又一重要因素。通风量随宽高比的增加呈现先增后减的趋势，达到一定宽高比后，通风量几乎不再随宽高比变化。

当通道的宽高比约为 1/10 时通风量达到最大值。当超过优化尺寸宽度后，烟囱出口中心处会出现回流导致通风量反而减小。

此外，在建筑设计中，如果能将太阳能烟囱与其他建筑构件如风塔、天井、楼梯间等结合起来，如将太阳能烟囱建在建筑构件的顶部或一侧，不仅可以实现更有效的自然通风，还可达到太阳能烟囱与建筑设计一体化的效果。

4）建筑实例

由迈克尔·霍普金斯（Michael Hopkins）设计的英国诺丁汉税务中心（Inland Revenue Center，Nottingham，UK），建筑高度为 3~4 层，整个建筑群采用的是四合院的组合方式，场地周边风速较小（图 7-6）。建筑师为了获得更好的自然通风效果，在建筑转角的楼梯间设置了圆形太阳能烟囱，带动各楼层的空气循环。烟囱的表面以玻璃为材料，有利于最大限度地获取太阳能辐射热量，提高烟囱内空气温度，从而进一步加强浮升效果。

另一方面，通风塔的顶部是一组可以升降的圆柱形风帽，以便根据不同季节建筑的使用要求进行升降变化，使其在夏季能够获取建筑顶部较大的风速，又能在冬季封闭排气口后变成玻璃温室。

7.3.2　太阳能通风墙

太阳能通风墙又称特朗勃墙，同样是借用了热压通风的原理。在冬季，太阳能通风墙等同于本书第 3 章介绍的集热蓄热墙，是一种被动式采暖方法；在夏季，太阳能通风墙则可以实现建筑的自然通风降温。冬季采暖工况已在前文中详细介绍，本小节将补充说明夏季通风降温的工况。

1）基本形式

太阳能通风墙主要由外墙（或玻璃、塑料薄片等透明材质）、太阳能集热面、外墙与集热面之间的空腔组成。其组成与工作状况类似于太阳能烟囱。集热面上方开有小孔，可根据在不同工况下是否需

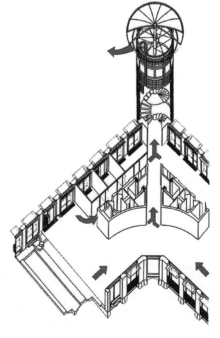

图 7-6　英国诺丁汉税务中心实景及通风方式示意

要向室内引入空气来控制其开闭。

2）通风原理

太阳能通风墙的通风原理如图 7-7 所示，在炎热的夏季，集热面上方的孔洞关闭，只打开玻璃的上风口与集热墙下风口。进入空腔的空气不会直接进入室内，而是在烟囱效应的驱动下不断上升被排出室外。夹层内空气的流动能够防止室内过热，同时带走室内的部分余热。

3）设计要点

太阳能通风墙的通风效果同样与室外气候条件及其自身的结构与尺寸密切相关。室外气候条件包含太阳辐射强度、空气温度以及风速等。太阳辐射强度的加大与室外气温的升高对改善通风墙的性能是有利的。然而，室外风速太大则对强化自然通风不利。通风墙自身的高度、宽度、厚度是影响通风的关键。墙面高度与宽度的增加，均会带来通风量的增大。这是由于高度与宽度的增加导致集热面积增大，从而可吸收更多的太阳辐射能来加热夹层内的空气，驱动其流动。在高度与宽度一定时，随空气层厚度的增加，通风量先是增加，但当夹层厚度过大时反而下降。因此，盲目增大空气层厚度对于通风是不利的，存在着一个最佳的空气通道宽度。

4）建筑实例

位于英国沃特福德的建筑研究所环境楼（Building Research Establishment Environmental Building, Watford, UK），将太阳能烟囱与太阳能通风墙相结合来实现建筑的自然通风（图 7-8）。在建筑南侧立面，五个颇具个性的风帽高出建筑屋面，风帽下部则与南侧太阳能烟囱相连。太阳能烟囱与玻璃幕墙在南立面上相互间隔布置，形成虚实相间的效果。空气由南向立面底部进入烟囱井道内，受到太阳能通风墙的加热作用，温度升高，热空气从顶部的风帽排出，从而带走室内的热量。

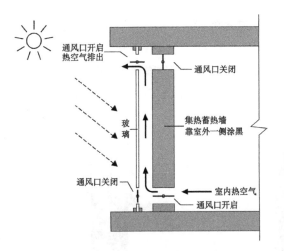

图 7-7　太阳能通风墙通风原理示意图

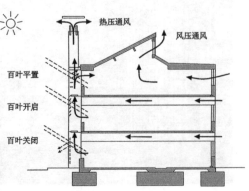

图 7-8　沃特福德建筑研究所环境楼及通风方式示意

7.3.3 双层玻璃幕墙

双层玻璃幕墙作为建筑外围护的新形式，除保留传统玻璃幕墙在造型与采光方面的优势外，还可最大程度地减少建筑室内外的热量交换，以减少空调运行能耗，达到建筑节能、提高室内舒适度的目的。20 世纪 20 年代末，柯布西耶就对"双层玻璃通风系统"进行了理论上的探讨。1978 年，位于纽约州尼亚加拉大瀑布的胡克办公大楼（Hooker Office Building，New York，USA）（图 7-9）第一次实现了柯布西耶的通风理念。1986 年，由理查德·罗杰斯（Richard George Rogers）设计的伦敦劳埃德大厦（Lloyd's Building，London，UK）建成，使得双层玻璃幕墙越发受到人们关注（图 7-10）。

图 7-9 胡克办公大楼

图 7-10 劳埃德大厦

20 世纪末，计算机技术的发展使得双层玻璃幕墙在形式、尺寸、细部节点上与自然通风的关系有了准确的表达。在利用可再生能源方面，双层玻璃幕墙与太阳能光伏电池板、集热器相结合，创造了更具节能效益的生态建筑。现在，双层玻璃幕墙作为建筑的一个元素，有了更加丰富的设计内涵，在建筑与技术的巧妙结合下，双层玻璃幕墙可对气候做出积极的回应，结合太阳能在冬、夏两季不同的特点，营造出高度舒适的室内空间。

1）基本形式

双层玻璃幕墙由三部分组成：内幕墙、外幕墙及双层幕墙间形成的空腔。空腔内通常设有遮阳百叶。根据双层玻璃幕墙的构造形式和通风方式的不同可以划分成以下几种类型（表 7-1）：

（1）外挂式双层玻璃幕墙

外挂式双层玻璃幕墙是双层玻璃幕墙中最简单的一种方式，建筑真正的外墙位于"外皮"背后 300 ～ 2000mm 处，其间距视建筑的平面形式、双层皮的构造连接方式及建筑外墙的开窗方式而定。双层之间的空间既不做水平分隔，也不做竖向分隔。这种幕墙系统因双层表皮之间的气流缺乏组织，故对改善建筑的热环境并无明显作用。这种幕墙往往用于城市嘈杂环境中，以隔绝噪声为主要目的。意大利著名建筑师伦佐·皮亚诺（Renzo Piano）设计的位于柏林波茨坦中心的德比斯大厦（Debis Building，Berlin，Germany）采用了这种技术策略，电脑控制的单反玻璃百叶可以进行自动调节，使"外皮"成为可控的自然通风系统。

（2）箱式双层玻璃幕墙

箱式双层玻璃幕墙由幕墙框架划分成独立的单元。幕墙框架在水平方向上一般依据建筑轴线或以房间为单元分隔；在垂直方向上，一般按楼层划分。在每一个单元的外层幕墙上，玻璃下部设有进风口，上部设有出风口。为了防止下部单元的排气又成为上部单元的进气，箱式双层玻璃幕墙常常在水平方向以两

不同类型双层玻璃幕墙的通风原理及其相应实例　　　　　表 7-1

外挂式		
箱式		
井箱式	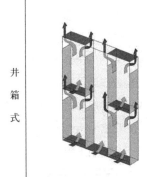	
走廊式		

块玻璃为一组，形成一层楼高、两块玻璃宽的单元。这种形式可以最大程度地减少上下左右相邻房间的干扰。目前，箱式是最常用的双层玻璃幕墙形式。世界上第一座高层生态建筑——法兰克福商业银行大厦（Commerzbank Tower，Frankfurt，Germany）采用了这种双层幕墙。该大厦仅自然通风一项，可使每年每平方米节电量达到 12.4kWh。

（3）井箱式双层玻璃幕墙

井箱式双层玻璃幕墙是箱式玻璃幕墙的一种特殊构造，它包括一组箱式单元系统和一个贯通几层的竖井。由于竖井的高度很大，会导致竖井上下的压差很大。这样，竖井起到的烟囱效应更加明显，空气流动速度比箱式双层玻璃幕墙中的更快，大大提高了通风效率。这种双层幕墙形式充分利用了太阳能烟囱效应，且外层幕墙立面开口较少。位于德国柏林的阿德勒斯霍夫产业园的光子中心（Photonics Centre，Berlin，Germany）采用了这种幕墙形式。

（4）走廊式双层玻璃幕墙

走廊式双层玻璃幕墙在建筑外侧每层均形成外挂式走廊，在每层楼的楼板和天花板高度处分别设有进、出风调节盖板。上下层进排气口交错布置可防止从下层刚排出的空气又进入上层的通风间层，

以避免对空气质量和幕墙温度缓冲效果产生负面影响。不过，走廊式双层幕墙的每一个独立通风间层一般会与几个房间相邻，可能会带来噪声干扰。杜塞尔多夫的城市之门（City Gate，Dusseldorf，Germany）是采用这种幕墙形式的典型实例。

2）通风原理

双层玻璃幕墙的通风效果可以通过内外层进出口的开闭来控制，以满足不同季节的要求。在冬季，室内空气进入双层玻璃的空腔，掠过设置于空腔内的百叶，空气加热后再进入室内或接入空调系统的回风管。空腔内的气流与玻璃及百叶发生自然对流换热，收集热量加热空气然后进入室内（图7-11a）。另一种情况是室外的新鲜空气进入双层玻璃的空腔，掠过设置于空腔内的百叶，经过预热后再进入室内或接入空调系统的风管（图7-11b）。

在夏季，幕墙的双层玻璃的特殊结构及夹层内的遮阳百叶可减少太阳辐射，降低房间温度，减少降温负荷，达到节约能源的目的。图7-11（c）中，室外的空气进入双层玻璃的空腔，掠过设置于空腔内的百叶，然后排出空腔，可以有效地降低空腔的温度，通过调节百叶可以有效地减少进入室内的太

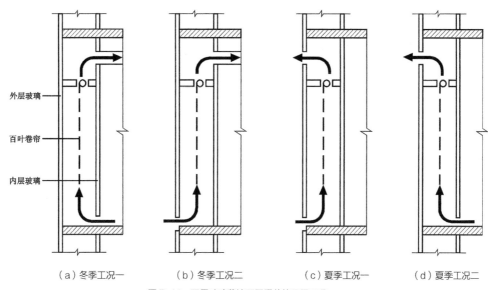

（a）冬季工况一　　（b）冬季工况二　　（c）夏季工况一　　（d）夏季工况二

图 7-11　双层玻璃幕墙不同季节的不同工况

阳辐射。图 7-11（d）中，室内温度较低的空气进入双层玻璃的空腔，然后排出空腔，很有效地利用室内空气减低空腔的温度达到节能的目的。

3）设计要点

空腔是双层玻璃幕墙系统的关键要素，它提供具有气候适应潜力的空气间层和安置可调节遮阳的空间。空腔内上下温差的大小与遮阳的设置有关，无遮阳时温差大，有遮阳时温差小。空腔间距与双层玻璃幕墙的防热能力有一定关联，间距过小会使空腔内及玻璃表面产生明显的过热，也不利于配件检修和清洁工作，空腔过大又会造成浪费。因此，空腔间距应综合各因素考虑。

风口的设置则决定着空腔内气流的运动路线。风口面积一定的空腔内的空气流量与气流速度有关，而气流速度又与空腔内的动力与阻力有关。有限的立面高度并不足以产生足够的"热压"动力，而曲折的通路则会形成气流的阻力。一般情况下，应首先满足风道中的通风顺畅后再考虑增加其长度。

玻璃的选择同样与双层玻璃幕墙的保温隔热能力息息相关。双层玻璃幕墙的空腔是建筑表皮的附加系统，内"皮"才是建筑真正的外墙。从节约能源的角度看，内"皮"使用中空玻璃更有意义。在冬季，内置的中空玻璃可以形成有效的保温层，防止热量外溢；在夏季，空腔温度一般高于室内温度，中空玻璃置于内侧，可以减少因内外温差导致的"热传导"，这样，以百叶遮阳帘解决太阳辐射的主要矛盾，以中空玻璃解决"热传导"的次要矛盾，可以将建筑能耗减至最小。对于"空腔跨楼层"的双层玻璃幕墙类型，要求内层玻璃除具有保温能力以外，尚应具有相应的防火及隔声能力。

双层玻璃幕墙也需要智能化控制。智能化控制系统涉及气候测量、制冷机组运行状况的信息采集、电力系统配置、楼宇控制、计算机管理、外立面构造等多方面的因素，需要多专业之间的相互配合。为了保证系统的高效益，智能化控制系统在建筑设计阶段就应被集成进去。

但是，双层玻璃幕墙若设计不当会严重降低其气候防护能力。在夏季，无遮阳、空腔不通风或复杂而不畅的通风方式会导致空腔增温并间接增加室内能耗。在冬季，若开启空腔通风口，势必减弱"温室效应"，导致外皮保温能力的降低。同时，需要考虑外界条件的变化（如室外温度、太阳辐射、风向等因素）来调整幕墙的通风模式，否则会出现空气倒灌入室内等不利情况。

7.3.4   中庭

在建筑中设置中庭，不但能显著改善建筑物的通风采光条件，调节建筑物内部的小气候，而且还能通过对自然资源的利用降低建筑物的能耗从而达到保护生态环境的目的，同时也丰富了建筑空间。

中庭起源于庭院（天井），希腊人最早在建筑中使用了露天庭院，后来罗马人在此基础上给天井加盖屋顶，形成了有顶盖的室内空间，即中庭的雏形。自从 20 世纪 60 年代美国建筑师约翰·波特曼（John Portman）将中庭引入大型公共建筑后，中庭的性质发生了根本性的变革。作为一种广受欢迎的公共空间，中庭在办公、科教、医疗等各类公共建筑中得到广泛应用。随着生态建筑理念迅速发展，中庭空间在吸收太阳辐射、改善自然采光、促进室内通风等方面的生态效应也逐渐被人们所认识。

1）基本形式

根据中庭与周围建筑空间的空间组织关系，中庭有以下几种类型。

（1）核心式。大型公共建筑内部宽大的直通屋顶的"内厅"，各层均向中庭开敞，顶部通常为大面积的采光屋顶，通常将电梯、扶梯或楼梯等垂直交通空间布置其中，从而使中庭形成交通枢纽。这是最常见、最典型的一种中庭形式。

（2）线性式。线性中庭实际上是一种加了顶棚的街道，存在于两段或几段建筑实体之间，为许多现代商业步行街所采用。

（3）接触式。中庭与建筑物主体的首层相通，与主体的其他楼层由外墙分隔，有的甚至只是贴附于建筑物的一侧。这类中庭一般都是封闭式的，在实际应用中通常设计为一个有良好视野和采光的宽敞的门厅或四季厅。

此外还有整体式、包围式等。在大多数实际工程中，中庭是上述各种形式的混合或某种形式的局部变化，并非单一类型。

2）通风原理

中庭通风通常借用烟囱效应实现，因此同样需要考虑不同季节不同的通风需求。在冬季，中庭通风原理类似于第 3 章中介绍的直接受益式被动采暖技术，太阳辐射引起中庭迅速升温，从而创造一个优良的室内环境。但同样的情况发生在夏季，若在设计中缺乏针对性的通风降温措施，则将导致中庭过热，引起空调能耗增加。因此，在夏季加强中庭空间的自然通风不仅可以解决中庭过热，还能够为中庭周围的房间降温。

在夏季，为了避免中庭空间过热，利用热压原理来加速自然通风。中庭内部在"烟囱效应"的作用下产生垂直方向上的温度差而形成热压通风。通过有效的建筑开口，将室外的凉爽新风引入，在中庭汇聚受热上升，从上部的开口排出，由此形成循环（图 7-12）。

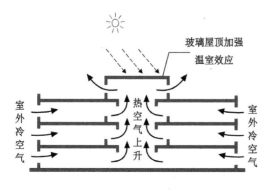

图 7-12　中庭通风原理示意图

3）设计要点

中庭的进风口与出风口的位置、温差、开口大小都会影响中庭空间的自然通风效果。同时，为防止中庭内过晒和过热，通常需要在屋顶附加遮阳措施。除了一般遮阳方法外，将太阳能光伏电池板同中庭屋顶整合，既可以满足这样的需求，也可以有效利用多余的太阳能进行发电。

进出风口之间的相对高差应尽可能大，一般分别位于中庭的底端和最高处。进出风口处的空气温度差值可通过利用周围地理环境和建筑平面、剖面的合理布局达到。为保证中庭玻璃顶附近的房间空气压力大于出风口的空气压力，应尽量提高出风口的高度，可像烟囱一样高高顶出屋面，避免污浊空气的回灌。进风口应尽量配置在建筑较冷的一侧，通常选择在有遮阳的北向。

当室外环境有水面或植物时，可让室外热空气越过水面和植物来降低其温度。在中庭空间内部，还可通过种植植物进一步降低中庭底部的空气温度。在建筑周围环境不是很理想的情况下，室外空气可通过埋在地下的风管引入，利用地下土的低温冷却室外热空气。

4）建筑实例

位于斯图加特维尔茨堡的行政大楼（Administration Building in Wurzburg, Stuttgart, Germany），利用中庭的通风效果为整个办公楼提供新鲜空气，并减少夏季对空调制冷系统的依赖。如图 7-13 所示，该大楼的中庭上方是可开敞的玻璃屋顶，它是实现自然通风系统的重要构件。当室内空气质量不高时，中庭的天窗将会开启，进行不间断换气。中庭内的热空气上升，从天窗排向室外，从而起到通风换气的作用。该大楼的中庭处还精心布置了一个水池，夏季阳光透过中庭采光顶照射到水面，水汽的蒸腾作用能够降低室内温度，配合中庭的通风效果，创造宜人的工作环境。

图 7-13　维尔茨堡的行政大楼及中庭通风示意

7.4　建筑通风的实例

7.4.1　英国诺丁汉大学朱比丽分校中央教学建筑风塔

1999 年建成的诺丁汉大学朱比丽分校新校园（Jubilee Campus），是目前公认的生态建筑标志之一（图 7-14、图 7-15）。2001 年，该项目获得了英国皇家建筑师协会杂志的年度可持续性奖。朱比丽校区是在原自行车工厂用地的基础上进行建筑更新和改建的，整个校园的设计将一个废旧的工业重地变成了一个充满生机的公园式校园。整个新校园约 41000m² 的建筑面积，可供 2500 个学生使用。

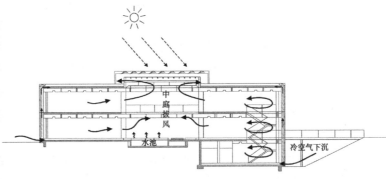

图 7-15　诺丁汉大学朱比丽分校俯瞰图

该校园由几栋三层教学建筑组成，每栋都包括三个翼楼，而翼楼又通过全高倾斜的玻璃房或开放式庭院相连。朱比丽校园设计所采用的通风策略可以称作热回收低压机械式自然通风。它是一种混合系统，即在充分利用自然通风的基础上辅以有效的机械通风装置。在楼梯间的屋顶安装"风塔"，它是集成的机械抽风和热回收装置，在建筑外部呈一造型独特的金属"风斗"，如图 7-16，它在 2 ~ 40m/s 的风速条件下可以正常工作，由周围空气流动所产生的真空效应，让室内空气可以自然的被吸拔出来，也因为尾部有一个类似扰流板的构造，让风斗永远随着不同的风向转动除了是一个风向旗之外，也让排气的一端永远处在下风处。同时，该建筑在中庭屋顶安装太阳能集热片，用于提供驱动

图 7-14　诺丁汉大学朱比丽分校

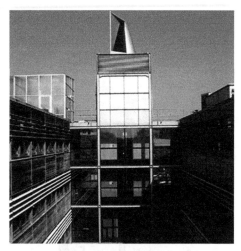

图 7-16　楼梯屋顶的风斗

图 7-17　太阳能中庭

机械通风扇的能源，同时太阳能板起到一定程度的遮阳作用，如图 7-17 所示。太阳能光伏的集成设计是这个建筑的一个特点，建筑师考虑了适合的太阳水平角和高度角把光电板安置在中厅，为了减小其对自然光的影响特意把它安置在中间。

7.4.2　台湾成功大学"绿色魔法学校"

台湾成功大学"绿色魔法学校"，是中国台湾

第一座零碳绿色建筑，地上 3 层，地下 1 层，建筑面积 4799.67m²，如图 7-18 所示。2009 年该建筑取得中国台湾"钻石级绿建筑候选证书"认证，随后又取得美国 LEED "白金级绿色建筑"认证。

图 7-18　台湾成功大学"绿色魔法学校"实景图

绿色魔法学校大型国际会议厅——"崇华厅"中采用自然通风设计，这样的设计想法来自古老的"灶窑通风系统"。"灶窑"是由一个砖泥塑成的保温灶台，与一根长长的排烟烟囱所构成，氧气由底部进入，废气由顶部烟囱快速排出。为了让"崇华厅"能利用"灶窑"的原理，在冬天完全自然通风而不用空调，设计者在主席台后面挖了一排开口以引进凉风，同时在最高客席的后墙上设计了一个壁炉式的大烟囱，创造出一个由低向高之流场，以有效排出废气。为了加强浮力，在此烟囱南面开了一个透明玻璃大窗，窗内装了一个黑色烤漆铝板，以吸收由玻璃引进的太阳辐射热，如此便形成有如"灶窑"燃烧的层流风场，由下而上，横扫 300 人的观众席，让"崇华厅"在冬天可完全不靠电力，而达到舒适的通风环境（图 7-19）。当室外气温低于 28℃时，可采用不使用空调的灶窑通风系统，室内温度可维持于 30.5℃以下，新鲜空气的换气次数每小时可达五至八次，风速在 0.5m/s 以下，可以满足良好的热舒适，由此全年可节省 27% 的空调耗电量。

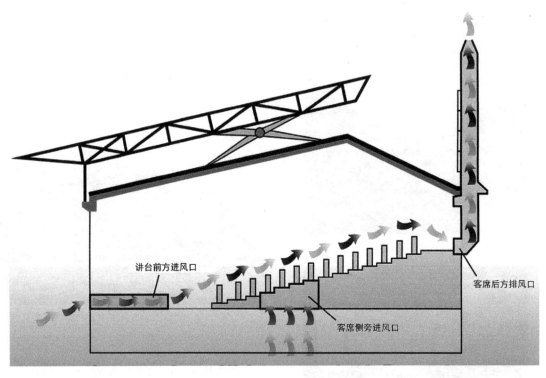

讲台前方进风口

客席后方排风口

客席侧旁进风口

图 7-19　台湾成功大学"绿色魔法学校"崇华厅通风示意图

在"绿色魔法学校"中采用了 3 个浮力原理的通风塔,除了"崇华厅"之外,在内部大中庭与"亚热带绿建筑博物馆"中也各采用一个通风塔。通风塔上当然都设玻璃帷幕窗以引进太阳热,塔内全面涂黑并设有黑色铝板以吸收更多的太阳辐射热来形成更大的浮力。

故在功能定位上,将地上两层划分为三大部分:大空间展陈区,对外接待会议区,以及内部办公区,而地下一层则作为设备机房以及储藏库房使用。本项目采用多系统并行建造方式,建筑主体由木建筑系统、轻钢箱体系统、设备系统、外表皮系统这四部分构成。

7.4.3　贵安新区清控人居科技示范楼

清控人居科技示范楼是清控人居建设集团与英国 BRE 机构合作的示范项目,目标为建成符合BREEAM标准的近零能耗示范实验建筑,如图 7-20 所示。建筑位于贵安新区生态文明创新园内西南角,整体坐西向东,与园区东北侧的优美的海绵城市生态景观延绵相接。整体建筑高度为 14m,总用地面积为 1826m²,建筑面积为 701m²,容积率为 0.38,建筑密度为 22%。建筑集展陈和游客接待中心一体,

图 7-20　人居科技示范楼的建筑外观

示范楼采用被动式设计方法以回应当地的气候因素，如自然通风、太阳辐射控制以及自然光利用等等并整合体现于建筑本体层面。示范楼采用了南北朝向的双坡屋面形式，将挺拔通高的展示中庭置于中央，相对封闭的功能房间置于两翼，并在屋顶处再局部拔高并设置通长的采光通风天窗，不但能加强建筑内风压与热压通风效果，同时为展厅提供了良好的自然采光，活跃中庭气氛，如图 7-21 所示。

彩色的光线透过木屋架投射到两侧的展墙上，随着季节和时间进行光影变换，将外部自然环境的变化引入室内空间。

示范楼还采用了地道风系统作为被动式的空气调节系统，如图 7-22 所示，从而有效利用自然冷热源为建筑在夏冬两季进行制冷与供暖，降低建筑能耗。垂直送风管道集成于外表皮系统的空腔中，将风分散到各主要房间，提高使用者的舒适度。

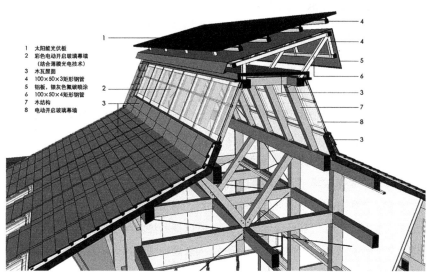

1 太阳能光伏板
2 彩色电动开启玻璃幕墙
  （结合薄膜光电技术）
3 木瓦屋面
4 100×50×3矩形钢管
5 铝板，银灰色氟碳喷涂
6 100×50×4矩形钢管
7 木结构
8 电动开启玻璃幕墙

图 7-21 风帽示意图

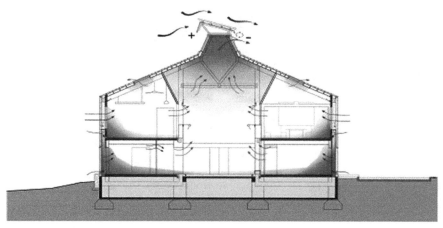

图 7-22 通风系统示意图

第8章　Application and Design of Other Solar Energy Technologies in Buildings
建筑中其他太阳能技术应用与设计

8.1　太阳能主动式采暖技术

太阳能采暖分为两大类：主动式采暖和被动式采暖。被动式采暖的相关知识已在第 3 章中详细介绍，本小节将主要介绍主动式太阳能采暖系统。

主动式太阳能采暖系统是一种依靠机械设备辅助和控制的采暖方式，通过太阳能集热器、储热器、管道、风机和循环泵等设备来收集、储存和输配太阳能转换而得的热量。太阳能采暖系统与其他能源采暖系统相比有明显的优势：系统运行温度低、有储存热量的设备、能与辅助热源配合使用，有利于建筑节能。

常见的太阳能主动采暖系统按照传热介质的种类不同，可以分为太阳能空气采暖系统和太阳能液体采暖系统；按照太阳能利用的方式不同，可分为直接太阳能采暖系统和间接太阳能采暖系统；按照散热部件的类型不同，可分为地面辐射板采暖系统、顶棚辐射板采暖系统、风机盘管采暖系统和散热器采暖系统。本小节将重点介绍太阳能空气采暖系统和太阳能液体采暖系统的工作原理及应用。

8.1.1　太阳能空气采暖系统

太阳能空气采暖系统的工作原理：利用太阳能

集热器收集太阳辐射能并转换成热能，以空气作为集热器回路中循环的传热介质，以岩石堆积床作为蓄热介质，热空气经由蓄热介质后，通过风道送往室内进行采暖。根据太阳能空气集热器与建筑结合部位的不同，可将该系统分为空气集热器式、屋面集热式、窗户集热式、墙体集热式等。

1）空气集热器式

空气集热器式是在建筑的向阳面设置空气集热器，用风机将空气通过碎石蓄热层抽进建筑物内，并以辅助热源配合。由于空气的比热小，从集热器内表面向空气的传热系数低，所以需要大面积的集热器，因此该方式的采暖效率较低。

2）屋面集热式

屋面集热式是指将坡屋面作为集热器、将地板作为蓄热体的系统。冬季白天（图 8-1a），室外空气由屋面下的通气槽引入室内并积蓄在屋檐下，再被安装在屋顶上的玻璃集热板加热，上升到屋顶最高处，通过通气管和空气处理器进入垂直风道转入地板下，加热屋内地板，同时热空气从地板通风口流入室内。冬季夜晚（图 8-1b），关闭引入室外空气的空气槽入口，将室内受热上升的空气通过通风管和空气处理器重新引入垂直风道再转入地板下，循环加热室内。夏季夜晚，系统运行与冬季白天相同，

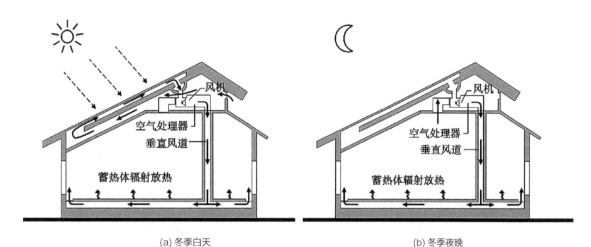

(a) 冬季白天　　　　　　　　　　　　　　　　　　　　(b) 冬季夜晚

图 8-1　屋面集热式太阳能空气采暖系统工作示意图

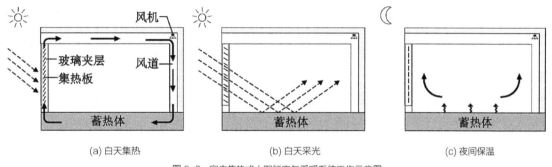

(a) 白天集热　　　　　　　　(b) 白天采光　　　　　　　　(c) 夜间保温

图 8-2　窗户集热式太阳能空气采暖系统工作示意图

但送入室内的是冷空气，起到降温作用。夏季白天集聚的热空气则能够加热生活热水。

3）窗户集热式

窗户集热式是由双层玻璃及其夹层的百叶集热板、蓄热单元、风机和风管组成（图 8-2）。玻璃夹层中的集热板把光能转换成热能，加热空气，热空气在风机驱动下从风管流向建筑内部的蓄热单元。在流动过程中，加热的空气与室外空气完全隔绝。集热单元安装在向阳面，空气可加热到 30~70℃ 。不需要集热时，集热板调整角度，使阳光直接入射到室内。夜间集热板闭合，减少室内热散失。蓄热单元可用卵石等蓄热材料水平布置在地下，也可以垂直布置在建筑中心位置。集热面积约占建筑立面

的 1/3 时，在夜间最多可节约 10% 的供热能量，与阳光间的节能效果相似，适用于地处太阳辐射强度高、昼夜温差大的地区，并多用于低层或多层居住建筑和小型办公建筑中。

4）墙体集热式

墙体集热式即太阳墙，同样是由集热和气流输送两部分组成。整个房间是蓄热器，集热部分包括垂直墙板、遮雨板和支撑框架，气流输送部分包括风机和管道（图 8-3）。太阳墙板材覆于建筑外墙的外侧，上面开有小孔，与墙体的间距由热工计算确定，一般在 200mm 左右，形成的空腔与建筑内部通风系统的管道相连，管道中设置风机，用于抽取空腔内的空气。

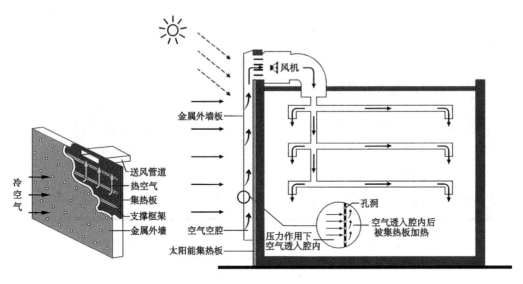

图 8-3　太阳墙系统组成　　　　　　　　　　图 8-4　太阳墙系统工作原理示意图

太阳墙空气加热系统主要基于安装在建筑南侧的金属外墙板进行工作（图 8-4）。冬季白天，深色的金属外墙板被太阳辐射加热，在墙板与建筑外墙的顶部会形成负压，外部空气由太阳墙上的小孔抽进空腔内。空腔中的热空气上升到墙面顶部的风机旁，温暖的新鲜空气通过风机和风管被分送到建筑的各个部分。夜晚，墙体向外散失的热量被空腔内的空气吸收，在风扇运转的情况下被重新带回到室内。这样既保持了新风量，又补充了热量，使墙体起到了热交换器的作用。在夏季，太阳墙通过防止太阳辐射由南墙进入室内来保持室内清凉的环境。太阳墙由于利用了机械通风装置以及智能系统，能够更好地适应气候变化，更加精确地对室内环境的舒适性进行控制。

以上太阳能空气采暖系统中，太阳墙是其中较为常见的一种形式。这是因为太阳墙具有以下几个特点：首先，太阳墙可以在实现冬季采暖的前提下满足密闭性建筑对获取新风的需求。第二，太阳墙很好地起到了隔绝雨水的作用，对外墙起到保护作用。第三，从经济性考虑，太阳墙能够减少冬季采暖费用，且与建筑外墙合二为一，造价较低。

8.1.2　太阳能液体采暖系统

太阳能液体采暖通常是指以太阳能为热源，通过集热器吸收太阳能，以液体（通常是水或者一种防冻液）作为传热介质，以水作为储热介质，热量经由散热部件送至室内进行采暖的技术。它与太阳能空气采暖的主要区别就是传热介质不同。太阳能液体采暖系统一般由太阳能集热器、贮热水箱、连接管路、辅助热源、散热部件及控制系统等组成。

太阳能液体采暖系统可分为直接式和间接式。直接式是指太阳能集热器加热的热水（或空气）直接用于采暖的系统，如太阳能地板辐射采暖系统；间接式太阳能采暖系统是指由太阳能集热器加热的热水并不直接用于采暖，而是利用热泵将由太阳能加热的热水温度进一步提高，然后再将温度提高后的热水用于采暖，所以间接式太阳能采暖系统也称为太阳能热泵采暖系统。

1）太阳能地板辐射采暖

直接式太阳能液体采暖系统，其热媒通常是温度为 30～60℃的低温热水，常见的太阳能集热器都能满足此温度范围内的供热水要求。按照布置部

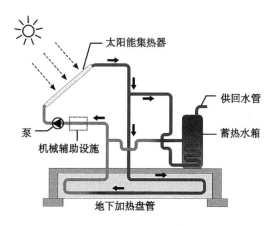

图 8-5　太阳能地板辐射采暖系统

位的不同，可分为地板辐射采暖、顶棚辐射采暖以及普通散热器（俗称暖气片）。本小节以地板辐射采暖系统为例，介绍太阳能液体采暖系统在建筑中的利用。

太阳能地板辐射采暖是一种将集热器采集的太阳能作为热源，通过敷设于地板中的盘管加热地面进行采暖的系统。该系统以整个地板作为散热面，传热方式以辐射散热为主，其辐射换热量可以达到辐射总量的 60% 以上。

典型的太阳能地板辐射采暖系统由太阳能集热器、地下加热盘管、蓄热水箱、供回水管、辅助热源以及止回阀、三通阀、过滤器、循环泵、加热器等机械辅助设施组成（图 8-5）。其中，地下加热盘管及其配套的辐射采暖地板为太阳能地板辐射采暖系统所特有。

在太阳能地板辐射采暖系统工作时，可以根据室温波动进行实时调节：在太阳能利用条件较好，而建筑物不需要热量时，可将集热器得到的能量用到蓄热水箱中去；若太阳能利用条件较好，且建筑需要热量，从集热器得到的热量则用于地板辐射采暖；若太阳能资源不佳，但建筑物需要热量，而蓄热水箱中已储存足够的能量，则将储存的能量用于地板辐射采暖；若太阳能资源不佳，而建筑物又需要热量，且蓄热水箱中的能量已经用尽时，利用辅

助热源对水进行加热，用于地板辐射采暖。

与传统的采暖方式相比，地板辐射采暖系统在达到相同的采暖要求时，所需热水的温度要比普通散热器采暖要低得多，地板表面平均温度一般要求在 24 ~ 28℃ 的范围，供水温度一般在 30 ~ 38℃ 左右即可充分发挥系统的集热效率。从采暖房间热舒适性角度来看，由于地板辐射形成的热量是从地板上升到天花板，符合热空气上升的原理，因此室内温度梯度小，也符合人体脚暖头凉的生理需求，使室内环境更为舒适。

2）太阳能热泵采暖系统

太阳能热泵采暖系统是一种间接式系统，该系统将太阳能集热器和热泵组合起来，由太阳能为热泵提供所需要的热源，将低品位热能提升到高品位热能（例如利用太阳能集热器使水温达到 10 ~ 20℃，再用热泵进一步升高到 30 ~ 50℃），从而为建筑物进行供热。因此太阳能热泵采暖系统的主要优点是，不仅可以节省电能，即仅消耗少量电能而得到几倍于电能的热量，而且可以有效地利用低温热源，减少太阳能集热器的面积，缩小贮水箱的容积，延长太阳能采暖的使用时间。

结合第 4 章的介绍可以发现，太阳能液体采暖系统和太阳能热水系统在基本构成和系统原理上有相似之处，国外太阳能界早已将两者建成同一套系统，并将这种系统称为"Solar Combisystem"（可理解为"太阳能组合系统"），该系统可一并解决建筑中的热水供应问题及采暖问题。

太阳能热泵采暖系统与太阳能热水系统相比，在系统基本构成上，都是由太阳能集热器、贮水箱、连接管路、辅助热源等组成。从系统原理上来看，两者都是利用太阳能集热器收集太阳辐射能，将其转换成热能，而且都将产生的热量传输到储热装置中，如贮热水箱。

然而，太阳能热泵采暖系统与太阳能热水系统在供热负荷上互不相同。太阳能热泵采暖系统中的

采暖负荷与生活热水负荷的区别

表 8-1

采暖负荷的特点	生活热水负荷的特点
①由于全年环境温度的变化，使采暖负荷随季节变化较大； ②每天除某些时刻的采暖负荷较少，例如白天日照期间，大部分时间采暖负荷都比较平稳； ③采暖系统的进出口温差小，因为回水系统的冷水温度只比系统提供的热水温度略低； ④采暖回路中的无氧、无腐蚀性的水，可以反复使用	①由于全年都有热水需求，故生活热水负荷随季节变化较小； ②每天有许多次短暂的热水需求高峰，而有时候却又无热水消耗，故生活热水负荷每天起伏较大； ③生活热水系统进出口温差大，因系统提供的热水温度比回水系统的冷水温度高很多； ④生活热水回路中是有氧、有腐蚀性的水，使用后就排掉

集热器需要提供采暖和生活热水两个热负荷，而太阳能热水系统中，集热器只需要提供生活热水一个热负荷。由于采暖负荷和生活热水负荷在使用习惯、供热负荷大小、供热温度、卫生要求等方面不同，因此对太阳能采暖系统与太阳能热水系统相结合的组合式系统提出了更为复杂的要求（表 8-1）。

　　总结起来，在设计太阳能组合系统时，需要注意以下几点：跟生活热水负荷相比，采暖负荷一般要大得多。每幢房屋的采暖负荷取决于当地的气候条件、房屋的建筑尺寸、保温情况、通风条件、被动式太阳能技术的采用程度、屋内的热负荷状况以及居住人数等诸多因素。太阳能组合系统设计应当使太阳能集热器在尽可能低的工作温度下运行，以便获得尽可能高的集热效率。所以，系统设计的关键是如何综合不同能源和不同热负荷的技术特性，设计出完整、耐久、可靠、经济的太阳能组合系统。

8.2　太阳能空调制冷技术

　　在应用于建筑的多项太阳能技术中，将太阳能转换为热能满足建筑的采暖和热水需求是较为普遍的一种，这种光热技术也可用作建筑制冷所需的驱动力。太阳能空调制冷技术就是不断地从建筑物内的空间抽取热量，并转移到自然环境中，使得建筑物内的温度低于周围环境的温度并维持在某一范围内。与利用光电转换后再为空调提供制冷所需的电力相比，利用光热转换原理进行制冷所耗费的成本更低。

　　常见的太阳能空调制冷系统，按照工作原理不同可以分为：①太阳能吸收式制冷系统②太阳能吸附式制冷系统③太阳能除湿式制冷系统。

8.2.1　太阳能吸收式制冷系统

　　太阳能吸收式制冷技术，就是利用太阳集热器将水加热，为吸收式制冷机提供其所需要的热媒水，从而使吸收式制冷机正常运行，达到制冷的目的。制冷机利用两种物质所组成的二元溶液作为介质来运行。这两种物质在同一压强下有不同的沸点，其中高沸点的组分称为吸收剂，低沸点的组分称为制冷剂。利用溶液的浓度随着温度和压力的变化而变化这一物理性质，将制冷剂与溶液分离，通过制冷剂的蒸发而制冷，又通过溶液实现对制冷剂的吸收。常用的吸收剂—制冷剂组合有两种：一种是溴化锂—水，适用于大中型中央空调；另一种是水—氨，适用于小型家用空调。

　　太阳能吸收式空调系统主要由太阳集热器、吸收式制冷机、空调箱（或风机盘管）、锅炉、储热水箱和自动控制系统等组成。如图 8-6 所示，在夏季被太阳集热器加热的水首先进入储热水箱，当热水温度达到一定值时，从储热水箱向吸收式制冷机提供热媒水；从吸收式制冷机流出并已降温的热水

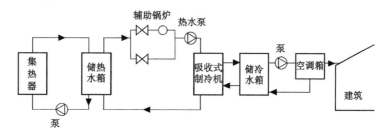

图 8-6　太阳能吸收式制冷系统工作原理

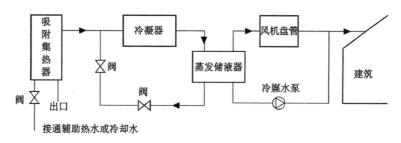

图 8-7　太阳能吸附式制冷系统工作原理

流回到储热水箱，再由太阳集热器加热成高温热水；吸收式制冷机产生的冷媒水流到空调箱（或风机盘管）以达到制冷空调的目的。当太阳能不足以提供高温的热媒水时，可由辅助锅炉等补充热量。

目前在太阳能制冷中，吸收式制冷应用最多。理论分析与实验结果都已经证明，热媒水的温度越高，制冷机的性能系数就越高，这样空调系统的制冷效率也就越高。同时，通过对热水的不同利用，太阳能吸收式空调系统还能达到冬季采暖、全年提供生活热水等目的。

8.2.2　太阳能吸附式制冷系统

太阳能吸附式制冷系统与太阳能吸收式制冷系统一样，都需要借助二元溶液的"发生—冷凝"和"蒸发—吸收"作用来实现制冷。所不同的是前者的"发生—冷凝"和"蒸发—吸收"过程分别发生在白天和夜间，因此被视为间歇式系统；而后者是两个过程同时发生，形成连续制冷。吸附式制冷系统中的吸附剂—制冷剂组合可以有不同的选择，例如沸石—水，活性炭—甲醇等。

太阳能吸附式制冷系统主要由太阳能吸附集热器、冷凝器、蒸发储液器、风机盘管、冷媒水泵等组成。如图 8-7 所示，在白天太阳辐射充足时，太阳能吸附集热器吸收太阳辐射能，吸附床温度升高，制冷剂从吸附剂中解吸，太阳能吸附集热器内压力升高。解吸出来的制冷剂进入冷凝器，经冷却介质（水或空气）冷却后凝结为液态，进入蒸发储液器。这样，太阳能就转化为代表制冷能力的吸附势能储备起来，实现化学吸附潜能的储存。在夜间或太阳辐射不足时，环境温度降低，太阳能吸附集热器通过自然冷却后，吸附床的温度下降，吸附剂开始吸附制冷剂，产生制冷效果。产生的冷量一部分以冷媒水的形式从风机盘管（或空调箱）输出，另一部分储存在蒸发储液器中，可在需要时根据实际情况调节制冷量。

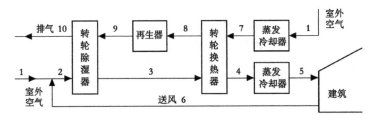

图 8-8　太阳能除湿式制冷系统工作原理

8.2.3　太阳能除湿式制冷系统

　　除湿式制冷的原理跟吸附式制冷的原理有些相近，都是利用吸附原理来实现降温制冷的，不同之处在于除湿式制冷是利用干燥剂（亦称为除湿剂）来吸附空气中的水蒸气以降低空气的湿度进而实现降温制冷，而吸附式制冷则是利用吸附剂来吸附制冷剂以实现降温制冷。

　　干燥剂是除湿式制冷系统中的关键组成，通常是具有吸水性的物质。固体的干燥剂有硅胶、氯化锂晶体、活性炭、氧化铝凝胶等；液体的干燥剂有氯化钙水溶液、氯化锂水溶液等。相应的除湿式制冷系统中的除湿器有两类，对于固体干燥剂而言，除湿器可以采用蜂窝转轮结构；对于液体干燥剂而言，除湿器可以采用填料塔结构。

　　以采用固体干燥剂和转轮除湿器的开式循环太阳能除湿式制冷系统为例，该系统主要由太阳集热器、转轮除湿器、转轮换热器、蒸发冷却器、再生器等组成。如图 8-8 所示，整个系统的工作原理是：待处理的湿空气 2 进入转轮除湿器后，被干燥剂绝热除湿。此时由于空气中水蒸气的潜热转化为显热，因而成为温度高于进口温度的干燥热空气 3。干燥的热空气经过转轮换热器被冷却至状态 4，再经过蒸发冷却器进一步冷却到要求的状态 5，然后送入室内，使室内达到降温制冷的目的。同时，室外空气 1 经过蒸发冷却器后被冷却至状态 7，再进入转轮换热器去冷却干燥的热空气，同时自身又达到预热状态 8。

而后在再生器内被加热到需要的再生温度 9，进入转轮除湿器，使干燥剂得以再生。干燥剂中的水分释放到再生气流里，此湿热的空气 10 最终排放到大气中去。太阳集热器可为再生器提供热源，使吸湿后的干燥剂得以加热进行再生。

8.3　太阳能照明技术

　　太阳能照明，属于绿色照明技术中的一种。常见的太阳能照明方式有三种：一种是利用太阳能的光电转换，即通过光伏发电直接为照明设备提供电能；第二种是利用太阳能的光热转换，再将热能转换为电能来满足照明需求；第三种是通过全反射原理，将太阳光从室外直接引入室内实现照明。本小节介绍的是第三种以全反射原理实现照明的方式。

8.3.1　太阳能导光系统

　　太阳能导光系统是将室外的太阳光经由导光管传输至室内，把白天的太阳光均匀而高效地引入到任何需要照明的地方，特别是不能直接接受日照的房间。比较常见的太阳能导光系统由三个部分组成：采光罩、导光管和漫射器（图 8-9）。

　　采光罩是位于建筑室外屋顶或外墙的半球形或

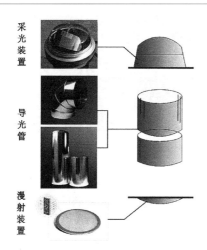

图 8-9　太阳能导光系统组成

棱体形透明装置，它的作用是收集室外的太阳光，并汇聚起来。为提高采光罩的采光效率，一些采光罩中加设了传感器和反馈装置，能够跟踪太阳的方位变化。导光管与屋顶或墙面上的采光罩相连，采光罩收集到的阳光在管内通过不断进行的全反射来实现传导。为了保证导光管的导光效率，通常在管道内壁涂上高反射材料涂层。漫射器是安装于室内的发光装置，可以放置在房间的吊顶、侧墙等处，为室内提供柔和均匀的光线。漫射器可以制成各种形式，如磨砂形、颗粒形、钻石形、圆形、方形等，以同时满足建筑室内照明与装饰需求。

　　整个导光系统的工作原理是：白天当太阳光照射到采光罩时，来自不同方向的太阳光被汇聚后从导光管的入射端进入，经由导光管不断反射，将光线从室外的太阳光采光罩传输到安装于室内的漫射器部分，为室内带来柔和均匀的光环境。光线传输方面，小孔径自然光导光照明系统传输距离可达 10m，大孔径自然光导光照明系统传输距离可达 20m，并且还可以使用弯管，这使得系统的安装更加灵活，适应性更强。另外，将太阳能导光系统与建筑通风系统结合，能够在给室内照明的同时保持室内的良好通风状况，创造更加舒适的生活与工作环境。

　　在建筑中应用太阳能导光系统，能够将太阳光

引入位于背阳面、地下空间以及大空间深处的房间中，而不受到房间有限开窗墙面的限制，因此常常用于商店、旅馆、地下室、地下车库等空间中（图 8-10）。另外，太阳能导光系统所形成的照明效果与自然光近似，不仅满足了日常工作与活动的采光需求，还对人体健康有利。教学楼、办公建筑、住宅中均可采用太阳能导光系统。还有一些大型体育场馆、展览馆建筑中也可以采用太阳能导光系统，不仅能够获得大面积的采光范围，而且进一步降低了建筑能耗费用。

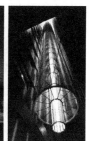

图 8-10　太阳能导光系统在建筑中的应用

8.3.2　太阳能光纤照明系统

　　光纤照明系统是将太阳光利用技术与纤维光学技术结合起来，通过聚光组件收集汇聚太阳光，利用传光光纤中的全反射原理将太阳光直接引入室内进行照明，是一种太阳光利用率较高的照明技术。另一方面，与用镜子反射、导光管传送太阳光的方式相比，光纤材料实现了无限次改变光线传播方向的效果。光线能够沿着光纤的路径传送，实现了柔性传播的可能，为设计人员带来了更高的创作自由度，增强了视觉表现力。

　　光纤照明系统主要是由：聚光部分、传光部分和出光部分组成。聚光部分（图 8-11a）安装在室外，起到汇聚光源的作用，常见的布置方式可以将聚光部分集中放置在建筑的屋顶上，也可以放置在建筑周围受到遮挡较少的场地中。传光部分（图 8-11b）将室外的聚光部分与室内的出光口相连，汇聚后的

（a）聚光部分

（b）传光部分

（c）端发光

（d）体发光

图 8-11　太阳能光纤照明系统

阳光通过光纤传送到指定位置。建筑中通常需要预设垂直和水平管道来引入光纤。出光部分相当于传统照明系统中的灯具。常见的出光方式有两种，端发光和体发光：端发光是将光束传到端点后通过尾灯提供照明（图 8-11c）；体发光是指光纤本身就是发光体，形成一根柔性光柱（图 8-11d）。通过增加滤色片，可以将光纤传送的光束变成彩色光，形成丰富的视觉效果。

在建筑中应用光纤照明技术，能够充分地发挥光纤材料传光效率高、可灵活弯折、视觉表现力强等特点。光纤材料本身具有只传光、不带电、不发热的特点，实现了光电分离。这一特点能满足对照明有着安全要求的场所，如弹药库、煤矿、油库等。在一些对热比较敏感的场所以及水下或潮湿的环境中，都适合采用光纤照明技术，如古

建筑照明、文物照明、水景照明、泳池照明、溶洞景观照明等。

8.4　太阳灶

太阳灶是利用太阳辐射能，通过聚光、传热、储热等方式获取热量，进行炊事烹饪食物的一种装置（图 8-12）。人类利用太阳能来烧水煮饭已有 200 多年的历史，特别是近二三十年来，世界各国都先后研制生产了各种类型的太阳灶。尤其是在发展中国家，太阳灶的应用较为普及。根据太阳灶收集太阳能量的不同，基本上可以分为箱式太阳灶、聚光式太阳灶和综合型太阳灶三种基本结构类型。

图 8-12　常见太阳灶

8.4.1　箱式太阳灶

　　箱式太阳灶的基本结构为箱体，箱体上面有1～3层玻璃盖板，箱体四周和底部采用保温隔热层，其内表面涂以太阳能吸收率比较高的黑色涂料，此外还包括外壳和支架（图8-13a）。待蒸煮的食物可以放在箱内预制好的木架或铅丝弯成的托架上。使用时，将箱体盖板沿太阳光垂直方向放置，预热一定时间使箱内温度达到100℃时，即可放入食物。箱子封严后便开始蒸煮食物。使用时要进行几次箱体角度调整，一般1～2小时后食物即熟。箱式太阳灶也可以用来蒸煮医疗器具。

　　箱式太阳灶的工作原理是：太阳的辐射能即阳光，几乎能够全部透过平板玻璃。当阳光透过玻璃进入保温箱体后，被黑色的吸收体吸收，光能即转变成热能。

　　此类太阳灶结构简单、成本低廉、使用方便。箱式太阳灶的箱内温度是逐渐积累起来的，受风速影响较大，为防止热损失，使用时要注意放置在向阳背风的地方。虽然闷晒时间较长，但不用人看管，并具有较好的保温性。太阳灶使用得当可以节省柴草燃烧，适合农村地区使用。但由于其聚光度低、功率有限、箱温不够高，在实际使用中仍然受到很大限制。

8.4.2　聚光式太阳灶

　　聚光式太阳灶是利用抛物面聚光的特性，将大量的阳光聚焦到锅底，使温度升高，以满足炊事要求（图8-13b）。它大大提高了太阳灶的功率和聚光度，使锅圈温度可达到500℃，缩短了炊事作业时间。这种太阳灶的关键部件是聚光镜，而聚光镜的设计主要包括镜面材料的选择和镜面几何形状的设计。最普通的聚光镜是镀银或镀铝的玻璃镜，也可使用铝抛光镜面和涤纶薄膜镀铝材料。

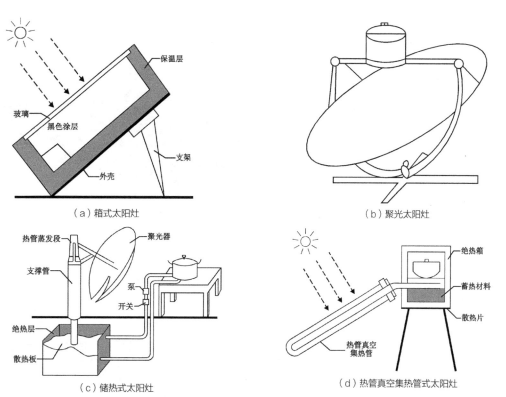

（a）箱式太阳灶　　　　　　　　　　（b）聚光太阳灶

（c）储热式太阳灶　　　　　　　　　（d）热管真空集热管式太阳灶

图 8-13　太阳灶的基本类型

聚光式太阳灶的镜面设计，大多采用旋转抛物面的聚光原理，即一束平行光沿着主轴射向抛物面，遇到抛物面的反光，则光线都集中反射到定点的位置，于是形成聚光。作为太阳灶使用，要求在锅底形成一个焦面，才能达到加热的目的。换而言之，聚光镜并不是要求严格地将阳光聚焦到一个点上，而是要求具有一定的焦面。在确定了太阳灶的焦面后，还需要设定聚光镜的聚光比，它是决定聚光式太阳灶功率的另一重要因素。

8.4.3　综合型太阳灶

综合型太阳灶是一种将箱式太阳灶和聚光式太阳灶所具有的优点加以综合利用，并囊括光热技术与真空管集热技术的太阳灶。典型的综合型太阳灶包括储热式太阳灶和热管真空集热管式太阳灶。

储热式太阳灶是太阳光通过聚光器，将光线聚集照射到热管蒸发段，热量通过热管迅速传导到热管冷凝端，通过散热板将它传给换热器中的硝酸盐，再用高温泵和开关使其管内传热介质把硝酸盐获得的热量传给炉盘，利用炉盘所达到的高温进行炊事操作（图 8-13c）。这类太阳灶实际上是一种室内太阳灶，比起室外太阳灶有了很大的改进，但其技术难度在于研制一种可靠的高温热管及如何确保管道中高温介质的安全输送和循环，而且这种太阳灶对工作可靠性要求很高。

热管真空集热管式太阳灶分为两个部分：一个是室外收集太阳能的集热器，即自动跟踪的聚光太阳灶；另一个是热管，即一种高效传热件，利用管体的特殊构造和传热介质的蒸发和凝结作用，把热量从管的一端传到另一端。热管真空集热管式太阳灶将热管的受热端即沸腾段置于聚光太阳灶的焦点处，而把释热端即凝结段置于散热处或蓄热器中。于是，太阳能就从户外引入了室内，更加方便使用（图 8-13d）。

8.5　其他太阳能技术的应用实例

8.5.1　杭州绿色建筑科技馆

杭州绿色建筑科技馆位于浙江杭州钱江经济开发区能源与环境产业园的西南区，占地面积 1348m², 总建筑面积 4679m², 如图 8-14 所示。建筑为科研、办公复合项目，其主要功能为科研办公、绿色建筑节能环保技术与产业宣传展示。项目的围护结构采用较高节能标准设计，包括形体自遮阳和高性能幕墙围护结构系统；同时积极利用可再生能源，包括太阳能光伏建筑一体化技术（BIPV）和垂直风力发电系统，合理利用自然通风智能控制等措施降低建筑能耗，经软件模拟计算，绿色科技馆节能率达到了 76.4%，全年能耗不到一般同类建筑的 1/4。

绿色建筑科技馆采用光导管技术，如图 8-15 所示。光线在管道中以高反射率进行传输，光线反射率达 99.7%，光线传输管道长达 15m。通过采光

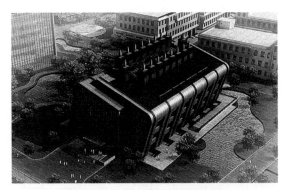

图 8-14　杭州绿色建筑科技馆效果图

图 8-15　杭州绿色建筑科技馆光导管

罩内的光线拦截传输装置（LITD）捕获更多光线，同时采光罩可滤去光线中的紫外线。

屋顶设置风光互补发电系统，如图 8-15 所示，多晶硅光伏板 296m²，装机容量 40kW；采光顶光电玻璃 57m²，装机容量 3kW。屋顶光伏发电系统产生的直流电，并入园区 2MW 太阳能发电网。两台风能发电机组装机容量为 600W，系统产生的直流电接入氢能燃料电池，作为备用电源，实现了光电、风电等多种形式的利用。

该项目使用了被动式通风系统。中庭总共设立了 18 处拔风井来组织自然通风，室外自然风进入地下室后，充分利用地下室这个天然的大冷库，对室外进入的空气进行冷却，然后沿着布置在南北向的 14 处主风道以及东西向的 4 处主风道口进入各个送风风道，在热压和风压驱动下，沿着风道经由布置在各个通风房间的送风口依次进入房间，带走室内热量的风进入中庭，再通过屋顶烟囱的拔风作用排向室外，可有效减少室内的空调负荷。在室外温度或湿度较高时，被动式通风系统关闭，减少对室内温湿度的影响。采用被动通风方式时：首先打开所有地下室双层窗、房间的风阀和屋顶的电动双层

窗；这样风从地下室的进风口进来，由风道通过被动通风阀进入各个房间，再从房间内侧的窗户流向中庭，最后从屋顶的拔风烟囱排出（图 8-16）。

8.5.2 沪上生态家

基于对都市住宅即城市高密度住宅生活方式的思考，上海世博会城市最佳实践区上海案例——"沪上·生态家"（图 8-17）。"沪上·生态家"设计理念基于自然、社会与历史等多重环境之上的生态观。从传统民居中提炼并强化低技的可实施性与易推广性，从"垃圾"和"老石库门砖"中实现资源回用，综合风、光、影、绿等生态元素，进行构造与技术设施一体化设计，实现建造技术的低碳成果。

微藻的固碳效率是一般陆生植物的 10 ~ 50 倍，并且具有占地面积小，生长条件范围广，可在极端条件下生存等优点。沪上生态家的微藻护栏和微藻屏风是微藻固碳技术应用到居民建筑中的前瞻性尝试。采用新能源之微藻发电技术，通过微藻生物吸碳固定空气中的 CO_2 转化为生物能的特性，底层等候区栏杆结合微藻除碳发电技术进行一体化设计（图 8-18）。

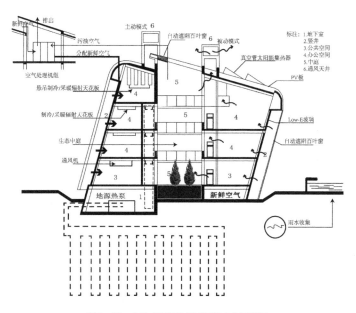

图 8-16　主动式和被动模式气流方向示意图

图 8-17　沪上·生态家效果图

图 8-18　微藻护栏

第9章 Application and Case Analysis of Solar Building Design Methods
太阳能建筑设计方法应用与案例分析

9.1 太阳能建筑设计方法概述

太阳能建筑设计的主语是建筑设计，太阳能设计是一种技术，也是一种思想。《园冶》曰："世之兴造，专主鸠匠，独不闻三分匠、七分主人之谚乎？非主人也，能主之人也。"建筑技术是可以学习的，而全面的思考设计问题是很难的，只有灵活全面的设计结合固有的建筑技术，才会实现高品质的建筑设计目标。

在太阳能建筑的创作设计中，也有三七之分。多数设计会关注建筑场地的现有环境，停留在静态的设计层面，关注显性的设计元素，比如一池湖水，一个山坡或者一棵古树。而对于使用者的行为需求以及逐时变化的日照情况、主导风向、降水强度等需要应对的设计因素，即这些具有动态的设计因素，关注是不够的。

同时，对于场地固有环境的开发，需要与太阳能设计协同思考。首先，在当下的建筑设计中对于原有环境多会采取"逃避"或"保护"的模式，需要结合这些动态的设计因素，并行纳入建筑设计的"利用"范畴，实现对太阳能及运动的自然环境进行多维协同的设计意识。其次，建筑设计是太阳能技术的载体，在不损伤传统文化的前提下，留有余量来结合太阳能技术，深入的融合思考和有机结合，

进行系统地多元化调控，形成和谐美丽的建筑环境和生活环境，内外兼修，才是成功的建筑设计。

本章的太阳能建筑设计方法，就是本着"以人为本""因地制宜"的设计原则，从规划、建筑、表皮、通风、能源集成的研究角度，针对建筑设计过程全面地提出"被动优先，主动优化"、全天候应对的建筑规划、空间缓冲下的建筑设计方法、可变的建筑表皮设计、系统化能源集成设计等五部分设计方法，成为一套系统的太阳能建筑设计方法，以供大家设计参考。

9.1.1 被动优先，主动优化

被动优先、主动优化，是绿色建筑的设计要求，也是太阳能建筑设计的基本要求。其主旨思想就是要分析项目所在地区的自然、气候状况，在满足功能要求的前提下，尽可能利用有利的自然条件，使室内环境接近人的健康和舒适要求；在少数极端情况下，有限度地采用经过优化的主动式（采暖、空调、照明等）技术，从而全面覆盖人的舒适度区间。

"以人为本"，同时考虑"天人合一"，实现经济适用的目的。首先，注重建筑设计方案本身适用，通过合理的设计手段在建筑布局、室内空间、细部设计等方面进行深入思考；其次，是优先自然通风、天然采光、高保温隔热外围护系统、垂直绿化等被

动式技术，让自然首先做功，以最经济适用的设计方思想，就地取材、因地制宜，达到降低能耗的目的；最终，难以解决的设计问题，再通过利用主动式技术进行优化补充，提高使用者的环境舒适度和建筑能源使用效率。

　　建筑技术和材料，因地制宜，顺势而为，实现全面系统的设计。在建筑设计方面，首先根据场地及自然资源条件挖掘建筑细部设计的节能潜能，通过内庭院、遮阳构件、穿堂风等被动式设计手法，从源头降低建筑能耗；在绿色技术选用方面，应注重适宜性，根据项目的实际情况侧重技术的实用性和高效性，切忌盲目的技术堆砌，而忽略建筑设计本身的现象。同时有选择性地借鉴及使用当地的传统技术，实现技术的人文提升。此外，绿色技术的选用应考虑经济性，要在造价合理的基础上，对主、被动式技术进行优化整合，提升建筑的环境品质。

　　总之，太阳能建筑设计理念是可持续发展的思想。"被动优先、主动优化"是设计宗旨，但很多建筑师，对太阳能建筑的本质认知不足，片面追求"高投入、高品质"，一味地将预期的节能效果寄托于绿色技术的使用上，出现了致使建筑的经济投入远大于其所产生的社会及环境效应，违背了绿色建筑的初衷，这样就不合适了。

9.1.2　全天候应对的建筑规划

　　太阳能（光或热）是一个不断变化的自然因素，需要动态的应对设计方法。全天候理念是一个泛指变化的设计概念，基本概念是所有复杂气象在内的各种天气的总称，主要用于：全天候飞机、全天候飞行员等航空领域。在实际飞行活动中，需要全天候的应对随时的气候变化，包括目视气象条件和仪表气象条件（原指昼间和夜间的简单气象条件与复杂气象条件四种天气）的总称。而在规划、建筑、景观等设计领域常说的全天候理念，是一天 24 小时或者一年四季逐时逐段的提取和分析建筑、气候、人

的行为之间的耦合关系，调整最不利情景模式，实现全生命周期的应对设计。本章节只要是针对直接的太阳光照、太阳热能以及间接相关的通风等环境的互动问题，其带来的建筑形态或空间的变化情况。

1）舒适自由的建筑空间

　　全天候的心理变化＋行为需求。每一个时间段，人们都会有自己的心理需求，其指导和影响着人的行为，要想全天候的满足服务对象的空间类型和功能需求，就得需要"换位思考"，例如妇孺老幼等人群的生活习性，早晨、上午、中午、下午、晚上、夜晚等时间节点，人的需求都是不一样的，作为设计师应该有一个全面深入的生活体验和换位感受，对其生活模式进行连续性的空间需求和空间特征思考，在功能设置和空间设计上，结合自然的环境和气候条件，给对方居住的幸福感、舒服感，同时也有私密感、归属感，形成被动技术下的全天候建筑设计思路。

2）健康低碳的建筑空间

　　全天候的气候环境＋建筑需求。人的生活需求是一个方面，但一个时间段内，会有昼夜变化，四季更替，阴晴圆缺，都会给居住者的生活带来不便和麻烦，约束使用的行为规范和空间布局。以上这些问题要一起考虑进来，相互补充，以应对的模式改善和利用这些因素，形成良好的生活环境。比如雪天时檐下茶歇、阴天时雨打芭蕉，午后暖暖午休等并行设计环节，都是在不同的天气状况下将气候变化、儒家文化和建筑空间进行优雅的结合，一并考虑会获得诗意般的环境效果。气候变化之下，空间与气候互补考虑，实现全天候应对的品质空间。

　　全天候的应对设计，是一种心理与行为、气候和空间的耦合互动，需要换位的感受和深度理解，进行深层的心理行为和传统文化的培养和研究，真正地实现古人"三份匠七分主人"的设计真谛，运用到设计中去。

9.1.3 空间缓冲下的建筑设计方法

不同的状态下，居民的舒适度需求是不同的。曾经很多专家调研，发现长期的生活模式以及经济条件，会影响人们对于环境舒适的接受度，最终影响到居民身体和心理对于室外物理环境参数。

使用者舒适度边界是建筑空间缓冲的基本依据。首先，生活状态决定了舒适度边界。同一地域城镇和农村的居民，长时间生活在某一气候环境、生活习惯和经济条件下，对于空间舒适度边界（包括温度、湿度、风速等因素）的认可，会相差 2 ~ 3℃；其次，身体状况也影响着舒适度边界。不同的性别、职业、年龄的人群，生理机能和体制也是不尽相同，尤其对于不同空间或状态下生活舒适度的认可也是有差异的。设计师在进行建筑设计之前，需要对地域、人群的建筑空间参数，进行深入的调研和分析，因地制宜地确定相关节能参数。

舒适度参数确定以后，就是对建筑空间缓冲的有机组合设计。根据气候状况、建筑类型和人群特征，有效建立建筑空间缓冲层，可以形成经济、合理的空间布局，实现适宜的人居环境设计。缓冲空间的设计路径由内到外依次是：室内功能布局优化、室外相邻空间的气候缓冲、周边建筑环境的缓冲等三部分。

1）室内功能布局优化

主要是依照空间特征和生理需求，把每一个空间看成一个单元，进行室内功能的重组优化。按照建筑设计的要求，每个功能空间都有自己的物理环境（光环境、热环境、风环境等）定位，结合不同人群对建筑空间的特殊需求，可以几个问题并行优化和二次重组。例如，卧室、客厅、卫厨空间，其对风环境光环境就不尽相同，而同样是这些空间，白天和晚上，风环境光环境的生理需求也是不一样的。所以对于此，卧室（静休区）、客厅（活动区）、卫厨（次要房间）之间，就有了一个内外的排布关系：

卧室属于静卧休息的空间，不宜靠近外墙或用家具与外墙间隔，且开窗不宜开大，减少冷（热）辐射，客厅需要适度遮阳和通风，窗户可以大些，厨卫有开窗通风需求，其他要求不太多。

2）室外相邻空间的气候缓冲

室外相邻空间是建筑内外空间的有效隔断，加强这个节点，可以有效地调整和缓冲室内外环境差异。梅洪元教授曾发表"寒地建筑缓冲腔体的生态设计研究"，以腔体缓冲作为建筑最薄弱地方的抵御补充，在建筑的室外相邻空间，以阳光温室、门斗、双层表皮、复合空斗墙体等"腔体"缓冲方式，依附在建筑表皮，既是建筑的立面形象，也是空调环境的功能构件，减弱冬季寒风侵蚀或夏季直接日照对室内的环境影响，形成最佳的建筑立面效果和应对设计手法（表9-1）。

3）周边建筑环境的缓冲

建筑自身形态或周围环境对气候缓冲影响也很大。对于日照和季风来说，建筑也会产生一定的自遮挡和形态引导，例如建筑规划的有效引导（围合、半围合形态），同时周围的植被绿化，也会因为绿化层次形成气候的缓冲过度。

首先，建筑自身形态、植被或周边建筑，会对建筑周围气候缓冲带来很大的影响。例如建筑自身的导风或阻风（建筑平面的 L 形态、C 形态、Y 形态等围合或其他形式布局）、周围的建筑布局及高度、建筑自身的底层架空（消防通道、过街楼、廊道、挑檐等）、立面挖洞（空中庭院等）等形态调整；这类情况应该考虑建筑形态和太阳能利用的有机结合，尽量减少装饰性的设计构件。

其次，植被绿化有很好的降温和遮阳作用，关键在于气候缓冲与审美艺术的结合。植被绿化，也可以是单体或成组的布局、或乔木灌木绿地高低错落的竖向结合，来有效的引导和遮挡太阳日照、风环境等作用。同时四季轮回，树木落叶可以成为

建筑缓冲腔体的类型　　　　　　　　　　　　　　表 9-1

原型	门廊	门斗			双层窗	封闭阳台	阳光房	坡屋顶
位置示意								
示例								

动态的设计因素，成为夏凉冬暖的最好空间和设计景观，提供适宜生活的环境保障。例如深圳万科中心，以架空、双层表皮的多种应对气候的设计模式出现。

空间缓冲下的建筑设计，早在传统建筑设计中已经出现，如传统木构件建筑的深挑檐，就考虑了夏至和冬至时的太阳光照变化以及人的活动空间，甚至兼顾建筑的灰空间、审美艺术均考虑在内，形成了完美的气候缓冲和建筑造型。

9.1.4　可变的建筑表皮设计

建筑表皮是建筑室内外的缓冲层，调整建筑表皮是滞后室内外舒适环境骤变、改善建筑室内的健康环境的有效方法，以低技术的自然环境来影响使用者的生活环境，是实现健康舒适的人居环境必不可少的设计手法。按照被动与主动技术的复杂程度，动态可变的建筑表皮，可以暂分为传统建筑表皮、智能化建筑表皮、复合（产能）建筑表皮。

1）传统建筑表皮

一般按照因地制宜的设计原则，以传统的材料、植被或镂空材料，经过特殊的技术或艺术加工，附着于建筑表皮，形成建筑遮阳或过度灰空间，随着

季节的变化而变化，产生意想不到的设计效果。例如芝贝欧文化中心（Tjibaou Cultural Centre，如图 9-1 所示），当风通过那些弯曲的双层松树板条面的时候，给整个建筑物带来了凉爽的通风，改善了建筑的光照环境。

图 9-1　芝贝欧文化中心

图 9-2　阿拉伯风格窗花

2）智能化建筑表皮

以主动技术实现遮阳和采光。主要是结合电脑控制，采用现代的技术，在不同的时间或空间，结合可以变化的透光、镂空、色彩或者灯光等模式，形成丰富多彩的建筑立面，获得建筑节能或者其他方面的设计目的。如让·努维尔的阿拉伯世界文化中心借鉴阿拉伯风格窗花（mashrabiya，图 9-2 所示），以照相机光圈般的几何孔洞，根据天气阴晴调节进入室内的光线量，通过内部机械驱动光圈开合，形成了几何形、精确的、波动旋转的深浅阴影。

3）复合（产能）建筑表皮

一个产品可以实现多个设计目标，产生多个建筑设计效果，比如利用遮阳构件结合光伏电池相结合，实现建筑遮阳的时候，产能的附加产品。这类产品在国内一直在探索中，相信不久的将来，会成为每家每户的必需品。

无论是以主动或被动设计，或者传统、智能化或复合的建筑表皮设计，进行表皮空间的优化设计，都会给建筑设计界面形成良好的气候缓冲，为建筑设计提供动态可变的建筑立面，丰富城市街道景观。同时，也给快速发展的现代城镇，提供富有激情的都市气氛和街道景观，为居住者提供高品质的生活环境。

9.1.5　系统化能源集成设计

绿色能源，尤其太阳能属于相对优质的可持续能源。昼夜变化或者四季更替，对太阳能来说，一直是在有规律性的变化之中，同样也有照度、温度以及相关能源的周期性变化。其次，太阳能及相关能源设计或利用，不是单一的，利弊均有，需要考虑初始建设和运营费用，以及多能源的互补和矛盾问题，这样才会形成系统的、高效的、应变的设备和能源利用网络，形成多因素多目标的设计过程。对于太阳能的能源集成设计过程，分为可利用能源调研、能源转化模式、建筑用能末端。

1）可利用能源调研

可利用能源调研主要是针对所在区域的可再生能源进行深入的调研和分析，以因地制宜、方便快捷、经济适用为设计原则，筛选出高效、便捷、经济的绿色能源，作为优质的能源供给源。

2）能源的转换模式

能源的转换模式有很多，能源的提取技术和方法需要斟酌。作为太阳能建筑设计来说，一般选取经济适用的被动技术为主，主动技术为辅，结合建筑形态以及功能需求，进行能源转化，同时要注意能源之间的优势互补，避免资源周期性的技术利用短板，进行经济和需求对比。

3）建筑用能末端

建筑用能末端一定要考虑人和空间因素。建筑用能末端，是人所在空间与能源利用的切合点，需要进行互补的组合和系统的组织设计，需要认真对待。比如养猪有产生粪便的机会，沼气冬天产能效率不高，养鱼需要沼气残余粪渣，温室有收集太阳能的作用，这样一来可否思考一下："温室（土壤蓄热）—沼气（动物粪便）—养鱼池塘（残渣养鱼）"链条式的技术网。

太阳能建筑的系统化能源设计，主要是考虑多能互补的能源收集设计。在技术策略选择时，要综合考虑，不可忽略技术使用条件的适宜性、技术节能的效率、技术之间的协同性、技术经济的合理性。最终在建筑设计之中，针对绿色能源系统进行全面高效的用能传递，使得建筑自身从用能末端走向自发自用的建筑能源独立体，实现建筑运行系统的全面升级换代。

9.2 台达杯竞赛优秀案例分析

9.2.1 台达杯竞赛概述

台达杯国际太阳能建筑设计竞赛是由国际太阳能学会、中国可再生能源学会、中国建筑设计研究院有限公司主办，国家住宅与居住环境工程技术研究中心、中国可再生能源学会太阳能建筑专业委员会承办，台达集团冠名的以"可再生能源建筑应用"为题的品牌赛事。截至 2020 年，竞赛已连续组织了七届，先后有 90 余个参赛国家的 7500 个团队参赛，赛题覆盖新农村建设、美丽乡村、城市住宅、既有建筑改造、阳光小学、适老建筑等多种类型。

例如，2009 年台达杯国际太阳能建筑设计竞赛以"5·12"中国汶川大地震给灾区学校造成的巨大损失，大量学校需要灾后重建为背景，以"阳光与希望"为主题，向全球征集农村"阳光小学"设计方案，并将部分获奖方案在灾区等地付诸建设。"阳光小学"不仅强调绿色环保理念，而且将建筑技术与太阳能利用技术相结合，充分利用太阳能降低建筑使用能耗，减少碳排放。设计中将充分考虑主、被动太阳能技术，重点解决隔热除湿、自然通风等技术难点，在实用、美观的基础上，确保学生可以在建成后的"阳光小学"里健康、愉快地学习和成长。

集合住宅具有用户产权分散，使用工况多样，涉及技术全面的特点，一直是实施太阳能综合利用较为困难的建筑类型。住宅是我们生活的场所，与实践低碳生活方式重要载体，为了推动太阳能等清洁能源在住宅中的应用，2011 年的竞赛题目确定为太阳能住宅，并以"阳光与低碳生活"为主题，面向全球组织作品征集。竞赛题目分为吴江市低碳宜居住宅和呼和浩特市低碳宜居住宅两项，参赛人员可任选一项进行设计，打造以太阳能利用为主的低

碳宜居住宅，在教育、环保与大众领域全力推广低碳生活理念，让太阳能建筑的设计理念深植在未来建筑师的心中。

2013 年竞赛的关注点在既有建筑节能改造。既有建筑节能改造是建筑节能工作的一项重要内容，对于节约能源、改善室内热环境和空气质量、减少温室气体排放、促进住房城乡建设领域发展方式转变与经济社会可持续发展，具有十分重要的意义。将太阳能等清洁能源、绿色建筑技术充分地运用于既有建筑中，实现资源的循环利用。本届竞赛以住房和城乡建设部和德国国际合作机构（GIZ）开展的中德技术合作公共建筑（中小学校和医院）节能项目为基础，选定青岛海慈医院既有建筑改造为题，对青岛海慈医院进行节能改造设计。

2015 年竞赛围绕美丽乡村建设开展。本届竞赛题目为"阳光与美丽乡村"，共设置两个赛题，包括农牧民定居青海低能耗住房项目和农村住房产业化黄石住宅公园项目。本届竞赛的两个题目在设置上各有侧重，中国青海低能耗农牧民定居项目希望通过太阳能建筑技术和绿色建筑技术的运用，设计出低成本、高性能满足农牧民居住生活需求的健康性安全和低碳宜居的农村住宅，从而探索城乡统筹、资源集约、生态宜居、和谐发展的城镇发展模式；中国湖北农村低碳住宅产业化项目重点解决产业化构件的设计、施工和应用问题，展示先进适用的住宅设计理念和建筑技术，推广产业化住宅应用，从而提高生产效率和农宅质量，实现低冲击开发。竞赛组委会希望通过竞赛这一平台，努力实践太阳能利用等绿色、低碳、健康技术，研发经济型宜居农村住房。

面对已经到来的"银色浪潮"，在何种建筑中、以何种方式安度晚年成为大众的关注点，2017 年竞赛题目最终确定为"阳光·颐养"，通过组织专家实地考察，最终选取陕西西安和福建泉州两个真实项目，其中，西安生态颐养服务中心项目

定位于养老设施，为西安及周边地区的健康和轻度失能老年人提供长期养老养生服务。竞赛题目结合生态田园养老社区的建设需求，充分应用太阳能等可再生能源技术，利用周边优越的自然环境，建设适用于寒冷地区的绿色、低碳、健康的生态颐养服务中心；泉州生态颐养服务中心项目定位于养老设施，为福建及周边地区健康和轻度失能老年人提供长期养老养生服务，并向居住在瓷都印象生态园内的老年人提供社区养老服务。本项目结合德化瓷都印象生态园的定位，充分应用太阳能等可再生能源技术，利用周边优越的自然环境，建设适用于中亚热带气候区的绿色、低碳、健康的生态颐养服务中心。

2019年台达杯竞赛聚焦在乡村振兴背景下，如何进一步激活各种村镇资源，通过研学基地、驿站等多种载体，提升村镇发展的附加值，走好村镇绿色、可持续的发展之路。组委会分别选取河北兴隆暗夜公园星空驿站项目和浙江凤溪教育研学基地项目设置赛题，面向全球征集作品。竞赛力求通过优化建筑设计，利用太阳能等可再生能源技术，打造绿色、低碳、健康的研学基地。秉承着"让梦想照进现实"的理念，本届竞赛的作品也将实际建设起来，让社会大众可感知、可检验这些示范建筑，让科技走进生活惠及民生。

自从"台达杯国际太阳能建筑设计竞赛"创办以来，每一届竞赛都受到行业内外高度关注。虽然每届竞赛均预设不同区域或场景的竞赛主题，但"绿色"是始终不变的内涵，并且从一开始单纯的竞赛，过渡到将获奖作品落地付诸实际建设，使得作品更生动、更真实。我国太阳能建筑的研究与建设也向前迈出了扎实、可喜的一步，并通过台达杯国际太阳能建筑设计竞赛为契机举办的一系列学术活动促进了行业内外的学术交流，使太阳能等清洁能源的利用深入人心，促进太阳能建筑的普及与推广，使我国建筑节能工作走上开源节流之路，创造舒适、环保的人居环境。

9.2.2　案例分析：风吟花舞

1）背景介绍

2019年"台达杯"国际太阳能建筑设计竞赛以"阳光·文化之旅"教育研学基地和公园星空驿站为题目，对浙江凤溪和河北兴隆地块进行全球建筑界召集设计方案，"风吟·花舞"最终获得凤溪地块竞赛一等奖（图9-3）。项目位于浙江省杭州市桐庐县凤川街道南部三鑫村凤溪玫瑰教育研学基地内，项目地处三山夹谷、两溪交汇的小河谷平原，属夏热冬冷气候区，夏季东南风，冬季西北风为主。设计项目用地位于园区西侧，南高北低，高差3m，地块内植被茂密，地表景观优美，南侧靠山，西北临小溪，东北侧临公路。作品平面规划结合场地，空间组织和交通流线紧密结合教育研学的功能特点，建筑形态适宜南方湿热气候，利用太阳能蓄热相变、中庭采光、通风烟囱等技术调节室内环境，有效调节冬夏两季室内热舒适度。

图9-3　"风吟·花舞"效果图

2）规划布局

本次竞赛的选址于三山夹谷、两溪交汇的小河

图 9-4 总平面图

平原处，属于背山面水的山水格局，基地具有良好的景观、微气候条件。现有山体与溪流作为重要的资源，在基地内形成一条天然的景观轴线；场地东部现存三栋圆形建筑，具有独特的建筑外观，成为重要的视线吸引点。建筑布局方面，根据现有条件，划分功能区，北侧公共性强，景观条件好，布置创意、体验中心的功能体块，南侧相对私密的区域布置教学、宿舍单元体块；其次，对场地空间结构进行重构，建立"一轴三廊节点"的空间格局。考虑该地区夏季主导风为东风，并伴有少量的南风以及局部的山谷风，建筑形体沿南北向依次形成贯穿东西的通风廊道，加强夏季的通风；另外通过宿舍单元以及教学中心平面错动，使建筑物位置与风向呈夹角关系，建筑形体形成喇叭状的空间以增大流速，减少前面建筑对后的遮挡，使建筑获得更多自然通风，以有效应对夏季炎热天气（图 9-4）。

3）建筑设计

"风吟·花舞"借鉴传统的江南民居设计手法，从传统建筑提取文化、地域元素，用现代建筑设计语言进行再转译，分别进行不同功能建筑的设计。建筑功能布局采用"气候缓冲仓"的理念，根据夏热冬冷地区的气候特点，在平面功能布局时，将辅助功能的房间布置在朝西向的位置，缓解夏季过多的热量进入主要使用空间，达到降温和节能的双目的。此外，汲取该地区传统民居的风格，设置坡屋顶，并增加屋顶挑檐，在体现民族传统文化的同时，起到遮阳遮雨的作用。在屋顶设置太阳能光伏发电板与集热板，屋面的坡度顺应传统民居规制的同时，满足太阳能利用的最佳角度，实现可再生能源利用与呼应文化的双赢。结合屋顶高起部分，设置采光窗，达到通风隔热的同时，补充室内采光。建筑立面使用本地建筑材料，以砖木为主，体现粉墙黛瓦的传统民居特色。在外窗及细部线脚位置，结合玻璃、钢等现代材料，体现建筑现代性的同时，增加人的视觉享受以及实现更好的室内舒适度，真正达到传统与现代的融合利用。

4）技术策略

太阳能烟囱依靠太阳辐射增加烟囱内部空气温度，使得烟囱内外产生温差形成浮力，从而有利于烟囱内空气的流动。利用"拔风效应"来强化室内自然通风，改善建筑内热湿环境，提高室内空气品质。本案太阳能烟囱系统主要由创意中心、宿舍单元两套组成。在烟囱的建构中，首先通过在建筑空间现有结构下植入双层相变蓄热墙体，形成贯穿的剖面空间子系统；建筑上部腔体主要采用玻璃等透光材料与遮阳百叶构件组合而成，顶端设计铝金龙骨上置黑色金属风帽；建筑底部则采用架空通楼板的策略，形成双层楼板，附加可旋转导风百叶来实现通风。对太阳能烟囱系统的高效利用，可使建筑内部同一被动式系统有效应对夏热冬冷的极端环境，改善建筑的室内温度、舒适度。在本案设计的节能分析中，利用 Ecotect 软件对方案中的风、光环境进行了三维建模仿真模拟，经反复的推演检测，结果显示建筑的物理环境有了明显的改善提高（图 9-5）。

在研学中心创意中心楼的南立面，布置双层呼吸式幕墙，外面设置可折叠百叶窗，夏季白天

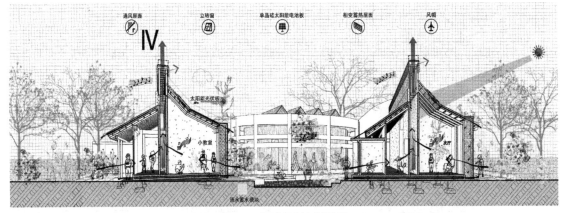

图9-5　太阳能烟囱技术示意图

将折叠式百叶窗阻挡阳光直射，过渡季节可打开双层玻璃窗进行通风，冬季调节百叶角度以获得阳光，一年四季都可以保证室内舒适度。在宿舍单元，通过凹阳台、屋檐避免阳光直射。在教学中心楼设置玻璃导风窗，与太阳能烟囱结合，强化室内通风。建筑开窗形式多用立转窗和中悬窗，起到通风的作用。

　　建筑的外围护结构以及屋顶构造采用具有良好的保温隔热性能的材料。墙体采用外刷长波辐射降温材料以及外挂保温聚苯板的复合墙体节能技术，屋顶通风烟囱内部双层墙采用吸收太阳能的蓄热墙体；东西墙面采用钢构架卡盆式垂直绿化；屋顶采用钢结构双层通风屋面；另外将光伏技术应用到建筑中，实现光伏板与建筑的一体化设计，将电池组件作为建筑的一个材料，电池组件在色彩、材质以及可塑性等方面符合建筑美学需求。

5）案例总结

　　在当前乡村建筑大力推进被动式技术策略的进程中，需要在当地传统营造手法的可持续经验的基础上，加强被动式太阳能建筑技术的研究与运用。被动式太阳能的利用是对太阳能源利用最直接和有效的方法，通过对夏热冬冷地区被动式太阳能利用的研究，如何更好地利用太阳能解决在建筑当地的

夏季通风隔热和冬季保温，避免由此带来的副作用，成为本次竞赛中太阳能利用的关键。本次竞赛方案希望提供一种乡村建筑被动式设计策略的新方法，也力求探索和尝试更多的技术策略为建筑节能寻求更广阔的空间。

9.2.3　案例分析：茶蘼院落

1）背景介绍

　　2017年"台达杯"国际太阳能建筑设计竞赛以"阳光·颐养"养老服务中心为题目，对泉州和西安地块进行全球建筑界召集设计方案，"茶蘼·院落"最终获得西安地块竞赛一等奖（图9-6）。项目地处西安世界地质公园秦岭山脉终南山下子午镇台沟村的生态田园养老社区，该地属暖温带半湿润大陆性季风气候区，全年多东北风。设计用地位于园区东部，紧邻主入口，场地中部有2m台地高差，分为南北两块。作品基于老年人的空间行为、心理活动和太阳能建筑的耦合关系，提出以"全天候"养老模式与太阳能建筑进行耦合的设计手法，将太阳能引入老年社区，以多层次的微空间环境设计，实现传统乡土建筑与养老建筑形态的良好结合，为今后养老社区建设提供参考。

图 9-6 "荼蘼·院落"效果图

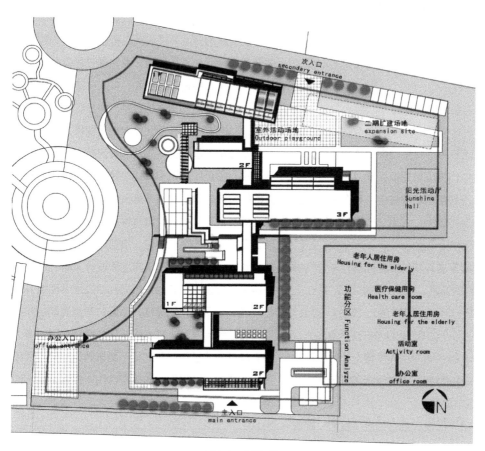

图 9-7 总平面图

2）建筑布局

从场地布局到室内空间，全天候思考养老建筑功能布局问题。在适老建筑中营造舒适环境，创造交流空间；动静分区，按照使用性质将建筑分组设置于台地两侧，结合区域特点，设计多层次多目标的养老空间环境。根据动静、功能不同，分区布置养老用房。建筑群采用低层（2～3层）多院落的布局模式，以"居住＋医护"为主体功能、"管理＋休闲"为辅助，各功能区按动静和冬季供暖需求不同进行划分，通过连廊连接为多组建筑群组，形成一个由外向内的建筑环境序列。建筑群围绕一条南北向的主轴线进行布置（图9-7）。规划用地南高北低，南侧临近主要道路，其他三面绿树如茵。"老人居住"位于北侧用地，远离交通主路；南侧"管理办公"，与外部交往方便，中间部分以"餐饮－休闲"作为过渡纽带。同时，在场地北侧为项目二期工程建设预留条件。

3）建筑设计

"荼蘼·院落"将传统生态手法结合到现代技术中，通过从关中传统建筑提取元素，结合老年建筑设计语言，运用到各建筑单体中，其次由于西安地区冬季室内外温差较大，利用"气候缓冲腔结合休闲空间"模式，优化建筑室内外布局，"气候缓冲腔"延缓室外气候引起室内环境的温差起伏，减少气候突变对老年人健康的影响。其中空间模式如"居住—走廊—居住、居住—走廊—活动、活动—走廊—办公"等，以走廊过渡到另一功能区，以及在建筑室内外、走廊旁边等位置，结合缓冲空间设置，分散布置多个休闲区域，形成由静到动、由内到外的环境效果，达到平缓过渡的空间环境。

"荼蘼·院落"的设计结合传统"基因"建筑形态进行优化利用，如办公、活动用房采用斜坡屋面，按照当地太阳高度角修正屋顶坡度为30°，使太阳能光伏板或集热设备的屋顶兼顾绿色建筑能源供给端设计。同时，结合关中地区建筑坡屋面出檐

深度不大的形态，在设计中减少出檐长度，既符合传统建筑形象，也简化建筑体量，同时本设计结合气候特征，利用本地建筑材料，以传统的"外包砖"、防腐木贴面以及可收纳式的日照遮蔽板，改善材料耐久性、增加室内舒适度，营造更适宜老年人生活的环境，将传统材料与现代技术再次融合利用。

4）环境设计

多元化的至"微"环境布局，为老人多目标服务。疗养中心定位人群为健康和轻度失能老人，因为健康程度的差异其可进行的活动各不相同，所以环境设计比一般社区更加重要，例如结合太阳能集热供暖与地热资源，考虑至善至微的多元化养老活动环境设计，形成多目标的"全天候"生活环境。

多层次的空间环境设计，可改善老人心理和身体健康水平。在室内环境方面，通过居室外、走廊边、大厅角、楼梯旁等空间，多元化的组织边角空间，为各单元之间搭建相互交流平台；在室外环境方面，垂直绿化、温室绿化结合地面植被，自然水体、温泉水体结合垂钓空间、地热资源结合多元化的视觉景观，甚至以太阳能、地热等热环境来改善室内外的微气候环境，营造"全天候"的室外或室内适老空间环境，以最佳"微气候"调整老人的身体机能。无障碍化的高差处理，增加趣味空间。对于场地2m台地高差，在建筑内剖面设计策略上做了无障碍化功能设计：首先考虑把北部二层平面抬升到与南部二层平面相同高度，然后对两侧建筑功能整理，在这种情况下，减小居住部分层高的同时增大办公层高，使居住部分三层平面与活动部分二层平齐，在增加"微空间"环境趣味性、提高土地利用率的同时，满足无障碍的通行要求，方便老人安全出入。

利用屋顶温室空间，满足老年人亲力亲为的"微劳作"心态。在建筑群北侧居住部分的屋顶设有阳光大棚，满足老人的小动物欣赏、养殖以及农作物、花卉种植需求，老人通过走廊可直接到达，为不同

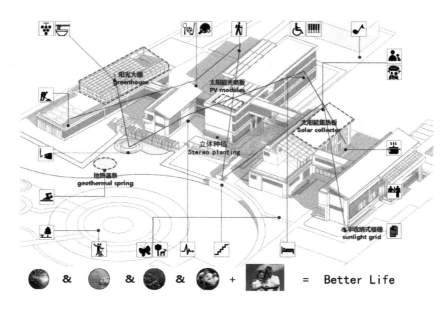

图 9-8　建筑技术一体化

健康的老人提供都市田园的观赏乐趣，提供跨季节的瓜果蔬菜等绿色农业食品。

5）技术策略

　　"荼蘼·院落"应用了多种节能技术，如太阳能系统，为养老社区提供适宜的全天候生活空间。养老建筑由老年人生活出发，从功能看更像是住宅和医院的结合，有承担老年人居住的功能，又要满足其健康状态的观测，故在养老建筑内，要格外考虑温度、湿度、通风等屋里因素。所以在可再生能源的利用上，充分依托基地周边良好的自然环境，结合建筑内的热循环、水循环和空气循环等，太阳能技术以被动利用为主，主动优化为辅，形成一个动态的全天候能源应对系统（图 9-8）。

6）案例总结

　　太阳能与全天候养老理念在老龄化社会具有广阔前景。"荼蘼·院落"的设计创意，在本土建筑

形态与太阳能的一体化耦合利用的基础上，结合"医疗 + 居住"模式，注重对室内居住空间多目标的人性化设计、室外空间多元化活动场所构建，实现了多层次的老人相互交流空间。同时，在生态上，通过现代技术实现对太阳能源的复合使用，扩大了老年人的生活空间，以崭新的建筑生命力，为老龄化建筑提供了设计参考。

9.2.4　案例分析：老厝新生

1）背景介绍

　　2017 年"台达杯"国际太阳能建筑设计竞赛的获奖作品"老厝新生"（图 9-9）以其对当地建筑文化特征的精彩演绎和对多种绿色建筑技术的集成应用，赢得了评委的认可，并最终获得了泉州地块竞赛的二等奖。项目用地位于世界陶瓷之都泉州市德化县雷峰镇中的瓷都印象生态园内，该园是以生态人居、温泉度假为特色的养老养生度假小镇，

图 9-9　入口效果图

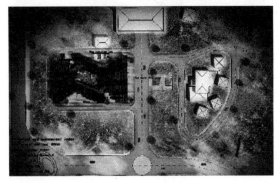

图 9-10　总平面图

图 9-11　剖切效果图

而本次竞赛的设计目标就是在园内打造一个环境舒适、医护完备的养老设施，为福建及周边地区健康和轻度失能老年人提供长期养老养生服务，并向居住在瓷都印象生态园内的老年人提供社区养老服务。生态园所在地区属中亚热带季风气候，平均气温 18.2℃，年均无霜期 260 天左右，十分的舒适宜人。园区内外植被茂密，地表景观优美，空气清新，具有丰富的温泉资源。地块位于生态园的西侧，紧邻西入口，场地高差较小，整体平整（图 9-10）。

作品围绕给老年人提供宜人的生活环境和全天候的医护配套，以"泉州古厝"的古民居建筑文化为载体，集成应用太阳能、雨水循环等绿色节能技术，实现了传统民居建筑与绿色建筑的有机融合，为南方湿热地区养老建筑设计提供了思路。

2）建筑设计

传统的古厝屋顶形式有燕尾及马背，远看村庄层层叠叠颇为壮观。本设计借鉴屋顶形象，将多单元屋顶穿插在一起，对应屋檐下的大小空间形成层峦叠嶂之感，营造古镇意向风格。"假厝"是古厝建筑中气候适应性的重要手法。本设计借鉴古厝的组合方式与"假厝"即双层屋顶的防晒隔热模式，可以阻挡阳光的暴晒，同时，屋顶的设计并未阻挡空气的流通，达到夏季隔热降温，空气流通的目的（图 9-11）。此外，建筑同时具备主动式与被动式的太阳能技术，并采取了地源热泵、雨水花园与沼气系统等其他绿色技术，保障建筑的各系统运转。材料方面，由于地处瓷都，当地产生很多陶瓷工业的废料，我们将这些废料回收再加工，制成多种多样的建筑材料，应用于建筑之中。

3）技术策略

随着建筑节能研究的深入，以被动式节能策略为主，主动式节能技术为辅的综合节能设计策略广受认可。"老厝新生"以泉州古厝为原型，不仅仅是对建筑形式、空间、文化符号的演绎，也是对传统民居中，通过建筑构造方式，被动式应对南方湿热气候的被动式策略的深入分析。此外还引入了太阳能光伏和光热技术、雨水循环回收系统等，充分利用南方丰沛的自然资源，降低建筑运行能耗，并为老人提供舒适宜人的居住环境（图 9-12）。

4）案例总结

中国逐步进入老龄化社会，未来对养老建筑的需求必定不断增加。通过太阳能等建筑技术实现养老建筑的节能、节水、节材，尽可能降低养老建筑

图 9-12 雨水庭院生态系统示意图

图 9-13 吴冠中画中的江南水乡民居

的建设和运营成本，对其发展义重大。"老厝新生"立足于地域建筑文化特征，将太阳能、雨水回收等绿色建筑措施和技术巧妙融合进建筑之中，既为老人提供了舒适的生活环境，又为老人创造了宜居的生活氛围，为老年建筑设计提供了参考。

9.2.5 低碳住宅的设计实践——以同里中达低碳住宅为例

中达低碳住宅是以"2011年台达杯国际太阳能建筑设计竞赛"一等奖作品"垂直村落"为基础，经过优化设计完成的，属于中达名苑（住宅）建设项目的一部分，项目位于江苏省苏州市同里湖畔，本项目将水乡肌理反映到现代住宅建筑中，同时基于低碳设计的理念把绿色低能耗技术和可再生能源技术结合到现代住宅建筑中，不仅考虑了技术手段，同时也对自然和人文环境进行融合与呼应。

1）设计理念

吴冠中先生的画中（图9-13），看到图面上下的位置关系表达建筑的远近。他将建筑简化为屋顶和白墙，用简单图形的堆叠描绘出水乡的意境。通过江南水乡民居的实地调研，总结分析江南水乡住宅形态应该传承当地的白墙灰瓦的黑、白、灰的建筑符号，通过村落的意境描绘现代住

宅的建筑形式。

受江南水乡的艺术表现手法的启发和现状，竞赛团队提出了垂直村落的概念——上下排布的户型单元表达远近的透视关系。凹凸起伏、波浪形的外墙形式，是通过意寓江南水乡的潺潺水流的印象所引起的。同时，考虑到每户都能够获得向阳面和遮阳面，所形成的自遮阳解决了南向眩光问题。

2）从设计创意到实施方案

吸取江南传统建筑文化精髓。情调温馨和谐、造型具有文化品位，整体造型丰富精致、以"粉墙黛瓦"为色彩基调，营造温暖的宜居氛围。住宅设计吸取国外先进的"环境共生住宅"设计思想，积极综合利用各种技术，保证居住的高属性度、能源利用的高效性和节能性，与自然的高接触性；尽可能方便住户与室外环境绿化的沟通，组织好住宅的通风和日照积极采用平台绿化和垂直绿化技术。合理安排各功能行为空间，按公私分离，食寝分离、干湿分离、洁污分离的原则，保证其居住的舒适性。重视家庭活动中心起居厅和餐厅的设计。处理好住在的隔声、通风、采光、遮阳和体型设计，做好防水、隔热保温。厨卫部分进行整体设计，管线集中设置，促成成套产品的开发应用。综合住宅建材和产品价格的组织与策划，在住宅设计中通过优化设计，降低住宅造价。

在由竞赛方案向实施方案转化的过程中，根据

图 9-14　实施方案效果图

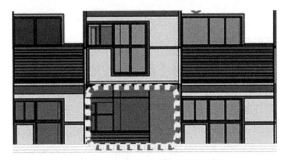

图 9-15　实施方案外窗做法

项目用地条件的要求以及功能要求的变化，对竞赛方案进行了方案修改和优化（图 9-14）：

　　首先在建筑整体造型保留了竞赛方案的垂直村落的设计理念。在建筑高度上，为了保护同里湖景区的天际线，满足建筑高度控制要求，并对建筑进行了进一步优化设计首先将 2.1m 的架空层改为 0.3m 的架空地面。另外，将原来上人屋面的封闭的女儿墙降低，至 0.5m 高，并在其顶部设置栏杆。通过这一系列改动，将建筑总高度控制在 13.4m 以内。在立面设计上，保持南立面的曲折的建筑形式保持不变，这是在窗户的形式及遮阳系统的布置进行调整。将原来的固定格栅遮阳改为移动自遮阳。窗户的面积也有所增大（图 9-15）。

　　在北立面的设计中，改变原方案的北立面建筑形式，将原竞赛方案中朝向天空开启的窗户形式改为普通的开启方式，提高了室内的天然采光效果和自然通风效果，同时消除了外窗漏水的隐患。在选

用隔声性能良好的产品结合绿化带以减少北侧道路交通对北向房间的噪声影响。楼梯间延续南立面曲折的建筑形式。楼梯间采用立面曲折的建筑形式，在户型方面只保留了 130m² 的户型，并且优化了楼梯的布置，取消了电梯。 户内空间采用的是三室两厅两卫的布局，并且增加一间书房或储藏间。

3）低碳技术应用

　　建筑屋面上设置了 19.52kWp 太阳能光伏组件，所发电量直接用于小区地下车库照明。每年可发电 23952kW/h。同时在阳台窗下墙部分设置太阳能集热器，联通阳台内的热水箱，为住宅提供生活热水，平均每天可提供 100L55℃ 热水。在阳台窗侧面安装太阳能空气集热器，其在冬季吸收南向房间的室内空气经风机送入集热器加热后通过吊顶空间送入北向卧室、餐厅等，提高北向房间的室内温度，在不需供暖季节，集热器开启外循环模式，利用热压原理将集热器内热量排出（图 9-16）。

　　本项目在屋顶设置格栅花架和屋面绿化、通过格栅花架上的爬藤植物能阻挡夏季阳光直射到屋面上，减少屋面的得热量，降低室内温度、冬季，阳光能通过格栅射向屋面，提高室内温度。屋面设置花坛、种植土、种植绿化植物，减少阳光对屋面的直射，提高顶层住宅室内热舒适度屋面雨水经过组织后存入地下储水罐，用于住宅周边景观浇灌。

4）建成情况及问题

　　该项目于 2017 年正式验收，并通过的绿色建筑二星级认证，目前作为同里湖大酒店的客房间对外开放试住（图 9-17）。

9.2.6　汶川灾后重建绵阳市杨家镇阳光小学

　　汶川地震后，我国政府迅速开展灾区重建工作，尤其以学校重建为重点。与灾后重建工作同时启动

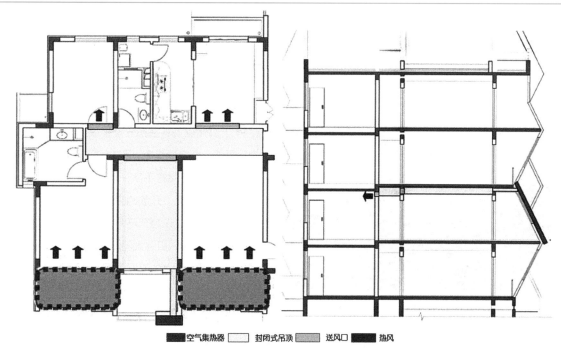

图 9-16　空气集热器加热的空气经吊顶送入北向卧室和餐厅

图 9-17　实际建成效果图

图 9-18　实施方案设计鸟瞰图

的"2009 年台达杯国际太阳能建筑设计竞赛"，以
"阳光与希望"为主题向全球征集四川绵阳地区和
灾后马尔康地区重建"阳光小学"设计方案。根据
四川省绵阳市涪城区杨家镇小学灾后重建的实际情
况，实施方案以竞赛一等奖作品为基础，由中国建
筑设计研究院深化完成施工图并进行实地建设（图
9-18）。

1）项目概况

项目基地东西长 150m，南北长 190m，呈矩
形形状。东北侧临石栏路，西北侧为杨家镇规划文
化中心区，东南侧为杨家镇中学宿舍，西南侧临杨
家镇镇区规划道路。用地为洼地，比周边道路平均
低 3 ~ 4m，地块内北侧较高，其余用地较为平坦（图
9-19、图 9-20）。小学为 18 个班，学生总数为

810 人，住校生约 300 人。校舍由教学与办公楼、宿舍楼、食堂三部分组成，地上 1 ～ 3 层。

图 9-19　学校建设地点原貌

2）建筑设计

　　教学主楼中包含了学校所有教学用房和教学辅助用房。教学用房分为 3 排外廊式平面平行布置。教学辅助用房布置在北侧两排教学用房的东侧，结合学校礼仪入口，形成类似反"E"字形布局形式（图 9-21）。并用回廊将各部分连接成为一个整体，在教学区形成一个方便快捷，且能遮风避雨交通体系。南侧一排教室结合地形下跃一层，既减少了土方量，又丰富了空间形态。开放的空间和围合的庭院景观为室外活动增添了乐趣，符合少年儿童活泼好动的心理特点；从学校入口到大门再到庭院，形成一个简洁的流动空间。西南角的卫生间及服务教学楼有服务运动场，提高了利用率。同时又在主导风向的下风向，避免了不良气体对教学区的影响。

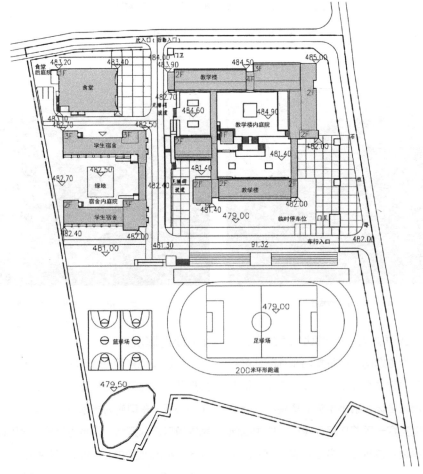

图 9-20　总平面图

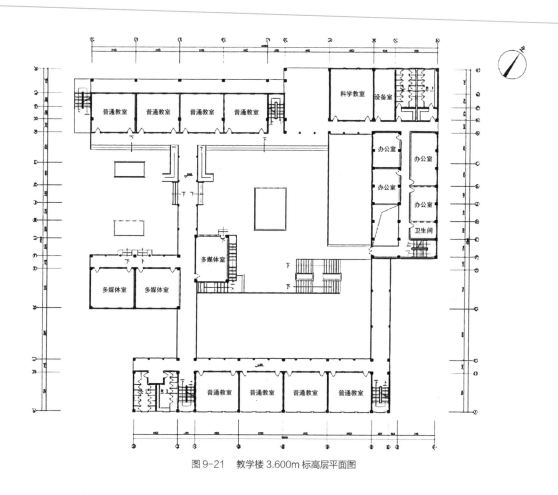

图 9-21　教学楼 3.600m 标高层平面图

3）技术策略及运行测试

基于绵阳地区夏季闷热、冬季潮湿的气候特点及低成本建设增量及运行成本控制要求，采取以被动太阳能建筑技术为主、主动太阳能技术为辅的技术策略。

建筑外围护结构设计——建筑采用各种主动、被动节能技术的首要条件，是建筑物自身应具有良好的保温隔热性能。也就是说，该建筑本身就是一座"节能建筑"。要做到这一点，就要求建筑的维护体系应采用相应的措施，使其具有良好的保温隔热性能。为满足这个要求，本建筑在外维护墙体设计上采用复合墙体，在围护结构外侧采用复合保温材料，提高墙体的保温隔热性能；屋面除在屋面层复

图 9-22　双层坡屋面示意图

合保温材料外，还设置空气缓冲层进一步提高保温隔热的性能（图 9-22）。

被动通风设计及运行测试——教学楼采用有利

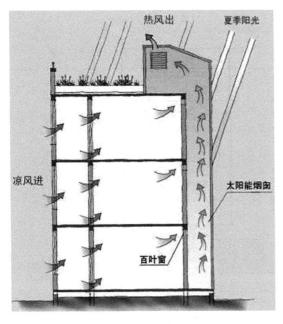

图 9-23　宿舍太阳能烟筒通风示意图

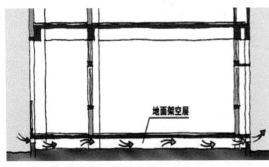

图 9-24　架空层隔潮原理图

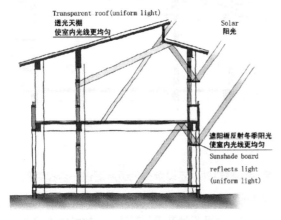

图 9-25　教室冬季日照分析

于自然通风的单廊式平面布局，顶层教室结合屋面造型设置天窗，加强顶部房间通风，改善顶部房间夏季湿热环境。教学辅助办公区楼梯间及宿舍南侧设置强化的太阳能烟筒利用热压通风原理提高室内通风能力（图 9-23），通过运行测试表明，开启通风措施后，教室内的温度要比关闭通风措施的教室内的温度低 0.5~1℃，宿舍内的温度要比关闭通风措施的宿舍内的温度低 1~3℃。

被动隔潮设计及运行测试——在教学楼、宿舍的首层楼板下设置 300mm 的架空层，形成空气流动层，在墙体四周设有洞口，通过空气流动将架空层内的潮气带走，有效防止地面湿气进入室内，保护围护结构不受腐蚀（图 9-24），通过运行测试表明，架空地板宿舍内的相对湿度要比无架空地板的宿舍内的相对湿度低 20%~40%。

建筑采光设计及运行测试——教室南侧外窗的上部 1/3 处设置百叶遮阳反光板，结合屋檐及南侧的双墙墙体，形成一套完整的遮阳体系，充分利用绵阳地区夏、冬季日照高度角的差别，起到夏季遮阳、冬季透光的作用。起到直接调节室内光环境的效果（图 9-25），通过有无遮挡的天窗进行对比测试表明，天窗可为室内增加 100 ~ 200lx 的光照度，有效地提高教室内光环境，从而减少人工照明时间。

主动太阳能技术应用——在食堂中设置集中浴室和水房，采用太阳能集中热水系统为住宿学生和教工提供淋浴所需的生活热水和饮用开水，方便师生生活。

4）结语

阳光小学于 2012 年正式投入使用。被动太阳能设计优先、建筑与自然环境和谐的设计理念指导下，灾后重建的校园不仅建设成为学生学习的场所，更是一个显性物质文化与隐性人文精神和谐共存的精神家园。"感谢阳光、感恩爱心"，这是阳光小学学生们的心声。新建筑对人们的影响，最显著的区别在于加强了使用者与环境的友好互动，培养了学生们对节约能源的意识，养成了环保节能的生活方式和可持续的生活态度。让校园建设与乡村教育共同进步，实现"教育发展"与"环境保护"的和谐共生，让可持续发展的绿色新校园，长久地惠及这片土地以及土地上的子孙。

图 9-26　SDC2018 清华大学队南向单坡屋顶

9.3　国际太阳能十项全能竞赛优秀案例分析

9.3.1　太阳能十项全能竞赛设计方法概述

国际太阳能十项全能竞赛 (Solar Decathlon，简称 SD 竞赛) 是由美国能源部发起并主办，以全球高校为参赛单位的太阳能建筑科技竞赛，被誉为"太阳能建筑领域的奥运会"。竞赛要求每个参赛队设计并实际建造一座舒适、宜居、体现可持续的太阳能住宅，以太阳能作为建筑的唯一能量来源，满足住宅的各项功能要求，实际运行并进行测试评比。参加竞赛的零能耗太阳能住宅体现着各国高校在建筑节能和太阳能应用领域的进展，竞赛的评分规则分为十项，因此称为"十项全能"，包括建筑设计、工程技术、市场推广等主观评分项，以及温湿度、电器设备、能耗平衡等客观测试项。从 2002 年以来，竞赛每两年举办一次，随着世界各地区对于零能耗建筑与可再生能源的重视与推动，SD 竞赛目前在全球范围内已有美国（SDA）、中国（SDC）、欧洲（SDE）、中东、拉美、非洲六大组委会，截止 SDC2018 年，已成功举办竞赛 15 届。2013 年和 2018 年，SD 中国竞赛分别在中国大同市和德州市举办，体现了我国重视新能源应用推广，履行建筑节能减排的决心和行动，也大大拓展了这项竞赛的影响力。本节从节能技术的角度概述 SD 竞赛的设计方法，对竞赛参赛作品中的被动式和主动式节能技术进行了简要的分析。

图 9-27　SD2011 米德伯里学员队双坡屋顶

1）光伏建筑一体化

光伏建筑一体化不是光伏发电系统与建筑物的简单叠加，而是将光伏器件与建筑材料集为一体，用光伏组件代替屋顶等，形成光伏与建筑材料集成产品，既可以当建材，又能利用太阳能发电。影响 SD 竞赛作品形体的重要因素之一是光伏、光热系统，主要是光伏板和光热板的倾角对屋顶的影响。光线与屋顶倾斜面所形成的角度越接近垂直接受的功率就越高，因此，坡屋顶是 SD 竞赛作品中最常用的屋顶形式，具体分为朝南的单坡顶（图 9-26）、双坡顶（图 9-27）。平屋顶也较为常用，还有平屋顶和单坡顶结合的形式，也有部分赛队采用曲面屋顶。

2）遮阳设计

太阳能十项全能竞赛的举办地多选在太阳能资

图 9-28   SD2007 宾夕法尼亚队南侧遮阳木百叶

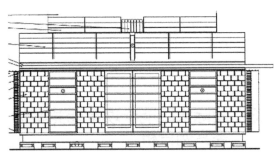

图 9-29   夏季遮阳百叶变化角度遮挡阳光

源比较丰富的地区，比赛期间太阳辐射强度很高，为了满足竞赛中对建筑温湿度的要求，遮阳设计便成为被动式设计的重要因素，是历届竞赛的参赛作品中都十分重视的内容。

建筑形体遮阳通过建筑形体变化发挥遮阳的功能，利用外廊、构架等形体构件实现造型目的的同时也能满足遮阳的效果，同时使得建筑室内外空间更加灵活。建筑形体遮阳在 SD 竞赛中的应用十分普遍，很多作品中都设置了室外凉廊，为建筑主体提供了良好的遮阳效果，凉廊下的空间也可作为建筑室外活动的平台。

可调节式遮阳构件可根据室外气候变化，在遮挡阳光和控制采光之间进行调节，是调节建筑热环境的有效策略。竞赛作品中出现的可调节遮阳构件有内遮阳帘、外遮阳、中空玻璃内置百叶、光伏遮阳板等不同的形式。内遮阳系统多结合建筑智能控制系统进行自动控制；中空玻璃内置百叶可使门窗与遮阳一体化，造型美观，易于清洁；外遮阳百叶可采用木质、竹质、塑料板、金属板等材料制作，对太阳辐射热的阻隔效果最为充分，遮阳效果最好（图 9-28、图 9-29），但要考虑室外风雨的影响，清洗较为麻烦；光伏遮阳百叶在遮阳的同时可以发电，增加建筑的发电量，也是竞赛中常常出现的遮阳构件形式。

3）自然通风设计

自然通风主要包括热压和风压通风两种形式，在建筑室外气候较为舒适时利用自然通风可带走室内得热，提供新鲜空气，改善室内热环境。风压通风设计要根据建筑所在地的主导风向，对室内门窗开口进行合理的设计，使得气流在室内的流动顺畅、不被遮挡，形成穿堂风的效果；热压通风则是利用冷热空气密度差引起空气对流的原理，在建筑内人为创造出气温差来引导气流。在参赛建筑中两种方式往往被结合起来使用。SD 竞赛作品中的自然通风设计主要包括以下三种形式：

通过建筑开口调节自然通风——开口的门、窗、天窗来调节室内气流是通风设计的基本方法。通过建筑室内不同空间位置的合理开窗，在风压和室内热量的作用下，可形成良好的通风效果。

通风屋面——在建筑屋面内设置通风层，利用自然通风带走屋面吸收的太阳辐射热量，是一种有效的建筑隔热设计策略。通风屋面的形式包括通风阁楼、双层架空屋面等。

导风板——板是使用建筑构件控制自然通风的方法，对建筑周边的气流进行引导以调节通风。单侧窗不利于通风，尤其是只开一个侧窗的房间，室外风速对室内的空气扰动影响过小，难以形成有效的通风。如 SD2017 代托纳比奇联队的卧室在北墙

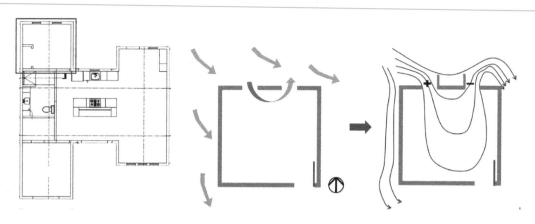

图 9-30　托纳比奇联队平面和北侧卧室通风分析

开了两个竖条窗，夏季的西北风进入室内后的覆盖面积很小，不利于通风。如在窗户一侧加导风板，可增大覆盖面，提高通风效果（图 9-30）。

4）蓄热设计

蓄热设计对竞赛建筑节能设计也有着重要的意义，为了运输拆卸的方便，参赛建筑往往采用轻质材料，建筑整体的热稳定性较差，不能很好地抵御夏季室外周期性热波动的影响。如何增加房屋的热稳定性，以及如何根据室外气候的变化储存热量并加以灵活使用，也是被动式设计中需要考虑的。

5）蒸发制冷设计

利用蒸发制冷降低局部区域温度，调节微气候也是竞赛中常见的被动式设计策略。如 SDC2018中各赛队很重视水系统的合理设计，如 JIA+ 队将南侧水池和房屋周围的雨水回收池连成整体形成循环系统，并利用水生植物和鱼类过滤雨水，夏季水池还可通过蒸发为建筑降温，达到节能和节水的双重目的。华南理工—都灵理工赛队将水箱固定在墙上，用户可种植蔬果、花卉和养鱼，并利用鱼类废弃物使水体富含营养，再经过植物吸收和过滤后成为对鱼类无害的水再回到鱼缸，完成一个循环，称为"鱼菜共生"系统（图 9-31、图 9-32）。

图 9-31　"自然之间"南侧水池

图 9-32　"长屋计划"的鱼菜共生系统

6）缓冲空间设计

缓冲空间是在各种热环境调节策略的基础上，基于建筑设计层面的一种综合性的被动式设计策略，在建筑设计中根据不同建筑空间的联系，设计一些过渡性空间作为气候调节的容器，用于调节建筑主体空间的热环境（图 9-33）。

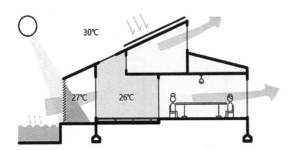

（a）在夏季，电动遮阳百叶窗和竹门可以减少
太阳辐射并保持通风

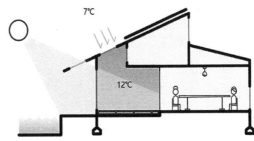

（b）在冬季，内院可用作储热的缓冲空间。墙壁
和地板中的相变材料可增加缓冲空间的储热能力

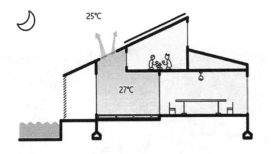

（c）在夏季，内院天窗在晚上打开散发热量，
并储存傍晚室外的冷气

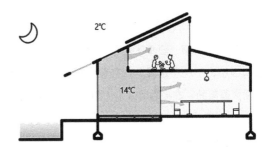

（d）在冬季夜晚打开室内门和窗户，利用温室
效应加热室内空间

图 9-33　"自然之间"中的热缓冲空间被动式节能策略示意图

9.3.2　案例分析：The WHAO House

1）背景介绍

　　第二届 SDC 于 2018 年夏季在山东德州举办，竞赛城市处于寒冷地区中的偏低纬度地区，因此清华大学作品在综合考虑竞赛期间与赛后利用的环境，采用主要面向夏季的被动式策略，兼顾冬季的常规采暖措施。同时，为了延续建筑策略的可持续应用，赛选定了同样气候类型的河北沧州。本案例主要采用实地测试研究优化的遮阳表皮被动式手段，以及高效太阳能光电能源转化应用于主动式调控，形成了被动优先、主动优化的典型的太阳能建筑可持续设计策略（图 9-34）。

图 9-34　清华大学赛队作品在竞赛场地鸟瞰全景

2）设计构思

清华大学赛队的 The WHAO House 是为即将退休的活力老人设计的模块化、可定制的装配式智能住宅产品。WHAO 分别代表 Worthy（价值）、Healthy（健康）、Aesthetic（美观）与 Organic（有机），这是对未来个性化养老住宅的追求。The WHAO House 将先进的智能家居技术与健康自然的室内外环境结合，将清洁能源的高效运用与分区控制的节能策略结合，在模块化、装配式建造的基础上，提供自由透明的定制方案，带来灵活有机的住宅布局，以低价高效的方式满足客户的个性化需求。

The WHAO House 占地为边长 25m 的正方形，占地总面积为 625m²，建筑面积为 182.5m²，采用功能模块"1+N+X"的组合方式，即一个中心模块与若干个居室模块连接，以及更多的提升环境品质的附属模块，模块的组合可随核心家庭成员全寿命周期的演化而变化。参赛作品仅展现了一种典型的模块组合模式，采用"1+3+1"的组合方案，即中心模块，包括门厅、客厅、厨房、餐厅、卫生间等，这里是家庭聚会的核心，也是展示家庭风貌、容纳公共活动的空间。3 个居室模块，分别是主卧模块、次卧模块、工作室模块，满足老人居家养老或核心家庭正常生活、工作、学习的需求。1 个环境品质提升模块，即阳光房模块，可作为老人的室内健身、活动空间，也适于栽种植物等。各模块间通过连接体相连，形成三室两厅三卫以及一间阳光房的总体格局，满足三代同堂家庭生活、工作、休闲等功能使用（图 9-35）。

3）实践及运营

建造体系根据模块化的部品层次展开，现场工作从外到内分为景观、外立面、主体结构与隐蔽工程装配、室内装修、家具，安装顺序由主体结构向内外两侧同步推进，学生参与建造实践的部分集中于室内完成面和室外表皮安装，在实践中体验设计所需要的材料工法支撑（图 9-36）。

赛后运营是本作品可持续设计、装配化建造优势的集中体现。竞赛结束后，The WHAO House 从竞赛现场拆解，回到模块状态，并运输到 100km 之外的河北沧州，顺利进行了重新装配，实现太阳能光电发电与工厂电网并网；竞赛现场重新回到建造前的原始状态（图 9-37）。同时，The WHAO House 变为 The WHAO Studio 在新的工厂环境中发挥新的功能，成为集设计办公、技术展陈、会议活动的小型设计工作室，将设计的力量与工厂一线生产的力量结合起来，未来将发挥更加持久的价值，真正实现 Worthy（价值）、Healthy（健康）、Aesthetic（美观）与 Organic（有机）。

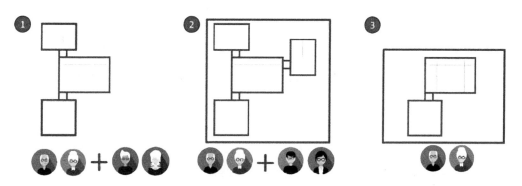

图 9-35　模块化装配式空间理念与全寿命周期的更替设计

图 9-36　　工厂生产的标准化表皮模块以及学生在现场对非标外表皮的加工

图 9-37　赛后利用重新建造过程

4）案例总结

　　本案例在气候特征主导下进行主被动策略手段的设计，结合装配式建筑体系在结构、设备、装饰、家具各类部品中彻底实现了模块化设计，并在现场扫描校核、分层建造装配基础上实现了快速建造和精致效果。现场测试良好效果和成功实现赛后重建，体现了本案例在气候策略、建造方式、市场运营方面有效执行了可持续建筑设计预期的目标。

9.3.3　案例分析：自然之间

1）背景介绍

　　"自然之间"（Nature Between）是 Team JIA+ 联合赛队（由厦门大学、法国 Team Solar Bretagne 五所高校、山东大学组成）参加 2018 年中国国际太阳能十项全能竞赛的作品，并最终在竞赛中取得了总分第三名，以及"居家生活"项和"电

图 9-38 "自然之间"鸟瞰图

图 9-39 邻里之间：廊道、合院的聚合

动通勤"两个单项并列第一的成绩。"自然之间"希望通过一栋历史建筑的改造更新，来体现中国传统的自然哲学。作品通过有机的建筑材料，可持续的建筑技术和设备，以及亲近自然的建筑空间来营造一种自然友好的居住环境（图 9-38）。

2）设计构思

当今，无论是在城市建设还是乡村更新中，都面临着如何在满足现代化发展需求的同时，保护和传承传统文化的问题，其中也包括地域要素如何运用在绿色建筑设计中。在很多人看来，传统的、地域的都是"老"的。但事实上，这种老并不意味着"过时"，"老"中往往蕴含着一代代人经过旷日持久地试错、亲身体验而逐渐积累的"经验"，这些经验最终将建筑的功能、对特定气候条件的回应、对建造地理环境的适应，与建筑的形式很好地结合起来，使建筑成为坚固、适用、美观，同时又承载人类文化的生活空间。从这个角度出发，希望通过建造一栋零能耗住宅，让人们了解到，很多传统地域空间原型和本土的建筑材料、建造技艺也可以运用到绿色建筑中，传统建筑中的智慧可以同现代技术很好地结合起来。"自然之间"的参赛方案基地选址在厦门市的一个城中村，拟对一传统闽南大厝进行局部改建，在保留有历史价值的老房子的同时

改善住宅整体环境，为居住在其中的祖孙三代人提供更加舒适、健康、高效的生活空间。建筑改造保留大厝的北侧堂屋，在南侧新建参赛建筑，体现"家与家"的建筑更新模式，实现新老建筑之间的文脉延续和生活方式的更新。改造后的历史建筑可作为房主的现代化住宅，或者作为面向游客的民宿。

"自然之间"的设计定位为一个三口之家，同时新的家庭又要和老房子中的祖父祖母共同生活。新建筑通过一个合院同保留的老建筑联系起来，合院在为原有老建筑提供较好采光通风的同时，也成为两个家庭成员的休憩空间（图 9-39）。新建筑中的餐厅正对合院，两扇大玻璃门可以打开，使餐厅空间和合院空间紧密相连，形成新老建筑间的对话。餐厅内的大餐桌可以供三代人一起使用。新建筑内厨房和客厅相连，并通过透明玻璃隔开，让中国传统住宅中藏在角落的厨房变得更加开放，家庭成员在炒菜做饭期间也可以交流。阁楼内的儿童房同客厅也相互连通，方便家长对儿童进行监护。室内庭院同时与餐厅和客厅相邻，为室内增加了一份绿意，让家庭成员可以更直接地接触自然。

要营造一个舒适、健康、高效的场所，同时使建筑达到净零能耗的要求，就要充分利用好自然中的风、光、雨，并将主动技术同被动技术结合起来。"自然之间"以闽南的气候环境和区域文化为背景，结

图 9-40 "自然之间"中的技术策略

合传统民居中被动式绿色节能智慧和现代新型技术手段，实现传统老房子向零能耗住宅的转译。在保留传统建筑空间形式和风格特征的同时，"自然之间"综合运用了光伏建筑一体化、热缓冲空间、动态遮阳、自然通风、自然采光、雨水回收、智能控制等多项主被动式节能技术，并将其有机整合，对建筑的室内温湿度、空气质量、采光、声环境以及其他舒适度标准进行自我调节，充分利用太阳能的同时尽可能降低建筑的使用能耗，达到竞赛的各项要求（图 9-40）。

3）实践及运营

为保证竞赛时能准时、精确地完成搭建工作，Team JIA+ 赛队从 2017 年 6 月起，就在厦门开始了构件工厂预制以及试搭建工作。试搭建阶段是整个建造阶段中最核心，也是最重要的阶段。在此过程中，团队不仅在技术层面上发现并克服了许多难点，为正式参赛的搭建工作提供了经验教训，做足了前期准备。在 2018 年 6 月，再将建筑拆装运往德州进行正式竞赛搭建。

德州的正式比赛包括两个阶段，2018 年 7 月 9 日比赛正式开始，经过 3 天的注册和培训后，开始了 23 天的现场建造阶段，以及 15 天的现场测试阶

段，至 8 月 19 日比赛结束。团队于 7 月 7 日前分批抵达山东德州，在经历了两天的组委会技术培训后，正式开始竞赛搭建。搭建过程中，团队按照根据试搭建提前制定的施工横道图严格控制施工时间，每个施工项目都设置专门负责人统筹管理执行。同时，遇到不利因素如天气的影响，横道图也根据情况即时调整，增加交叉作业。最终，参赛作品在 23 天时间内高效、高质量地完成全部搭建工作。

参赛作品建造完成后，开始了现场测试阶段。测试和评比内容包括五个主观项目和五个客观项目，各个项目都有具体的规定细则和评分标准。如"舒适区域"测试对建筑室内温湿度、CO_2、PM2.5 水平进行监测，组委会提供了三个传感器，分别放在客厅、南卧室和二楼卧室，收集整个比赛除公开展览和开放参观以外期间的数据；"能源效益"测试对建筑能耗平衡情况及太阳能板发电能力进行测试；"居家生活"测试模拟日常生活中的洗衣、做饭、冰箱、娱乐等活动的用电情况，完成相应的任务，在测试过程中，竞赛和任务会同时在室内进行，所以团队必须认真准备每一个任务，尽量减少对环境测量的影响。

比赛期间赛队通过装设在"自然之间"屋面上的气象站对室外环境参数进行了测量。大部分时间室外温度较高，常中午超过 40℃，晚上达 30℃，空气湿度同样很高。因此，为达到比赛要求的室内温度标准（22 ~ 25℃），空调系统与被动式策略需要同时使用，例如使用动态遮阳来减少太阳辐射对室内环境的影响，在晚上打开中庭的天窗进行通风等。

图 9-41 展示了比赛期间太阳辐射强度和光伏板的发电功率，比赛期间太阳辐射的峰值强度接近1000W，瞬时峰值功率接近 12kW。图 9-42 为"自然之间"在比赛期间的发电量及能耗对比，测试结束时，"自然之间"在能量平衡测试中获得满分，并且光伏发电量结余 37kWh，这意味着该住宅可以满足零能耗建筑标准，节能策略是可行的。

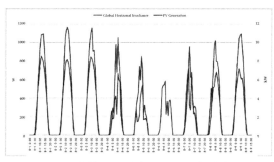

图 9-41　比赛期间太阳辐射强度及太阳能板发电量

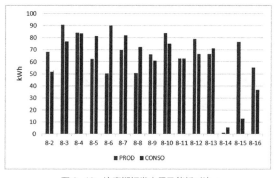

图 9-42　比赛期间发电量及能耗对比

4）案例总结

　　SD 竞赛作为一项围绕可持续能源和绿色建筑的综合性竞赛，将建筑设计、施工、运营测试贯穿起来，具有前瞻性和实践性，体现着学科交叉和技术的协调与整合。"自然之间"作品所探讨的是一种渐进式的更新方式，新和旧在逐步循环更替中保持共存的状态，延续建筑的地域性特征。通过该建筑的建造尝试，希望能为当下中国的城乡更新提供一些技术基础和新的思路，关注传统智慧、结合现代技术、适应现代生活，激发公众对城市和建筑可持续发展的可能性的探索。

图片来源

Picture Source

第1章图片中, 图1-1, 来源于参考文献158; 图1-8来源于参考文献18; 图1-10来源于参考文献159;

图1-2来源于参考文献1, 图1-3来源于网页Advance Investment Corporation, 网址: http://www.ai-corporation.net/blog/aluminium-profile-application.php;

图1-4来源于Hidden Architecture网站, 网址: https://hiddenarchitecture.net/ungreen-trombe-wall/;

图1-5来源于维科网, 网址: https://solar.ofweek.com/2012-06/ART-260006-8500-28616614.html;

图1-6来源于CNET网, 网址: https://www.cnet.com/pictures/renewable-energy-stages-a-comeback-images/25/;

图1-7来源于国家建筑标准设计网, 网址: http://www.chinabuilding.com.cn/article-5303.html

图1-9来源于网页Onxysolar, 网址:

https://www.onyxsolar.es/?gclid=CILGq5nrmcwCFQuPaQodqDAK5Q

第2章图片中, 图2-1至图2-14为作者自绘;

第3章图片中, 图3-1来源于维基百科, 网址: https://commons.wikimedia.org/wiki/File:HAHL_D227_Restoration_of_pueblo_Bonito.png

图3-2来源于参考文献160, 图3-3、图3-4来源于参考文献49, 图3-5至图3-14, 图3-16至图3-31为作者自绘, 图3-15来源于参考文献40, 图3-32版权为德国Variotec所有, 图3-33至图3-35来源于参考文献18, 图3-36、图3-37来源于参考文献81, 图3-38、图3-39、图3-40来源于参考文献118, 图3-41至图3-44来源于参考文献113;

第4章图片中, 图4-1、图4-2来源于大唐阳光太阳能网, 网址: http://www.dt12365.com/index.php?catid=20;

图4-3来源于ECURED网, 网址: https://www.ecured.cu/Calentador_de_agua_solar;

图4-4、图4-5来源于参考文献82;

图4-6来源于GreenLogic, 网址: https://www.greenlogic.com/solar-water-heater;

图4-7来源于Applied energy laboratory, 网页: http://www.mcit.gov.cy/mcit/aelab/aelab.nsf/all/CED753AF366FA74BC2257E0C0034EB5A/$file/AELab_Flat%20plate%20collector.pdf?openelement;

图4-8来源于网页, 网址: http://educational.wefam.ir/?p=452,

图4-12来源于参考文献82, 图4-20和图4-21来源于楚天都市报,

图4-24, 图4-26, 图4-28和图4-30来源于Made-in-China, 网址: https://townway.en.made-in-china.com/product/meMEwtFuAqRd/China-Vacuum-Tube-Solar-Collector-for-Inclined-Roof-

SPB-.html;

图 4-9 至图 4-11、图 4-13 至图 4-19、图 4-21 至图 4-23、图 4-25、图 4-27、图 4-29，图 4-31 至图 4-40 为作者自绘，图 4-41 至图 4-43 来源于参考文献 81，图 4-44 至图 4-46 为作者自绘；

第 5 章图片中，图 5-1 来源于参考文献 161，图 5-2 来源于参考文献 162，图 5-4 来源于参考文献 163；图 5-3、图 5-4 至图 5-8、图 5-10 至图 5-30 为作者自绘，图 5-31 至图 5-32 来源于参考文献 46；

图 5-9 来源于 enfsolar 网，网址：https://it.enfsolar.com/pv/inverter-datasheet/1179;

图 5-33、图 5-34 来源于腾讯网，网址：https://new.qq.com/omn/20200803/20200803A0CGE200.html，图 5-35、图 5-36 由中山瑞科新能源有限公司提供；

第 6 章图片中，图 6-1 至图 6-11 为作者自绘，图 6-12 来源于参考文献 99，图 6-13 来源于参考文献 100，图 6-14 至图 6-16 来源于参考文献 99 和 100，

图 6-17、图 6-18 来源于筑龙建筑设计论坛，网址：https://bbs.zhulong.com/101010_group_201806/detail10121559/

第 7 章图片中，图 7-1 至图 7-13 为作者自绘，

图 7-14、图 7-15、图 7-17 来源于 WordPress 博客网站，网址：https://zhouhang0924.wordpress.com/2015/04/24/jubilee-campus-university-of-nottingham/;

图 7-16 来源于绿色建筑资讯网，网址：http://www.gbwindows.org/wap/news/201606/11091.html，图 7-18 来源于成功大学建筑简讯，网址：http://www.arch.ncku.edu.tw/foundation/wp-content/uploads/2012/02/V.55.pdf;

图 7-19 来源于 YouTube，网址 https://www.youtube.com/watch?v=e4JGF50-zso&ab_channel=%E5%8F%B0%E9%81%94%E9%9B%86%E5%9C%98DeltaGroup;

图 7-20 至图 7-22 来源于 Archdaily，网址：https://www.archdaily.cn/cn/799063/qing-kong-ren-ju-ke-ji-shi-fan-lou-su-po-jian-zhu-gong-zuo-shi;

第 8 章图片中，图 8-1 至图 8-13 为作者自绘，图 8-14，图 8-16 来源于参考文献 120；

图 8-15 来源于网页，网址：http://www.fzcsjn.cecep.cn/g11759/s22250/t8337.aspx;

图 8-17 来源于参考文献 118，图 8-18 来源于参考文献 119；

第 9 章图片中，图 9-1、图 9-2 来源于参考文献 164，图 9-3 至图 9-17 由国际太阳能建筑设计竞赛组委会提供，图 9-18 至图 9-25 来源于参考文献 44 和 45，图 9-26 至图 9-42 来源于参考文献 129。

参考文献 Reference

[1] 喜文华．被动式太阳房的设计与建造 [M]. 北京：化学工业出版社，2007.

[2] 中国太阳能建筑应用发展研究报告课题组，徐伟，等．中国太阳能建筑应用发展研究报告 [M]. 北京：中国建筑工业出版社，2009.

[3] 沈辉，曾祖勤．太阳能光伏发电技术 [M]. 北京：化学工业出版社，2005.

[4] 王崇杰，等．太阳能建筑设计 [M]. 北京：中国建筑工业出版社，2007.

[5] 刘加平．建筑物理 [M]. 第三版．北京：中国建筑工业出版社，2000.

[6] 李元哲．被动式太阳房热工设计手册 [M]. 北京：清华大学出版社，1993.

[7] 曹伟．广义建筑节能——太阳能与建筑一体化设计 [M]. 北京：中国电力出版社，2008.

[8]《建筑设计资料集》编委会．建筑设计资料集 6[M]. 北京：中国建筑工业出版社，1994.

[9]（日）彰国社．国外建筑设计详图图集 13——被动式太阳能建筑设计 [M]. 北京：中国建筑工业出版社，2004.

[10]（美）诺伯特·莱希纳．建筑师技术设计指南——采暖·降温·照明 [M]. 北京：中国建筑工业出版社，2004.

[11] 宋德萱．节能建筑设计与技术 [M]. 上海：同济大学出版社，2003.

[12] 刘念雄，秦佑国．建筑热环境 [M]. 北京：清华大学出版社，2005.

[13] 黎哲宏．太阳能建筑一体化工程安装指南 [M]. 北京：中国建筑工业出版社，2012.

[14] 国家住宅与居住环境工程技术研究中心．住宅建筑太阳能热水系统整合设计 [M]. 北京：中国建筑工业出版社，2006.

[15] 郑瑞澄．民用建筑太阳能热水系统工程技术手册 [M]. 北京：化学工业出版社，2005.

[16] 李钟实．太阳能光伏发电系统设计施工与维护 [M]. 北京：人民邮电出版社，2010.

[17] 杨洪兴．太阳能建筑一体化技术与应用 [M]. 北京：中国建筑工业出版社，2009.

[18]（德）史蒂西编，常玲玲，刘慧译．太阳能建筑（DETAIL 建筑细部系列丛书）[M]. 辽宁：大连理工大学出版社，2009.

[19] 何梓年，朱敦智．太阳能供热采暖应用技术手册 [M]. 北京：化学工业出版社，2010.

[20] 付钊祥，等．可再生能源在建筑中的应用 [M]. 北京：中国建筑工业出版社，2009.

[21] 罗运俊，等．太阳能利用技术 [M]. 北京：化学工业出版社，2011.

[22] 刘先觉．生态建筑学 [M]. 北京：中国建筑工业出版社，2009.

[23]（日）太阳光发电协会编，刘树民，宏伟译．太

阳能光伏发电系统的设计与施工 [M]. 北京：科学出版社，2006.

[24] 王树京 . 建筑技术概论 [M]. 北京：中国建筑工业出版社，2008.

[25] 徐小东，王建国 . 绿色城市设计 [M]. 南京：东南大学出版社，2009.

[26] 刘长滨，等 . 太阳能建筑应用政策与市场运行模式 [M]. 北京：中国建筑工业出版社，2007.

[27] 清华大学建筑节能研究中心 . 中国建筑节能年度发展研究报告 2013[M]. 北京：中国建筑工业出版社，2013.

[28] 清华大学建筑节能研究中心 . 中国建筑节能年度发展研究报告 2012[M]. 北京：中国建筑工业出版社，2012.

[29] 王立雄 . 建筑节能（第二版）[M]. 北京：中国建筑工业出版社，2009.

[30] 刘加平，等 . 绿色建筑概论 [M]. 北京：中国建筑工业出版社，2010.

[31] 刘加平，等 . 城市环境物理 [M]. 北京：中国建筑工业出版社，2011.

[32] 袁家普 . 太阳能热水系统手册 [M]. 北京：化学工业出版社，2008.

[33] 姚润明，昆·斯蒂摩司，李百战 . 可持续城市与建筑设计 [M]. 北京：中国建筑工业出版社，2006.

[34]（英）盖尔威著 . 太阳房——太阳能建筑设计手册 [M]. 林涛，赵秀玲译 . 北京：机械工业出版社，2008.

[35]（瑞士）墨斯廷斯，（瑞典）沃尔编 . 可持续太阳能住宅——策略与解决方案（上册）[M]. 邹涛译 . 北京：中国建筑工业出版社，2012.

[36]（瑞士）墨斯廷斯，（瑞典）沃尔编 . 可持续太阳能住宅——示范建筑与技术（下册）[M]. 邹涛译 . 北京：中国建筑工业出版社，2012.

[37]（德）克劳特，王宾，董新洲 . 太阳能发电：光伏能源系统 [M]. 北京：机械工业出版社，2008.

[38] 中国建筑科学研究院建筑物理研究所，周辉等 [M]. 北京：中国建筑工业出版社，2010.

[39] 徐小东，王建国 . 绿色城市设计——基于生物气候条件的生态策略 [M]. 南京：东南大学出版社，2009.

[40]（英）保拉·萨西 . 可持续性建筑的策略 [M]. 北京：中国建筑工业出版社，2011.

[41]（德）赫曼斯杜费，等 . 太阳能光伏建筑设计——光伏发电在老建筑、城区与风景区的应用 [M]. 沈辉，等译 . 北京：科学出版社，2013.

[42] 齐康，杨维菊 . 绿色建筑设计与技术 [M]. 南京：东南大学出版社，2011.

[43] 宋凌 . 太阳能建筑一体化工程案例集 [M]. 北京：中国建筑工业出版社，2013.

[44] 中国可再生能源学会太阳能建筑专业委员会 . 阳光与低碳生活——2009 台达杯国际太阳能建筑设计竞赛获奖作品集 [M]. 北京：中国建筑工业出版社，2009.

[45] 中国可再生能源学会太阳能建筑专业委员会 . 阳光与低碳生活——2011 台达杯国际太阳能建筑设计竞赛获奖作品集 [M]. 北京：中国建筑工业出版社，2011.

[46] 郭飞 . 可持续建筑的理论与技术 [M]. 大连理工大学出版社，2017:149-153

[47]（德）贝林编著，上海现代建筑设计（集团）有限公司译 . 建筑与太阳能：可持续建筑的发展演变（景观与建筑设计系列）[M]. 大连：大连理工大学出版社，2008.

[48]Simon Roberts, Nicolo Guariento. Building Integrated Photovoltaics:A Handbook[M]. Berlin:Birkhäuser Architecture, 2009.

[49]Bernhard Weller, Claudia Hemmerle, Sven Jakubetz.Detail Practice: Photovoltaics: Technology, Architecture, Installation[M].Basel :Berlin:Birkhäuser Architecture, 2010.

[50]Humm Othmar, Peter Toggweiler. Photovoltaics in Architecture[M]. Basel :Princeton Architectural Press, 1993.

[51]Deutsche Gesellschaft für Sonnenenergie. Planning and Installing Photovoltaic Systems: A Guide for Installers, Architects and Engineers[M]. London : Earthscan, 2008.

[52]Thomas Herzog. Solar energy in architecture and urban planning [M]. Munich: Prestel, 1996.

[53]Deo Prasad,Mark Snow. Designing with solar power: a source book for building integrated photovoltaics （BIPV）[M].London：Images Publishing, 2005.

[54]German Solar Energy Society . Planning and Installing Solar Thermal Systems: A Guide for Installers, Architects and Engineers[M]. London: Earthscan, 2010.

[55]Peter Gevorkian. Solar power in building design: the engineer's complete design resource [M]. McGraw-Hill Professional, 2007.

[56]Colin Porteous, Kerr Macgregor. Solar architecture in cool climates[M].London: Earthscan, 2005.

[57]Gaiddon, Bruno, Henk Kaan, Donna Munro. Photovoltaics in the urban environment: lessons learnt from large-scale projects [M].London: Earthscan, 2009.

[58]（美）丹尼尔·D·希拉著．太阳能建筑被动式采暖和降温 [M].薛一冰，等译．北京：中国建筑工业出版社，2008.

[59]中国建筑标准设计研究院,山东建筑大学编制．中华人民共和国行业标准 JGJ/T267-2012 被动式太阳能建筑技术规范 [S].北京：中国建筑工业出版社，2012.

[60]中华人民共和国住房和城乡建设部．中华人民共和国行业标准 JGJ203-2010 民用建筑太阳能光伏系统应用技术规范 [S].北京：中国建筑工业出版社，2010.

[61]中华人民共和国住房和城乡建设部．中华人民共和国行业标准 JGJ237-2011 建筑遮阳工程技术规范 [S].北京：中国建筑工业出版社，2011.

[62]中华人民共和国建设部主编．中华人民共和国国家标准 GB50364-2018.民用建筑太阳能热水系统应用技术标准 [S].北京：中国建筑工业出版社，2018.

[63]中华人民共和国住房和城乡建设部，中华人民共

和国国家质量监督检验检疫总局．中华人民共和国国家标准 GB/T50604-2010.民用建筑太阳能热水系统评价标准 [S].北京：中国建筑工业出版社，2010.

[64]中华人民共和国国家质量监督检验检疫总局，中国国家标准化管理委员会．中华人民共和国国家标准 GB/T 20095－2006.太阳能热水系统性能评定规范 [S].北京：中国标准出版社，2006.

[65]中华人民共和国住房和城乡建设部，中华人民共和国国家质量监督检验检疫总局．中华人民共和国国家标准 GB 50495－2009.太阳能供热采暖工程技术规范 [S].北京：中国建筑工业出版社，2009.

[66]中华人民共和国住房和城乡建设部，中华人民共和国国家质量监督检验检疫总局．中华人民共和国国家标准 GB 50787-2012.民用建筑太阳能空调工程技术规范 [S].北京：中国建筑工业出版社，2012.

[67]中华人民共和国住房和城乡建设部．中华人民共和国行业标准 JGJ/T 264-2012.光伏建筑一体化系统运行与维护规范 [S].北京：中国建筑工业出版社，2012.

[68]中国建筑标准设计研究院．国家建筑标准设计图集 06J908-6.太阳能热水器选用与安装 [S].北京：中国计划出版社，2006.

[69]中国建筑标准设计研究院．国家建筑标准设计图集 06SS128.太阳能集中热水系统选用与安装 [S].北京：中国计划出版社，2006.

[70]中国建筑标准设计研究院．国家建筑标准设计图集 06K503.太阳能集热系统设计与安装 [S].北京：中国计划出版社，2006.

[71]中国建筑标准设计研究院．国家建筑标准设计图集 10J908-5.建筑太阳能光伏系统设计与安装 [S].北京：中国计划出版社，2010.

[72]罗振涛．中国太阳能热利用产业发展研究报告暨产业二十年进展（2011～2012）（上）[J].太阳能，2013（01）:7-10,59.

[73]黄耀．中国的温室气体排放、减排措施与对策 [J].第四纪研究，2006（05）:722-732.

[74]胡初枝．中国碳排放特征及其动态演进分析 [J].

中国人口·资源与环境, 2008（03）:38-42.

[75] 朱洪祥. 德国被动节能屋的设计理念与技术要点 [J]. 建筑科技, 2010（20）:82-83.

[76] 彭梦月. 欧洲超低能耗建筑和被动房的标准、技术及实践 [J]. 建筑科技, 2011（05）:43-47,49.

[77] 胡润青. 西班牙太阳能热水器强制安装政策与启示 [J]. 太阳能, 2007（04）: 6-9.

[78] 刘桦. 发达国家光伏建筑推广政策实施效果的启示 [J]. 生态经济, 2011（01）:134-138.

[79] 肖潇. 太阳能光伏建筑一体化应用现状及发展趋势 [J]. 节能, 2010（02）:12-18.

[80] 付亚伟, 等. 西北地区被动式太阳房可行性与设计方法 [J]. 工业建筑, 2008（12）:120-123.

[81] 姜曙光, 等. 新疆克拉玛依被动式太阳房的设计与应用 [J]. 建筑科学, 2009（02）:47-51.

[82] 焦青太. 当今世界太阳能热水器的发展状况 [J]. 建筑节能, 2007（08）: 59-62.

[83] 孟浩. 我国太阳能利用技术现状及其对策 [J]. 中国科技论坛, 2009（05）: 96-101.

[84] 胡润青. 中国太阳能热利用发展: 前景与挑战 [J]. 建筑科技, 2011（24）: 18-21.

[85] 张树君.《民用建筑太阳能热水系统评价标准》解读 [J]. 建筑科技, 2013（10）: 35-39.

[86] 何梓年, 朱敦智. 太阳能供热采暖技术讲座（6）太阳能供热采暖系统的设计（下）[J]. 太阳能, 2011（02）: 16-18, 35.

[87] 张程, 等. 太阳能热水系统与高层住宅建筑一体化设计实例解析——以"景城御琴湾"小区为例 [J]. 华中建筑, 2010（4）: 75-78.

[88] 徐燊, 李保峰. 光伏建筑的整体造型和细部设计 [J]. 建筑学报, 2010（01）:60-63.

[89] 马胜红. 太阳能光伏发电技术（1）光伏发电与光伏发电系统 [J]. 大众用电, 2006（01）:38-40.

[90] 徐燊. 建筑师视角下光伏建筑发展的阻力和潜力 [J]. 华中建筑, 2009（12）:22-24.

[91] 周俊, 等. 基于全生命周期的太阳能光伏建筑能

耗评价 [J]. 建筑热能通风空调, 2012（06）:16-18,77.

[92]Steve Sharples, Hassan Radhi. Assessing the technical and economic performance of BIPV and their value[J]. Renewable Energy,2013（07）:150-159.

[93] 徐燊, 黄靖. 建筑改造中应用光伏技术的建筑实例研究 [J]. 新建筑, 2010（02）:103-106.

[94] 刘宏成. 建筑遮阳的历史与发展趋势 [J]. 南方建筑, 2006（09）:18-20.

[95] 杨子江. 建筑遮阳的基本形式选择与比较 [J]. 上海节能, 2013（05）:47-50.

[96] 刘敏. 威斯敏斯特城市学院, 伦敦, 英国 [J]. 世界建筑, 2010（06）:88-91.

[97] 钱辰伟. 英国伦敦威斯敏斯特城市学院 [J]. 城市建筑, 2011（12）:45-49.

[98] 李金芳. 一座绿色办公楼——清华大学设计中心楼（伍舜德楼）[J]. 建筑创作, 2002（10）:6-9.

[99] 倪阳, 何镜堂. 环境·人文·建筑——华南理工大学逸夫人文馆设计 [J]. 建筑学报, 2004（05）:46-51.

[100] 张磊, 孟庆林. 华南理工大学人文馆屋顶空间遮阳设计 [J]. 建筑学报, 2004（08）:70-71.

[101] 彭小云. 自然通风与建筑节能 [J]. 工业建筑, 2007（03）:5-9.

[102] 赵平歌. 太阳能烟囱增强热压自然通风的计算研究 [J]. 西安工业学院学报, 2004（02）:181-184.

[103] 杨卫波, 施明恒. 太阳能通风墙的性能研究 [J]. 建筑热能通风空调, 2005（03）:17-21.

[104] 张建涛, 等. 建筑空间自然通风设计模式探讨 [J]. 河南科学, 2010（11）: 1453-1457.

[105] 徐新华. 双层皮通风围护结构的热特性模型研究综述 [J]. 建筑节能, 2013（01）:38-42.

[106] 王彬, 杨庆山. CFD 软件及其在建筑风工程中的应用工业建筑 [J]. 工业建筑, 2008（S1）: 328-332,378.

[107] 徐昉. 计算流体力学（CFD）在可持续设计中的应用 [J]. 建筑学报, 2004（08）: 65-67.

[108] 王崇杰, 何文晶. 太阳能采暖新技术——太阳

墙在建筑中的应用与研究 [J]. 重庆建筑大学学报，2004（z1）:38-40,50.

[109] 王崇杰，等. 欧美建筑设计中太阳墙的应用 [J]. 建筑学报，2004（08）:76-78.

[110] 何梓年. 太阳能热利用与建筑结合技术讲座（四）太阳能空调系统 [J]. 可再生能源，2005（04）:86-89.

[111] 徐登辉，刘志东. 光导照明系统的基本原理及使用概况 [J]. 智能建筑与城市信息，2010（06）: 81-84.

[112] 周正楠. 北京大兴被动式实验农宅设计与实测分析 [J]. 建筑学报，2015, 000(003):93-97.

[113] Arthur Schankula. 木镶板立面——多层建筑的生态整建 [J]. 建筑细部，2010(05):768-772

[114] 钱辰伟. 台湾高雄太阳能体育场 [J]. 城市建筑，2010(11):81-84.

[115] 窦强. 生态校园——英国诺丁汉大学朱比丽分校 [J]. 世界建筑,2004(08):64-69.

[116] 林宪德. 台湾第一座零碳绿色建筑——成功大学 " 绿色魔法学校 "[J]. 动感 : 生态城市与绿色建筑，2011(01):87-91.

[117] 宋晔皓，等. 可持续整合设计实践与思考——贵安新区清控人居科示范楼 [J]. 建筑技艺，2017.

[118] 范一飞. 自然之道——解读沪上 · 生态家 [J]. 建筑技艺，2010(Z1):58-61+63-65.

[119] 王爱民，等. 2010 世博上海案例 " 沪上生态家 "——建筑节能设计与海派建筑元素融入调研剖析 [J]. 中国名城，2010(10):39-43.

[120] 陆正刚. 杭州绿色建筑科技馆项目实施案例分析 [J]. 浙江建筑,2012,29(01):65-68+71.

[121] 仲继寿. 针对中国的太阳能建筑设计建议 [C]. 第四届国际智能、绿色建筑与建筑节能大会论文集. 北京 : 中国建筑工业出版社，2008.

[122] 刘炜. 太阳能的利用与建筑表皮结合的发展研究 [D]. 河北 : 河北工业大学，2007.

[123] 王垚. 太阳能技术在建筑上的应用研究 [D]. 陕西 : 西安科技大学，2010.

[124] 夏博. 上海高层住宅建筑节能控制方法与技术策略研究 [D]. 上海 : 同济大学，2008.

[125] 孙喆. 夏热冬冷地区多层住宅被动式太阳能设计策略研究 [D]. 湖北 : 华中科技大学，2005.

[126] 张宁. 北方地区集合住宅被动式太阳能采暖策略及应用分析报告 [D]. 北京 : 北京交通大学，2011.

[127] 谢琳娜. 被动式太阳能建筑设计气候分区研究 [D]. 陕西 : 西安建筑科技大学，2006.

[128] 王俊杰. 特朗勃墙原理用于清水砖墙建筑外墙节能改造的研究 [D]. 天津 : 天津大学，2007.

[129] 徐洁. 寒冷地区村镇公共建筑被动式太阳能设计策略研究 [D]. 河北 : 河北工业大学，2012.

[130] 孙昊天. 太阳能十项全能竞赛建筑设计研究 [D]. 天津 : 天津大学，2010.

[131] 李臣杰. 上海高层住宅与太阳能技术一体化应用研究 [D]. 上海 : 同济大学，2006.

[132] 杨柳. 建筑气候分析与设计策略研究 [D]. 陕西 : 西安建筑科技大学，2003.

[133] 李程. 夏热冬冷地区办公建筑节能措施研究 [D]. 浙江 : 浙江大学，2007.

[134] 李晶. 相变蓄热材料及其相变特性的研究 [D]. 北京 : 北京工业大学，2005.

[135] 王磐. 太阳能热水器在既有住宅中的应用研究 [D]. 天津 : 天津大学，2003.

[136] 刘宇. 山东省太阳能热水系统与住宅一体化设计应用研究 [D]. 山东 : 山东建筑大学，2013.

[137] 何海霞. 杭州地区太阳能热水系统与高层住宅结合设计研究 [D]. 浙江 : 浙江大学，2009.

[138] 张启元. 太阳能热水系统与住宅建筑一体化设计对策研究 [D]. 黑龙江 : 哈尔滨工业大学，2007.

[139] 韦菁. 太阳能热水系统与住宅一体化设计技术方法研究 [D]. 天津 : 天津大学，2006.

[140] 魏伟. 建筑师视野的光伏建筑一体化研究 [D]. 江苏 : 南京大学，2011.

[141] 颜俊. 生态视角下的建筑遮阳技术研究 [D]. 北京 : 清华大学，2004.

[142] 余巍 . 夏热冬冷地区建筑东西向窗户遮阳研究 [D]. 湖北：华中科技大学，2012.

[143] 张扬 . 建筑遮阳设计研究 [D]. 上海：同济大学，2006.

[144] 郭静 . 重庆地区居住建筑外窗的节能设计研究 [D]. 重庆：重庆大学，2007.

[145] 崔泽锋 . 建筑遮阳方式研究 [D]. 黑龙江：哈尔滨工业大学，2008.

[146] 尼宁 . 生态建筑设计原理及设计方法研究 [D]. 北京：北京工业大学，2003.

[147] 邱静 . 被动复合式下向通风降温技术在建筑中应用的可行性研究 [D]. 湖北：华中科技大学，2012.

[148] 端木祥玲 . 利用太阳能烟囱强化建筑物自然通风的基础研究 [D]. 北京：北京工业大学，2009.

[149] 周颖 . 利用太阳能强化室内自然通风的研究 [D]. 河北：河北工业大学，2006.

[150] 李保峰 . 适应夏热冬冷地区气候的建筑表皮之可变化设计策略研究 [D]. 北京：清华大学，2004.

[151] 苏毅 . 结合数字化技术的自然形态城市设计方法研究 [D]. 天津：天津大学，2010.

[152] 蔡若夫 . 建构设计视角下的图书馆阅览空间营造 [D]. 天津大学 ,2017.

[153] 太阳能建筑开源节流之路 [EB/OL].（2005-1-20）http://www.chinajsb.cn/gb/ content/ 2005-01/20/content_121984.htm.

[154] 国务院会议研究决定我国控制温室气体排放行动目标 [EB/OL].（2009-11-26）http://news.xinhuanet.com/politics/2009-11/26/content_12544697.htm.

[155] 财办建 . 关于组织实施 2012 年度太阳能光电建筑应用示范的通知 [EB/OL].（2011-12-16） http://jjs.mof.gov.cn/zhengwuxinxi/tongzhigonggao/201201/t20120104_621113.html.

[156] 李河君：大力推动光伏建筑一体化 [EB/OL].（2012-3-10）http://lianghui.people.com.cn/2012cppcc/GB/239427/17347184.html.

[157] 新华日报 . 南京江北新区人才公寓项目社区中心初现雏形 .[EB/OL]. (2020.04.24)：http://js.people.com.cn/n2/2020/0424/c360302-33972196.html

[158] 马文晓 . 北京苍穹下 马文晓航空摄影作品典藏版 [M]. 北京：中国摄影出版社，2016.

[159] 张宏儒 . 上海生态办公示范楼建筑设计 [J]. 新建筑 ,2006(04):48-53.

[160] 潘谷西 . 中国建筑史 [M]. 第五版 . 北京：中国建筑工业出版社，2004.

[161] 何镜堂，张利，倪阳 . 东方之冠 中国 2010 年上海世博会中国馆设计 [J]. 时代建筑 ,2009(04):60-65.

[162] 国家体育馆太阳能发电技术 [J]. 建设科技 ,2008(13):58-59.

[163] 让 . 努维尔 . 世界建筑导报——法国现代建筑专辑 . 深圳：世界建筑导报社版 .01/02/1999:116-139.